U0623394

金属硫族团簇晶态材料的
合成、结构及性能研究

Synthesis, Structure and
Performance Study of
Metal Chalcogenide
Cluster Crystalline Materials

孙龙 著

化学工业出版社
·北京·

内容简介

《金属硫族团簇晶态材料的合成、结构及性能研究》系统介绍了金属硫族团簇及其开放框架材料的设计合成、结构特性与前沿进展。第一章综述金属硫族团簇的发展历程，详述超四面体（Tn）、五超四面体（Pn）等经典团簇的结构特征，总结水热、离子热等合成方法及电荷匹配等关键影响因素，分类探讨离散型团簇和开放框架的组装策略，并阐述其在离子交换、发光、催化（光催化、HER/OER/ORR）及离子传导等领域的应用。第二章至第六章为原创性研究：其中，第二章设计合成具有准-D_3对称性的新型离散型 Tn 团簇，通过光谱与理论计算揭示其光学与热稳定性；第三章探究无配体保护的 T3-InS 团簇的多样性转化机制，阐明晶核生长的影响因素；第四章基于 M_2OS_2 单元构建 T5 团簇二维框架，研究其光电性能与发光行为；第五章开发非 Tn 团簇基一维/二维结构，展示其优异的氧还原反应（ORR）催化活性；第六章报道锑基硫族团簇的合成及 ORR 电催化性能，拓展了金属硫族团簇的功能边界。

《金属硫族团簇晶态材料的合成、结构及性能研究》兼具基础理论与实验创新，为功能化金属硫族材料的设计与性能优化提供重要参考，适合化学、材料科学领域的研究者阅读。

图书在版编目（CIP）数据

金属硫族团簇晶态材料的合成、结构及性能研究 /
孙龙著. -- 北京：化学工业出版社，2025. 6. -- ISBN
978-7-122-48762-9

Ⅰ. O613. 51

中国国家版本馆 CIP 数据核字第 20259VN923 号

责任编辑：褚红喜　　　　　　　　文字编辑：杨凤轩　师明远
责任校对：宋　玮　　　　　　　　装帧设计：刘丽华

出版发行：化学工业出版社
　　　　　（北京市东城区青年湖南街 13 号　邮政编码 100011）
印　　装：北京科印技术咨询服务有限公司数码印刷分部
787mm×1092mm　1/16　印张 14½　字数 304 千字
2025 年 6 月北京第 1 版第 1 次印刷

购书咨询：010-64518888　　　　　　售后服务：010-64518899
网　　址：http://www.cip.com.cn
凡购买本书，如有缺损质量问题，本社销售中心负责调换。

定　　价：98.00 元

前言

金属硫族团簇（metal chalcogenide clusters，MCCs）是一类由金属与硫属元素 Q（Q＝S、Se、Te）配位结合后，并在空间形成具有周期性的零维、一维、二维和三维的结构的化合物。它的研究对于发展合成化学、结构化学和材料化学的基本概念及基础理论具有重要的学术意义。对于晶态金属硫族团簇这类新兴化合物，最令人兴奋的关注点在于它连接了两个传统的，但却截然不同的研究领域：硫族团簇和多孔材料。通过将这两个领域化合物的合成及结构研究相结合，得到了许多含有空间结构的硫族团簇，这些化合物表现出快离子传导、光致发光、离子交换以及可调谐的光学带隙等特性。更加值得关注的是，这些材料由于具有精确的结构和组成信息，可以作为研究金属硫化物材料的结构模型，对推动金属硫化物这一类重要半导体材料的结构-性能关系研究具有重要作用。因此，金属硫族团簇正吸引各国化学家的广泛兴趣，成为一个重要的研究前沿。

本书是笔者多年来在金属硫族团簇领域研究的总结，重点关注于金属硫族团簇的合成、结构及应用。笔者在编写过程中参阅了国内外众多学者在金属硫族团簇材料研究中的优异工作，在此谨对他们表示衷心的感谢。本书中关于金属硫族团簇材料的研究工作得到了山西师范大学博士生导师张献明教授的细心指导，在此对导师致以诚挚的谢意。同时对长治学院王志军、吴林韬、苏峰等老师为本书内容做出的贡献表示感谢。此外，本书中的研究工作先后获得了山西省"1331"工程协同创新中心（靶向药物制备协同创新中心）和山西省基础研究计划项目（202203021222333）的资助，特此致谢！

由于笔者学识有限，本书在撰写内容和取材上难免存在不妥之处，恳请读者提出宝贵的意见和建议。

孙龙
2025 年 4 月

目录

第 1 章
绪论 / 001

第 2 章
基于准 D_3 对称性的新型离散型超四面体团簇的合成与结构研究 / 133

第 3 章
基于无配体保护的 T3-InS 团簇多样性转化及超四面体团簇晶核生长影响因素 的研究 / 147

第 4 章
基于 M_2OS_2 单元组装的 T5 团簇二维框架的合成和光电性能研究 / 173

第 5 章
金属硫化物非 T*n* 团簇基 1D/2D 结构的合成及 ORR 性能研究 / 195

第 6 章

金属锑基硫族团簇的合成、结构及电催化氧还原反应性能 / 213

第1章
绪　论

1.1 金属硫化物材料的简述

纳米技术在二十一世纪引起了相当大的关注，因为它在医学、水处理、储能和生物材料等多个领域中得到了广泛的应用。具有小尺寸（1～100 nm）的纳米结构（nanostructure，NS）在纳米技术的发展中十分重要，可以控制材料熔化温度、电导率、热导率、催化活性、光吸收和散射等物理和化学性质，这往往意味着纳米结构的性能优于块体材料。利用不同的物理化学和生物方法可以合成各种不同形态（0D、1D、2D 和 3D）的 NS，并广泛应用于传感器、催化剂/光催化剂、抗菌剂以及电子设备中[1-5]。根据纳米材料的形态、尺寸、磁性，以及电学、光学、化学和力学性能，纳米材料通常分为不同的类别，包括：金属、金属氧化物（metal oxides，MOs）、金属硫化物（metal sulfides，MSs）、碳基、陶瓷和聚合物[6-9]。在各种纳米材料中，MOs 和 MSs 是更独特的半导体材料，具有在紫外（<300 nm）、可见光（300～700 nm）和红外区域（>700 nm）收集太阳光的能力。MOs 和 MSs 纳米材料已在能源相关领域应用多年，包括光催化、水分解和光伏等。特别需要注意的是，目前广泛使用的氧化物半导体，如 TiO_2，其价带完全由氧原子的深层 2p 轨道组成，这导致许多金属氧化物具有极宽的带隙能量[10-16]。与此相比，硫具有比氧更低的电离能和更高的电子亲和力，这一差异使得硫化物与氧化物相比，更易体现出窄带隙的总体趋势。MSs 在化学成分上也不同于 MOs，二者化学反应性的主要差异归因于氧（O）和硫（S）原子以及相应的负二价阴离子之间的原子序数和尺寸差异（O^{2-} 的离子半径在 1.35～1.42 Å 之间，而 S^{2-} 的离子直径为 1.84 Å）[17-19]。因此，S 的特征是相对于 O（$\alpha_O=0.802\times10^{-24}$ cm^3）具有更高的平均极化率（$\alpha_S=2.90\times10^{-24}$ cm^3）[20]。S（2.5）的电负性明显低于 O（3.5），这表明 M—S 键比 M—O 键具有更强的共价性[21]。

此外，与 MOs 相比，MSs 具有合适的电子带隙与带位、暴露的活性位点、高光敏性、大比容量、低氧化还原电位、低熔点、纳米晶形态和长寿命[22]。MSs 是硫阴离子与金属或半金属阳离子结合形成的化合物 M_xS_y，其化学计量组成如 MS、M_2S、M_3S_4 和 MS_2[23]。不仅如此，硫易于处理，是一种廉价的元素，可以从硫化铵、硫醇（十二硫醇，DDT）或有机硫化合物（硫脲和硫代乙酰胺）中获得硫源用以制备相关材料[16]。因此，在过去的几十年里，MSs 作为电催化制氢、光电化学（photoelectrochemistry，PEC）、水分解、环境修复、电池和传感器的催化剂/光催化剂材料受到了关注[24]。不仅如此，MSs 在各种应用领域中也受到了越来越多的关注，包括电池、电容器、吸附、电化学和医学等（图 1-1）[25,26]。

但遗憾的是，硫化物纳米颗粒（nanoparticles，NPs）材料的性能仍有很大的改进空间。目前，控制金属硫化物 NPs 的尺寸分布和准确确定其表面结构和缺陷/掺杂位置仍然是一项十分具有挑战性的工作。传统 NPs 的结构不精确极大地限制了在原子水平上对该类材料的结构-性质关系的深入理解。在这一需求的推动下，过去二十

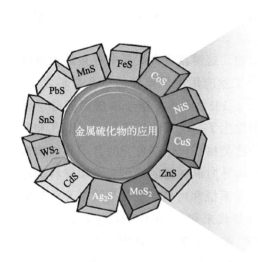
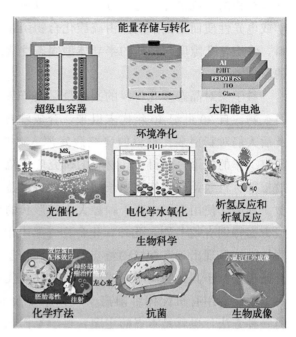

图 1-1　金属硫化物的应用[26]

年来，人们逐渐将注意力向具有特定组成和精确内部/表面结构的规则形状纳米金属硫族化合物分子簇转变[27,28]。由于分子簇具有大小均匀的结晶特性，可以通过单晶 X 射线衍射分析确定其结构和组成分布，这有利于研究者立足精确的结构信息来更好地改进这类化合物的性能应用。

1.2　金属硫族团簇的发展历史

　　团簇被定义为原子的精确数量和精确结构的集合，其大小介于典型的小分子和块状固体之间。由于团簇这种独特大小的体系，它们被视为物质相之间的桥梁，因此也被视为化学学科之间的桥梁。团簇在过去几十年里无论是结构还是组成都得到了跨越式的综合发展，团簇化学已经发展为一门多样而又影响深远的科学[29,30]。深入理解纳米团簇的组成、结构和性质对于探索或扩展其应用至关重要。目前，研究者们已经开发合成并研究了多种类型团簇，例如富勒烯[31-33]、贵金属簇[34-36]、氧化物簇[37-39]、硫族化合物团簇[40,41] 及其混合物（超原子）[42-44]。其中，金属硫族团簇（metal chalco-genide clusters，MCCs）晶态材料的研究为探索硫族化合物分子化学和固体化学界面的合成以及结构化学提供了宝贵的机会。这一研究领域因其与众多基础科学和技术应用密切相关而变得越来越重要。一方面，硫族化合物分子簇代表了纳米颗粒的下限，其独特的尺寸依赖性质已被认为是推动未来技术进步的关键。硫族化合物团簇在大小和组成上都有明确的定义，可以提供合成和结构方面的独特见解，这可能有助于胶体纳米结构的合成设计。另一方面，一直以来晶态多孔固体材料的应用因缺乏电子、光学或电光性质而受到限制。由硫族化合物团簇组成的多孔材料可以作为一种独特的材料，将均匀孔隙度与经典的半导体型固态性能结合在一起，有望成为新一代固态器件的基础。

科学家对晶态多孔材料的兴趣最早始于氧化物，这得益于自然界中存在的大量沸石矿物。自20世纪40年代末以来，合成沸石是工业应用中最重要的微孔材料之一，此后人们对新型多孔材料的研究愈发深入[45,46,47]。1982年一类基于磷酸铝的分子筛研究工作的报道，使得多孔材料的研究应用范围发生了一次大的扩张[45,46]。微孔和开放框架材料数量的爆炸性增长很大程度上得益于这类材料有诸多可变的合成和结构参数。其中，使用不同电荷、颗粒大小和形状的结构导向剂在辅助氧化物框架材料的形成方面特别有效[48,49]。此外，化合物骨架中阳离子系统和可控的变化导致了开放框架固体结构呈现出丰富多样的特点。自20世纪80年代末和90年代初以来，研究人员开始探索基于其他阴离子（或中性）物种取代 O^{2-} 的新框架化合物的开发[48,50,51]。一种方法是利用有机配体将阳离子（如单个金属阳离子和金属氧簇）连接在一起[47]。另一种方法，也就是本书的主题，科学家们试图创造硫属沸石类似物[48,50-52]。在开放框架硫属化合物发展之前，四面体簇在开放框架固体结构中并不常见。沸石等微孔氧化物更多以一些小环作为次级结构单元构筑而成，包括四元环（4个四面体阳离子，不包括氧）和小笼状结构，如双四元环。然而，在开放框架硫属化合物中，通常存在更高的结构层次。叠加在上述结构特征之上的是硫属化合物簇，其行为就像大的人造原子。为了构建开放式框架拓扑结构，首选具有可以向外扩展的配位构型的硫族团簇。基于此，能够通过团簇端基形成连接的四面体几何构型的团簇特别令人感兴趣。在这种情况下，四面体簇的行为就像一个伪四面体原子[53]。

开放框架硫族化合物与氧化物之间存在结构差异的一个重要原因是硫原子的大尺寸。即使与 Cd^{2+}、In^{3+} 等较大的金属阳离子结合，硫也很容易形成4配位构型。相比之下，由于氧原子的小尺寸，四面体配位的氧在开放框架材料中相当罕见[54]。因此，开放框架硫族化合物代表了一种相当独特的体系，其中框架阳离子和阴离子都有形成四面体配位的倾向，这与沸石或类沸石氧化物形成鲜明对比。在沸石或类沸石氧化物中，只有金属阳离子倾向于采用四面体配位，框架氧原子通常是双配位或三配位的。沸石结构可以被描述为一个四面体原子网，而基于团簇的硫族化合物框架通常可以被描述为一个簇网，每个簇内都有额外的结构变化[53]。因此，开放框架硫属化合物可以在两个不同的尺度上对结构进行调整，从而使得其性能改善并拥有更多的调节机会。经过几十年的发展，由 MCCs 构筑而成的开放框架材料已被广泛应用在诸多领域，如光/电催化[55,56]、光致发光[57-59]、分子捕获[60]、快离子电导率[61-63] 和离子交换等[64-66]。

目前，MCCs 根据其团簇结构单元的特点可以分为以下几类：超四面体（super-tetrahedral，Tn）、带帽超四面体（capped supertetrahedral cluster，Cn）、五超四面体（penta-supertetrahedral，Pn）、超-超四面体（*super*-supertetrahedral，Tp,q）团

簇和非超四面体团簇（*Non*-Supertetrahedral，*n*-T*n*）。

1.2.1 超四面体（T*n*）团簇

T*n* 硫族团簇是目前最受关注的一类金属硫族团簇，其是由金属 M 与硫属元素 Q 以四面体配位结合形成 {MQ$_4$} 单元，再以 {MQ$_4$} 单元作为节点进一步组装成更大尺寸的四面体几何体，因而将其命名为超四面体团簇（图 1-2）。四面体硫族团簇中出现的金属阳离子通常来自第 12～14 族（例如，Zn、Cd、Ga、In、Ge、Sn），或其他阳离子包括 Mn、Fe、Co、Cu 和 Li[41,67-69]。金属阳离子的这种四面体配位模式在沸石和硫属化合物中都很常见。但相比而言，四面体团簇的这种配位模式在硫属化合物中更为常见。这与硫属离子 Q^{2-}（Q＝S、Se、Te）的几何配位有关，例如，T-Q-T 的角度通常在 105°到 115°之间，远小于沸石中典型 T-O-T 在 140°到 150°之间的角度范围[40]。T-Q-T 角接近 109°的趋势意味着在具有四面体阳离子的硫化物中，所有骨架元素都可以采用四面体配位。这种配位模式可以形成具有类似于立方 ZnS 型晶格碎片结构的 T*n* 团簇。其中，*n* 表示团簇四面体边缘的金属层的数量[53,70]。离散型 T*n* 硫族团簇的组成分子通式为 M$_x$Q$_y$（M＝金属元素，Q＝硫族元素），其计算方式及部分例子见表 1-1。

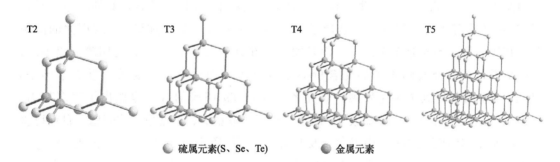

● 硫属元素(S、Se、Te)　　● 金属元素

图 1-2　T*n* 团簇类型

表 1-1　超四面体团簇[41]

n	T*n* 团簇的化学计量式	例子
1	MQ$_4$	MS$_4^{6-}$（M＝Mn，Fe，Cd，Zn）
2	M$_4$Q$_{10}$	Ge$_4$Q$_{10}^{4-}$（Q＝S，Se）[71,72] Sn$_4$Q$_{10}^{4-}$（Q＝Se，Te）[73] M$_4$S$_{10}^{8-}$（M＝Ga，In），In$_4$Se$_{10}^{8-}$ [M$_4$(SPh)$_{10}$]$^{2-}$（M＝Fe，Co，Cd）[74]
3	M$_{10}$Q$_{20}$	M$_{10}$S$_{20}^{10-}$（M＝In，Ga）[53,75] [M$_{10}$Q$_4$(SPh)$_{16}$]$^{4-}$（M＝Zn，Cd；Q＝S，Se；Ph 是一个苯基）[74]

n	Tn 团簇的化学计量式	例子
4	$M_{20}Q_{35}$	$M_4In_{16}S_{35}^{14-}$（M＝Mn，Fe，Co，Zn，Cd）[76,77]
5	$M_{35}Q_{56}$	$[Cu_5In_{30}S_{56}]^{17-}$[78]，$[Zn_{13}In_{22}S_{56}]^{20-}$[79]
6	$M_{56}Q_{84}$	$[Zn_{25}In_{31}S_{84}]^{25-}$[80]
≥7	M_xQ_y①	—

① $x=[n(n+1)(n+2)]/6$；$y=[(n+1)(n+2)(n+3)]/6$。

超四面体团簇中最小的为 T2 团簇，其仅由二配位阴离子（例如 S^{2-}）组成；当 Tn 团簇尺寸进一步增加到 T3 团簇时，团簇中同时具有二配位和三配位阴离子。从 T4 团簇开始，团簇内的阴离子开始发生四面体配位[76,77]。在构筑 Tn 团簇的过程中，团簇内阴离子位点的配位数很重要，因为它与周围金属阳离子的化合价有关，这种关系遵循鲍林的静电化合价规则。该规则规定阴离子的化合价恰好或几乎等于相邻阳离子与其静电键强度的总和。在该类化合物的合成中，常使用局部电荷密度匹配概念来描述这种情况，与之相对应的是用来描述负电骨架和带正电的骨架外物种之间的电荷密度匹配的全局电荷密度匹配理念。团簇内部阴离子配位数的不断变化，正是化合物在生成时为了满足结构稳定性要求不断通过调整配位数实现内部电荷匹配要求的表现。区分团簇中的表面原子和核心原子对于判断化合物结构稳定性及簇间组装很有帮助。表面原子，是指位于 Tn 团簇的角、边和面上的原子，而核心原子是位于团簇内部的原子。T1、T2 和 T3 团簇没有核心原子。但对于 T4 团簇而言，其核心原子是位于 T4 团簇内部中心位置的一个硫原子。当团簇尺寸进一步增加到 T5 或更大的团簇时，其核心原子不再是单个原子，而是团簇内部分子式为 T($n-4$) 的团簇（图 1-3）。一般来说，核心金属阳离子的化合价等于或低于表面原子的化合价。近二十年来，MCCs 纳米材料得到了快速发展，研究者们针对 Tn 团簇的合成也做出了很多努力。但相比其他团簇材料，金属硫族 Tn 团簇仍然存在数量少、类型单一的问题。目前已报道的最大 Tn 团簇是 2018 年由冯萍云及其合作者[80] 所报道的 T6——$[Zn_{25}In_{31}S_{84}]^{25-}$ 团簇，但 T6 团簇尺寸的相关工作仅报道了这一次。目前，关于 Tn 团簇的研究报道主要集中在更易合成，且可以组成各种开放框架的 T3、T4 和 T5 团簇[78,81-84]。

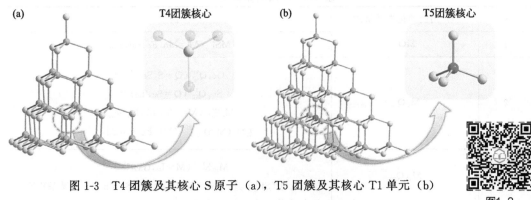

图 1-3　T4 团簇及其核心 S 原子（a），T5 团簇及其核心 T1 单元（b）
蓝色和紫色为金属元素，黄色为硫属元素

图1-3

在金属与硫属元素构筑的超四面体团簇发展过程中，研究者们尝试将氧原子引入到金属硫族 Tn 簇基材料中。首先，氧原子的引入可以调节化合物中金属原子的配位方式，并能平衡团簇中高价态金属的局部电荷，如 Sn(Ⅳ)，这有利于丰富金属硫族簇基材料的结构多样性。其次，氧原子的引入使得金属硫族簇基化合物集合了氧化物和硫化物的多种优点，例如，半导体性能、良好的光学及理化稳定性。1975 年，Krebs 课题组[85] 首次合成了氧插入型 T3-SnSeO 团簇。1999 年，Ozin 团队[86] 填补了氧插入型 T2-SnSeO 团簇。早期开发的氧硫 Tn 团簇中金属组成主要为高价态的 Sn(Ⅳ)，由于团簇中大量高价态金属的存在，单靠团簇中与 Sn(Ⅳ) 四配位结合的硫属元素难以降低其团簇内部过高的正电荷。而 O^{2-} 的半径小于 Q^{2-}（Q＝S、Se 和 Te）（O 为 1.517 Å，S 为 1.792 Å），氧可以插入团簇内部与金属结合，进而降低团簇内过量的正电荷。遗憾的是，插入型氧对团簇局部正电荷的调节效果有限，因而氧硫 Tn 团簇一直难以突破到更大尺寸[69,87]。2016 年，张献明课题组[88] 采用 Sn(Ⅳ) 和 In(Ⅲ) 的混合金属策略，首次合成了金属氧硫 T4 团簇 ［图 1-4(a)］。有趣的是，T4 团簇的核心位置一般为 μ_4-S^{2-}，但在该团簇中核心位置却呈现空缺状态。2018 年，吴涛课题组[89] 成功制备了第一例 T5 尺寸的铟基氧硫团簇，该团簇中仅含有 3 价金属 In。值得注意的是，结构中的氧原子并未全部以插入的形式存在，而是 8 个氧分别以插入型和取代型与核心位置的 In 金属配位结合，形成独特的"In-O@In-S"核壳结构 ［图 1-4(b)］。该结构开创了 T5 团簇核心位置可以被 In(Ⅲ) 占据的先例。随后，尽管还报道了一些金属氧硫团簇的研究工作，但在结构和团簇尺寸方面依然没有明显突破[90-92]。

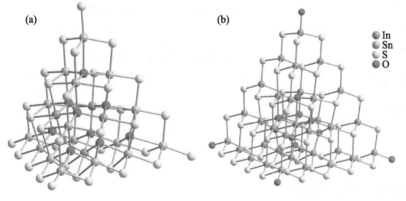

图 1-4　金属氧硫 T4 团簇 (a)；金属氧硫 T5 团簇 (b)　　图1-4

1.2.2　五超四面体（Pn）团簇

第二系列四面体团簇被称为五超四面体团簇，Dance 等将其命名为 5{n}，冯萍云等将其命名为 Pn。其定义为每个 Pn 团簇由四个 Tn 团簇分别耦合在一个反 Tn 团簇的四个面上构筑而成（图 1-5）[56,98]。其中，反 Tn 团簇被定义为具有与 Tn 团簇相同的几何特征，但阳离子和阴离子的位置发生交换的团簇。根据这一概念，一个 P1 团簇由核心的一个反 T1 团簇（QM_4）以及位于四面的四个 T1 团簇（MQ_4）组成，从而形成（MQ_4）$_4$（QM_4）（即 M_8Q_{17}）。Pn 团簇中的金属阳离子数量可通过相应公式计算得出，如表 1-2 所示。可以利用相同的公式推导其他 Pn 团簇的组成。目前，大于 P2 的团簇尚未合成。

图1-5

图 1-5　四个 T2 团簇（红色）与一个反 T2 团簇（绿色）共价结合形成一个 P2 团簇[98]

表 1-2　五超四面体团簇[41]

n	Pn 团簇的化学计量式	例子
1	M_8Q_{17}	$M_4Sn_4S_{17}^{10-}$（M＝Mn,Fe,Co,Zn）[93] $M_4Sn_4Se_{17}^{10-}$（M＝Mn,Zn,Co）[94,95]
2	$M_{26}Q_{44}$	$Li_4In_{22}S_{44}^{18-}$[96] $Cu_{11}In_{15}Se_{16}(SePh)_{24}(PPh_3)_4$[97]
3	$M_{60}Q_{90}$	—
≥4	M_xQ_y①	—

① $x=[4n(n+1)(n+2)]/6+[(n+1)(n+2)(n+3)]/6$；$y=[4(n+1)(n+2)(n+3)]/6+[n(n+1)(n+2)]/6$。

1.2.3　带帽超四面体（Cn）团簇

1988 年，Dance 等[70] 报道了第三系列四面体团簇的第一个成员（即 $[S_4Cd_{17}(SPh)_{28}]^{2-}$），表示为 7{$n$}（图 1-6）。与 T$n$ 团簇一样，阴离子的数量等于下一个成员中的阳离子数量。前两个成员的孤立集群已经形成。对于第一个成员，共价超晶格也是已知的。第三系列四面体团簇在这里被称为带帽超四面体团簇，缩写为 Cn，因为每个团簇都由一个位于核心的规则超四面体团簇（Tn）组成，其核心覆盖着一层原子片，其化学计量式也与 Tn 团簇有关，见表 1-3。具体来说，Tn 核心单元的每个面都覆盖着单个原子片，成为 T($n+1$) 原子片，该团簇的每个角都覆盖着

MX 基团。T(n+1) 原子片被定义为 T(n-1) 团簇的底部原子片。从 Cn 系列开始，可以推导出表示为 Cp,q(q=1~4) 的其他团簇系列。Cp,q 系列团簇的组成与相应的 Cn 团簇相同，但角原子单元的排列不同。角原子单元是一个形状像桶烯的 M$_4$X$_5$ 基团。通过将 Cn 团簇中的角 M$_4$X$_5$ 群旋转 60°，可以获得 Cp,q 团簇。四个角原子单元中的每一个都可以独立旋转（m 是旋转的角的数量），从而产生四个系列的带帽超四面体团簇。该类型团簇常采用离散形式，在溶剂中表现出良好的分散性。

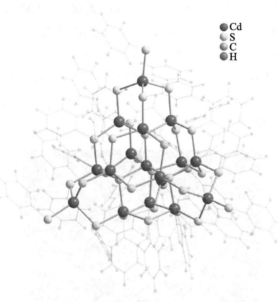

●Cd
●S
●C
●H

图1-6

图 1-6 C4 分子团簇 $[S_4Cd_{17}(SPh)_{28}]^{2-}$[70]

表 1-3 带帽超四面体团簇[41]

n	Cn 团簇的化学计量式	例子
1	M$_{17}$Q$_{32}$	$[S_4Cd_{17}(SPh)_{28}]^{2-}$[70] $Cd_{17}S_4(SCH_2CH_2OH)_{26}$[99] $[S_4Cd_{17}(SPh)_{24}(CH_3OCS_2)_{4/2}]_n \cdot CH_3OH$[100]
2	M$_{32}$Q$_{54}$	$Cd_{32}S_{14}(SC_6H_5)_{36} \cdot (DMF)_4$[101] $Cd_{32}S_{14}(SCH_2CH(OH)CH_3)_{36} \cdot 4H_2O$[102] $Cd_{32}Se_{14}(SePh)_{36}(PPh_3)_4$[103]
3	M$_{54}$Q$_{84}$	—
≥4	M$_x$Q$_y$①	—

① $x=[n(n+1)(n+2)]/6+[4(n+1)(n+2)]/2+4$；$y=[(n+1)(n+2)(n+3)]/6+[4(n+2)(n+3)]/2+4$。

1.2.4 超-超四面体（Tp,q）团簇

金属与硫属元素通过 ⟨MQ$_4$⟩ 四面体配位单元组合而成的四面体团簇是超四面体

团簇 Tp。将 Tp 团簇看作一个节点原子，以这些节点进一步组装成尺寸更大的四面体团簇，这些团簇被称为超-超四面体团簇，表示为 Tp, q[105-107]。该类团簇的出现预示着金属硫族四面体团簇在结构层级发展上的下一个阶段。通过在规则四面体团簇中添加原子或从中移除原子，团簇还可以产生丰富的变体。例如，$TMA_2Sn_5\text{-}Se_{10}O$ 具有一个三维（3D）框架，其中 T1（$SnSe_4^{4-}$）和 T2 团簇（$Sn_4S_{10}O^{6-}$）交替排列[86]。最近报道了两种含有无核 T5 团簇的固体，其中 T5 团簇的金属核心位点是空的（图 1-7）[104,108]。在 **UCR-15**（化合物 **1**）中，这种无核 T5 团簇与常规 T3 团簇交替形成相互渗透的菱形结构（图 1-8）。目前，已经报道的超-超四面体团簇包含 4 种，分别是在 **UCR-22**（化合物 **2**）和 **ICF-22**（化合物 **3**）中发现的 T2, 2[109]，［ICf-22］**OCF-61-SnOSe**（化合物 **4**）中的 T3, 2[107]，**CdInS-420**（化合物 **5**）中发现的 T4, 2[105]。冯萍云等[106]将 T2, 2 团簇也称为无核 T4 团簇，因为它类似于没有核心 SM_4 反 T1 四面体单元的常规 T4 团簇。

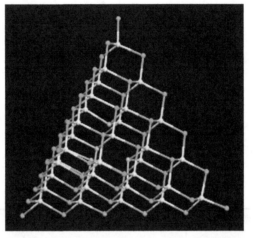

图1-7

图 1-7 **UCR-15**（化合物 **1**）中伪 T5 团簇（$In_{34}S_{54}^{6-}$）的结构图，缺失的核心位点被四个核心 S^{2-}（绿色）包围。黄色为 In^{3+}；红色表示团簇表面的 S^{2-}[104]

图 1-8 在化合物 **1** 中，四个 T3 团簇（$In_{10}S_{18}^{6-}$）由一个伪 T5 团簇（$In_{34}S_{54}^{6-}$）连接在一起[104]

1.2.5 非超四面体（n-Tn）团簇

上述金属硫族团簇具有四面体的几何特征，虽然其尺寸均一，可以作为更加理想的结构模型用以研究结构-性能关系，但这种四面体的几何特征也具有明显的缺点：①四面体的几何构型要求结构中金属与硫属元素的结合必须为 $\{MQ_4\}$ 或 $\{M_4Q\}$ 的四面体配位方式，这大大限制了其团簇自身类型的多样性；②具有均一尺寸的四面体团簇作为结构单元，在进行团簇间自组装时其团簇间的空间效应相等，不利于得到更多结构丰富的多维骨架。近些年，由金属与硫族元素通过四面体或者非四面体配位结合方式组装而成的非超四面体（n-Tn）团簇及其构筑而成的多维材料受到了更多科学家的关注，取得了令人瞩目的研究进展。这种金属与硫族元素之间的配位多样性主要源于金属性质，包括配位数和几何形状。

通常，具有 d^{10} 电子构型的金属离子由于缺乏稳定晶体场，可以适应不同的配位几何构型[110]。第 12（ⅡB）族金属离子，如 Zn^{2+} 和 Cd^{2+}，在与硫属元素 Q（Q＝S，Se，Te）原子配位时有利于形成四面体。因此，此前报道的第 12（ⅡB）族金属硫族化合物，主要为结晶闪锌矿或纤锌矿结构类型。此外，结构中若含有有机配体，配体对结构的空间要求将导致金属具有更高配位数，以 MQ_5 或 MQ_6 的配位形式组成其他几何形状。相比之下，Hg^{2+} 的离子尺寸更大，具有更加灵活的配位形式，可以从低配位的线型模式，到高配位的八面体，这是 Hg^{2+} 自身尺寸较大和极化率较高的结果[111-113]。第 13（ⅢA）和 14（ⅣA）族金属硫族化合物主要由较大的金属离子 Ga^{3+}、In^{3+}、Ge^{4+} 和 Sn^{4+} 组成，因为与较轻的元素（B^{3+}、Al^{3+}、C^{4+}、Si^{4+}）相比，它们对 Q 原子的亲和力更大。这四种金属离子，特别是 Ga^{3+} 和 Ge^{4+}，与硫属元素 Q 结合时倾向于采用四面体配位形成离散的超四面体团簇阴离子，这一结果已经被报道的诸多工作所证实[68,114-116]。

另外，与氧相比，硫属元素 Q 原子的尺寸更大，可以很容易地将其配位数扩展到 4。这使得可以以立方 ZnS 晶格的类似排列连接这种 $\{MQ_4\}$（M＝Zn、Cd、Ga、In、Ge、Sn；Q＝S、Se、Te）四面体，从而形成具有不同尺寸和组成的超四面体团簇（Tn，Pn，Cn）[74,117]。在过去的三十年里，在进一步组装超四面体团簇等 SBU 以制备微孔硫属化合物方面取得了重大进展[40,41,79,105,106,118-120]。此外，由于 In^{3+} 和 Sn^{4+} 的离子半径较大，它们也有可能具有更高的配位数 5 和 6。例如，$\{SnQ_5\}$ 三角双锥和 $\{SnS_6\}$ 八面体已被证明是构建二维（2D）和三维（3D）Sn-Q 阴离子结构的关键结构单元[68,116]。总体而言，第 12（ⅡB）族（Zn^{2+}、Cd^{2+}、Hg^{2+}）、第 13（ⅢA）族（Ga^{3+}、In^{3+}）和第 14（ⅣA）族（Ge^{4+}、Sn^{4+}）硫族金属盐表现出广泛的多面体几何形状，这取决于金属中心的尺寸和极化率。

相比之下，第 15 族金属（Ⅲ）离子 Sb^{3+} 与 Q 的非四面体配位最为常见。由于 Sb^{3+} 外层孤对电子的存在，Sb^{3+} 具有高的立体活性，与硫属原子 Q 结合时，倾向于表现出独特的伪四面体 ψ-{SbQ₃}（三角锥）和伪三角双锥 ψ-{SbQ₄}（见图 1-9）[65,66]。这些伪配位多面体通过角共享或边共享的方式自组装，形成更加复杂的聚合单元，如 {Sb₂Q₄}、{Sb₂Q₅}、{Sb₂Q₆} 和 {Sb₃Q₆}。这些丰富的聚合单元有助于实现硫族锑（Ⅲ）酸盐的结构多样性，在过去的几十年中，大量相关工作的报道已经很好地证明了这一方法的可行性[121,122]。

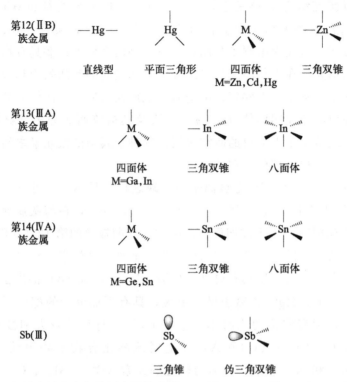

图 1-9　金属硫属化合物的固态结构中第 12（ⅡB）、13（ⅢA）和 14（ⅣA）族
金属离子与锑（Ⅲ）的常见配位几何图形[65]

1.3　金属硫族团簇的合成方法

1.3.1　水/溶剂热合成法

水/溶剂热合成法，最初应用于模拟地矿的生成，一直到后期在制备分子筛等晶态材料中的应用已发展了一百余年，成为无机合成化学中一个重要分支。水/溶剂热合成法通常在密封的容器中进行，使用加热到沸点以上的水或有机溶剂来增加反应器中的自生压力[123-125]，在相对较高的温度和压力下，水/溶剂热合成法可以大大提高反应物的反应性和溶解度，适用于反应物在水或有机溶剂中溶解度较低时的合成研究。与传统的以界面扩散为主的合成方法相比，水/溶剂热合成反应在液相中进行。由于

体系处于密闭状态，反应溶剂会在高温高压条件下达到临界或超临界状态，这将显著提升反应活性。在这种溶剂状态下，反应物的物理和化学性质也将有较大的改变，使得溶剂热反应不同于常态，由此合成出来的晶体和功能材料，具有优良的性质和多样的结构。不仅如此，该方法还可以通过调节反应体系的温度、压力、溶剂类型和其他变量来改变产品性能（如颗粒分散度、结晶度和纯度）[126]。目前，水/溶剂热合成法已被广泛用于制备金属、金属氧化物、陶瓷氧化物等。同时，它具有以下优点[126,127]：

① 反应在密封容器中进行，溶剂可以在自生压力的作用下加热到远高于沸点的温度。

② 在相对较高的温度和压力下，反应物的溶解度、反应性和扩散行为可能会受到具有不同物理化学性质的溶剂的影响。因此，反应物可以发生在正常条件下无法发生的反应。

③ 溶剂热反应提供了在晶体合成点直接操控其习性的潜力。由于所得晶体的结晶度良好，产品不需要后退火处理。

④ 最终产品的结晶行为可能受到诸如溶剂极性、配位能力、界面张力、介电常数和立体效应等因素的影响。特别注意的是，高黏度的溶剂可以抑制聚集，降低产品形成晶簇的可能[128,129]。

⑤ 该方法所用部分溶剂相对而言较为绿色环保，它们对金属硫族团簇化合物的合成和改性具有重要意义[130]。

硫属化合物具有丰富的结构类型和诱人的应用前景，已经成为无机固体材料大家族中重要的一员，它的合成和结构开发近些年来一直受到研究者们的关注。近三十年来，水/溶剂热合成法被广泛应用于金属硫族团簇化合物的制备中，与传统的高温合成法相比，水/溶剂热合成法更易通过改变反应条件，实现团簇亚稳相的形成调节，进而获得具有更多丰富结构类型和性能应用的目标化合物。

Schäfer 和 Sheldrick 等早期以碱金属和碱土金属作为平衡阳离子，在水热反应条件下合成了第ⅣA和第ⅤA族金属元素与硫和硒形成的三元硫属化物。Parise 等开创了利用质子化的有机胺或季铵盐作为平衡阳离子，合成了多种微孔硫属化物，极大地丰富了微孔硫属化物的结构类型。随后，Kanatzidis 课题组又开发了以甲醇作为溶剂的金属硫族团簇溶剂热合成方法，制备了一系列以碱金属为阳离子的金属硫族团簇化合物，这种溶剂热体系可以为反应物提供较高的反应活性。随后，Koils 等又研究了以氨作为溶剂，在高温高压的超临界溶剂状态下硫属化物的合成；利用硫与过渡金属间的氧化还原作用制备了含过渡金属的多元硫属化物，丰富了该类化合物的合成手段和结构类型。李建荣等以乙二胺作为溶剂，研究了该体系下第13族金属硫属化物的制备，并探究了有机胺在合成中的作用以及对硫属阴离子骨架结构的调节作用。Yaghi 和冯萍云等用各种有机胺作为模板剂，开展了第13族金属硫属化物的设计合成，获得了一系列以超四面体 T2 到 T5 原子簇为结构单元的类分子筛结构。随后，Bensch 课题组和 Dai 课题组利用一系列的胺多齿配体，如乙二胺、1,2-丙二胺、二乙烯三胺、三乙烯四胺和四乙烯五胺，与过渡金属形成配阳离子，用以平衡和修饰主族金属硫属阴离子骨架，得到了大量的含过渡金属的硫属化物。

水/溶剂热合成方法已成为近年来制备硫属化物的重要方法。选择合适的反应溶剂，不仅能显著地改善反应物的溶解度与扩散速度，促进反应更快进行，而且能对硫属阴离子骨架的结构产生重要影响。因此，开发新的溶剂热合成路线，寻找新的合成体系，是合成新型多元硫属化物的关键。

1.3.2　离子热合成法

离子液体（ILs）通常描述一种在环境条件下呈液态的盐状化合物（室温离子液体，RTIL），或者更一般地说，在 100 ℃ 以下熔化的化合物（近室温离子液体）。历史上离子液体的代表例子是硝酸乙胺 $[EtH_3N][NO_3]$，1914 年瓦尔登报道了它在 12.88 ℃ 时熔化。截至目前，已经生产和报道了超过一千种 ILs，其中许多已经实现商品化，可以从化学试剂公司直接购买。由于 ILs 自身优异的溶剂化性能，它们受到了越来越多研究者的青睐。其特点是由"盐"中阳离子和阴离子的特定组合来决定的，它不仅能够溶解各种各样的材料，而且它们的蒸气压可以忽略不计，热稳定性高，液体范围广。当代 ILs 类似于设计化学品，在学术界和工业界不断发展和改进。

特别是离子热反应，被定义为 ILs 在密封系统中高温下进行的反应。因此，这种反应类似于水/溶剂热反应，但不同的是，离子液体在高温条件下不会产生相当高的蒸气压，因此达不到超临界条件。通常，温度不超 200 ℃ 时，可以使用 ILs，而 ILs 在 100 ℃ 以下不一定是液体。在这些反应中，ILs 既可以作为溶剂，也可以作为潜在模板，即结构导向剂。该技术于 2004 年引入，用于在 1-乙基-3-甲基咪唑溴化铵和尿素/氯化胆碱共晶混合物中合成沸石。相比传统的水热法，它的优势在于溶剂和模板之间没有共同竞争，无法与生长的固体相互作用。因此，不断增长的晶体结构受益于改进的模板。这尤其适用于多孔晶体材料的定向合成。到目前为止，离子热技术主要应用于含氧多孔材料的合成，特别是沸石、金属有机框架和纳米材料[131,132]。相比之下，该技术在制备晶体硫属化合物方面的应用仍处于起步阶段。

尽管用 ILs 已经制备出了一些已知的二元硫属纳米颗粒和纳米棒，但在离子热条件下获得晶态硫属化物仍然难以实现。这一挑战一直持续到 Kanatzidis 和其他研究小组利用 Lewis 酸性 ILs 介质合成了一系列多阳离子金属硫属化物，这些化合物结构囊括了离散的团簇到三维框架[134,135]。随后，黄小荣课题组和 Dehnen 课题组利用各种咪唑阳离子作为结构导向剂或电荷平衡剂，通过离子热合成技术合成了多种阴离子金属硫属化物。路易斯酸性离子液体是由 ILs 与路易斯酸或强受体混合制备的，含咪唑阳离子的 ILs（图 1-10）常用于非质子溶剂体系。Kanatzidis 等首先合成了一种硫属化物 $[Sb_7S_8Br_2][AlCl_4]_3$，方法是将 Sb 和 S 与摩尔比为 1:11 的路易斯酸性离子液体 $[EMIM]Br/AlCl_3$（EMIM = 1-乙基-3-甲基咪唑鎓）混合，于 165 ℃ 下反应 10 天[136]。之后，使用摩尔比为 1:4.8 的路易斯酸离子液体 $[EMIM]Br/AlCl_3$ 作为溶剂或反应介质，Kanatzidis 等成功合成了一系列层状结构的卤化硫属化合物

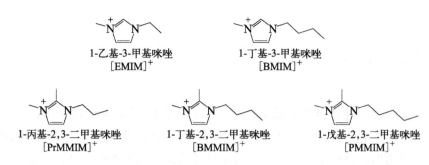

1-乙基-3-甲基咪唑
[EMIM]$^+$

1-丁基-3-甲基咪唑
[BMIM]$^+$

1-丙基-2,3-二甲基咪唑
[PrMMIM]$^+$

1-丁基-2,3-二甲基咪唑
[BMMIM]$^+$

1-戊基-2,3-二甲基咪唑
[PMMIM]$^+$

图 1-10　离子液体中的有机阳离子，用于离子热合成晶态硫属化物[133]

[M$_2$Q$_2$Br][AlCl$_4$]（M＝Bi、Sb；Q＝Se、Te）。Ruck 等重点探索了室温下在 ILs 中合成硫属化物的方法，并报道了一种异核多环多阳离子 [Sb$_{10}$Se$_{10}$]$^{2+}$，该阳离子是在室温下通过 Sb、Se 和 SeCl$_2$ 在摩尔比为 1∶2 的路易斯酸离子液体 [BMIM]Cl/AlCl$_3$（BMIM＝1-正丁基-3-甲基咪唑鎓）中反应而合成的。Feldmann 等分离出了一种新化合物 [Bi$_3$GaS$_5$]$_2$[Ga$_3$Cl$_{10}$]$_2$[GaCl$_4$]$_2$·S$_8$，其方法是将 Bi、BiCl$_3$、GaCl$_3$ 和 S 在离子液体 [BMIM]Cl 中于 150 ℃下反应 10 天。晶体结构由杂环类 [Bi$_3$GaS$_5$]$^{2+}$、三聚星形 [Ga$_3$Cl$_{10}$]$^-$、四面体 [GaCl$_4$]$^-$ 和中性 S$_8$ 环组成。通过在不同的 ILs 中使用碱性一水合肼作为辅助溶剂，黄小荥等合成了一系列具有阴离子开放框架的硒锡酸盐，其通道由 ILs 中的各种咪唑阳离子填充；系列工作表明不同的咪唑阳离子在相应结构的形成中起着关键指导作用。此外，一水合肼在硒酸盐的结晶过程中也起着重要的作用。将一水合联氨从反应体系中去除后，只得到 SnSe$_2$ 粉末或纳米颗粒。值得关注的是，黄小荥课题组还首次利用 ILs 实现了离散的超四面体 T5 硫属团簇的合成，并在后续开展了一系列利用 ILs 合成离散型 Tn 团簇的研究，极大地丰富了该类型团簇的结构类型（图 1-11）[137]。

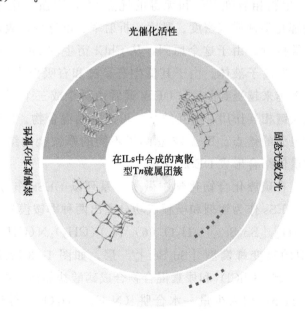

图 1-11　离子热合成离散型 Tn 硫属团簇及其应用[137]

1.3.3 深共熔溶剂热合成法

随着 ILs 在诸多材料合成领域的广泛应用，对其的研究也越发深入，已有很多报道指出大多数 ILs 具有危险的毒性和极差的生物可降解性[138,139]。ILs 的应用需要很高的纯度，因为即使是微量的杂质也会对物理性质造成明显影响。此外，它们的合成还远远不够环保，因为它通常需要大量的盐和溶剂才能完全交换阴离子。不幸的是，普通离子液体的这些缺点以及高昂的价格阻碍了它们的工业化生产。因此，迫切需要新的产品以便在更合理的环境中利用这些特殊的溶剂体系。为了克服 ILs 高价格和毒性的缺点，21 世纪初出现了新一代溶剂——深共熔溶剂（deep eutectic solvents，DESs）。通过简单地将两种廉价、可再生和可生物降解的安全成分混合在一起，就可以形成这些 DESs。形成这些 DESs 最广泛使用的成分之一是氯化胆碱（ChCl）。ChCl 是一种非常便宜、可生物降解、无毒的季铵盐，既可以从生物质中提取，也可以从化石燃料中通过一个非常高的原子经济过程轻易合成（百万吨级）。与安全的氢键供体如尿素、可再生羧酸（如草酸、柠檬酸、琥珀酸或氨基酸）或可再生多元醇（如甘油、碳水化合物）结合，ChCl 能够迅速形成 DESs。虽然大多数 DESs 都是由 ChCl 作为一种离子种合成的，但 DESs 不能被认为是 ILs，因为①DESs 并不完全由离子种组成，②DESs 也可以由非离子种合成。

由 ChCl 合成的 DESs 与传统的 ILs 相比，具有以下优点：①价格低廉；②与水呈现化学惰性（即易于储存）；③制备方便，因为 DESs 只需将两种成分简单混合即可获得，从而绕过了 ILs 通常遇到的所有净化和废物处理问题；④大多数 DESs 具有可生物降解性[140]、生物相容性[141] 和无毒的优点[142]，增强了这些介质的绿色环保性[143]。DESs 的物理化学性质（密度、黏度、折射率、电导率、表面张力、化学惰性等）与普通 ILs 非常接近。由于这个原因，从 ChCl 衍生的 DESs 也被叫做"生物相容"或"生物可再生"离子液体。由于其低生态足迹和有吸引力的价格，DESs 现在在学术和工业层面都越来越受到关注。DESs 通常由两个或三个便宜和安全的组分组成，它们能够通过氢键相互作用、相互结合，形成共晶混合物。所得 DESs 的特点是熔点低于每个单独组分的熔点。图 1-12 总结了不同的季铵盐的结构，这些季铵盐广泛用于与各种氢键供体结合形成 DESs。

王成课题组[145] 在硫族化合物化学中做了一系列以 DESs 作为介质的合成探索。2018 年，他们利用 DESs 作为溶剂和模板成功分离出两种季铵模板化微孔硒酸盐，即 $[(CH_3)_3N(CH_2)_2OH]_2[Sn_3Se_7] \cdot H_2O$ （6） 和 $[(CH_3)_3N(CH_2)_2CH_3]_2[Sn_3Se_7]$ （7），它们具有类似的畸变蜂窝型 $[Sn_3Se_7]_n^{2n-}$ 层，如图 1-13 所示。首先探索了以 1:2 摩尔比的氯化胆碱（ChCl）和尿素混合物合成硒酸盐晶体。在此 DESs 中，锡和硒在 150 ℃下反应 24 h，加入少量一水合肼（$N_2H_4 \cdot H_2O$），得到 6 的橙色六方晶体。化合物 7 在三甲基丙基溴化铵和尿素（1:2）混合 DESs 中通过反应得到。值得

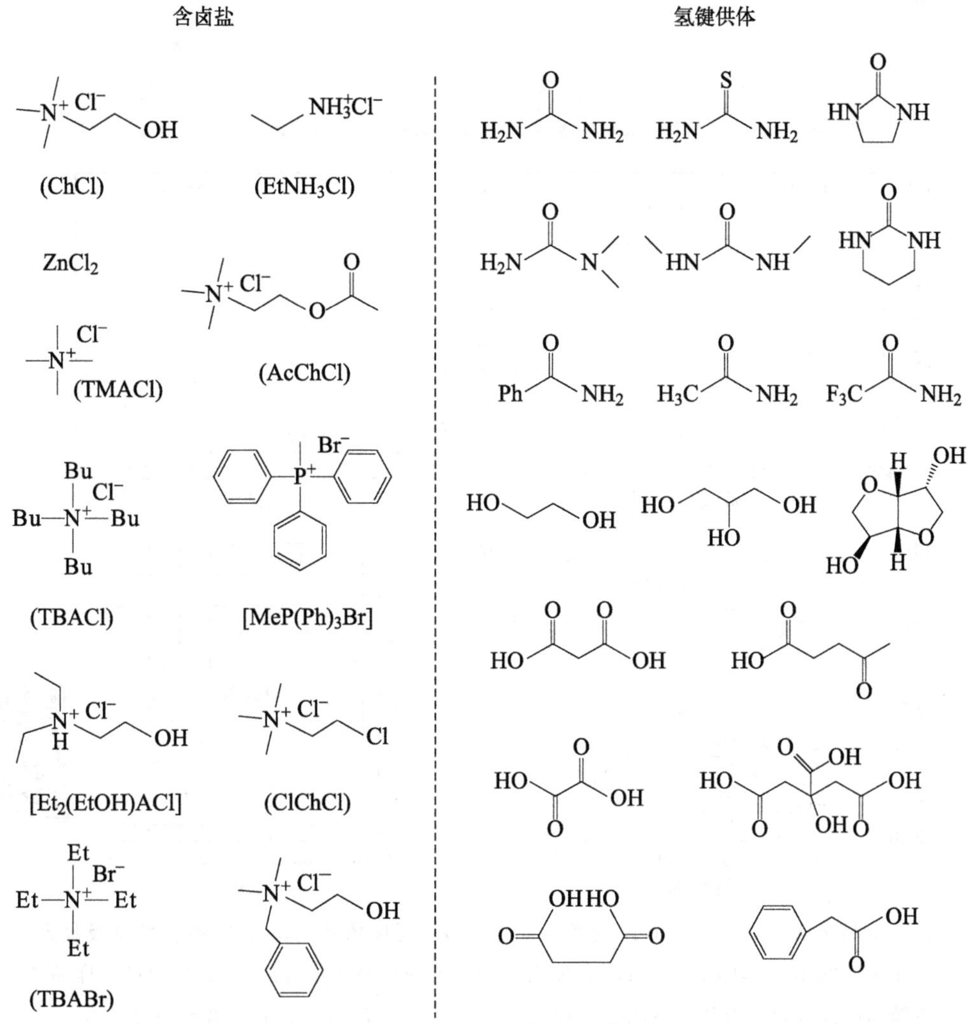

含卤盐   氢键供体

图 1-12 用于 DESs 合成的卤化物盐和氢键供体的典型结构[144]

注意的是，化合物中的穿孔层会将光吸收转移到可见光范围内，从而突出其带隙的负温度依赖性，赋予其明显的热变色行为。化合物 **7** 中的甲基取代羟基为有机模板提供了疏水性，导致无水产物具有显著改善的热稳定性，从而具有可逆的热致变色性质。

2019 年，他们通过加入二甲胺、乙胺和三甲胺盐酸盐，在金属硫属化物的制备中扩大了 DESs 的范围，合成了一系列新的 Sn-Se 和 Ag-Sn-Se 化合物：$[NH_2(CH_3)_2]_2Sn_3Se_7 \cdot 0.5NH(CH_3)_2$（**8**）、$[NH_4]_2Sn_4Se_9$（**9**）、$[NH_3C_2H_5]_2Sn_3Se_7$（**10**）和 $[NH_4]_3AgSn_3Se_8$（**11**）[146]。如图 1-14 所示，化合物 **8** 和 **10** 具有蜂窝层状 $[Sn_3Se_7]_n^{2n-}$ 结构，具有大的六边形窗口；而化合物 **9** 具有罕见的 $[Sn_4Se_9]_n^{2n-}$ 阴离子层，由 $\{Sn_4Se_{10}\}$ 四聚体簇作为二级建筑单元（SBUs）组成；化合物 **11** 由 $\{Sn_3Se_8\}$ 单元与 Ag^+ 连接而成的无限个 $[AgSn_3Se_8]_n^{3n-}$ 链组成，是第一个在 DESs 中合成的异金属硫族化合物。卤化物盐的有机铵离子或尿素分解形成的原位铵离子作为模板剂，形成无机骨架。化合物 **11** 在可见光范围内表现出明显的热致变色性能，

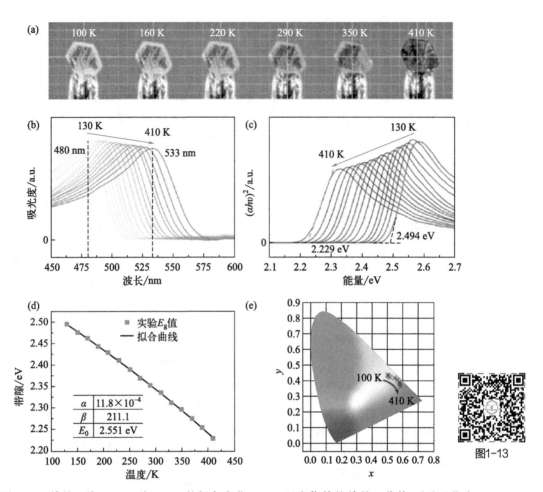

图 1-13　单晶 **7** 从 100 K 到 410 K 的颜色变化（a）、温度依赖的单晶 **7** 紫外-可见吸收光谱（b）和在 130 K 到 410 K 之间以 20 K 为间隔记录的样品 **7** 相应的 Tauc 图（c）。样品 **7** 的带隙随温度的变化以及用 Varshni 方程 $E_g = E_0 - \alpha T^2/(T+\beta)$ 进行非线性拟合（d）。在 100～410 K 范围内记录样品 **7** 的三色值的颜色坐标（x，y）的 CIE 色度图（e）[145]

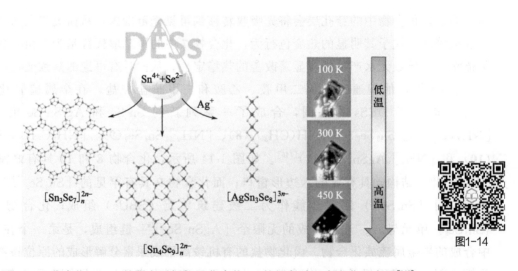

图 1-14　化合物 **8～11** 的阴离子框架及化合物 **11** 的颜色随温度变化示意图[146]

这是由于其带隙的负温度依赖性（在 $100\sim450$ K 范围内 $E_g=2.305\sim2.119$ eV）。在 5 轮加热和冷却过程中，金-暗红-金的颜色变化是高度可逆的，材料没有发生任何相变。

同年，该课题组利用铜、锗和硒在混合盐酸甲胺和 N,N'-二甲基脲（摩尔比为 $1:2$）中，在 140 ℃下反应 4 天，得到开放骨架硒酸盐 $[NH_3CH_3]_{0.75}Cu_{1.25}GeSe_3$（**CuGeSe-1**，化合物 **12**）纯黑色晶体。三个化合物可以通过微调合成参数获得，如图 1-15 所示[147]：①化合物 **12** 的最佳反应温度为 (140 ± 5) ℃。温度降低到 120 ℃时会降低化合物 **12** 的产率，温度降低到 100 ℃时不会促进反应，只会得到未知的灰色粉末。反应时间必须大于 4 天。时间不足（$1\sim2$ 天）会形成 $Cu_2Ge_{1.55}Se_3$ 作为主要固态产物。②加入少量的 $N_2H_4\cdot H_2O$（98%）作为辅助溶剂，其体积比例对化合物 **12** 的分离具有重要意义。反应不添加 $N_2H_4\cdot H_2O$ 生成未知粉末，主要产物为未反应的 Se。当 $N_2H_4\cdot H_2O/N,N'$-二甲基脲的摩尔比为 $0.76:1$ 时，化合物 **12** 的产率达到最佳，产率为 41%。进一步增加 $N_2H_4\cdot H_2O$ 的比例，或单独使用 $N_2H_4\cdot H_2O$ 作为溶剂时（在不含 N,N'-二甲基脲的情况下），都不能形成化合物 **12**，而是与少量的

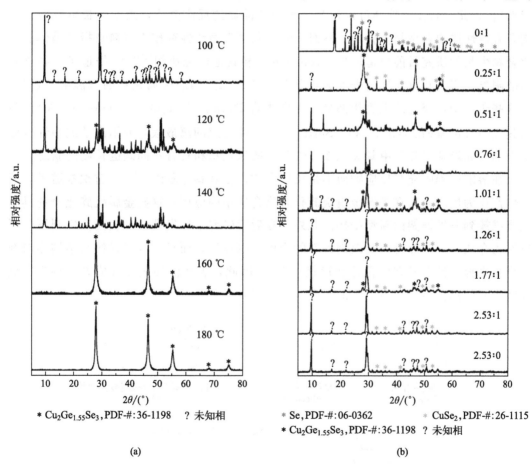

(a)

(b)

图 1-15　在 $100\sim180$ ℃下进行反应所得产物的 PXRD 图。所有反应中 $N_2H_4\cdot H_2O/N,N'$-二甲基脲的摩尔比均为 $0.76:1$ (a)。不同 $N_2H_4\cdot H_2O/N,N'$-二甲基脲比例反应产物在 140 ℃下的 PXRD 谱图 (b)[147]

CuSe$_2$ 和 Cu$_2$Ge$_{1.55}$Se$_3$ 一起形成未知的黑色粉末。这些结果表明在化合物 **12** 的合成中，DESs 的作用是不可替代的。该课题组这一系列工作将有助于理解 DESs 与硫属化合物之间的相互作用，为晶体硫属化合物合成技术的发展以及由此带来的材料创新提供指导。

1.3.4 表面活性剂热合成法

表面活性剂通常是由亲水性基团和疏水性基团组成的有机化合物。它们被广泛应用于纳米晶体或介孔材料的合成，被认为是定制纳米颗粒尺寸、形状和表面性质以及控制介孔框架的孔径和相的有效模板[148-150]。事实上，表面活性剂不仅具有与离子液体相同的特性，如高热稳定性和可忽略不计的蒸气压，还具有一些离子液体所没有的优点，例如：价格低廉，具有多功能特性（如阳离子、阴离子、中性、碱性和酸性等特性）。因此，表面活性剂可以作为一种很有前途的反应介质，用于生长具有各种结构和有趣性质的新型晶体材料。然而，涉及利用表面活性剂作为溶剂来指导晶体硫属化合物生长的研究目前报道较少。Kanatzidis 和其他研究小组[151-153] 报道了几种含有离散阴离子团簇和电荷平衡表面活性剂阳离子的二元晶态硫属化物的室温溶解过程。在这些研究中，获得的无机相都是由小尺寸的 T2 团簇 [Ge$_4$Q$_{10}$]$^{4-}$ （Q＝S、Se）、P1 团簇 [Cd$_8$Se(SePh)$_{12}$Cl$_4$]$^{2-}$ 和 [Sn$_2$S$_6$]$^{4-}$ 二聚体组成的离散簇，而阳离子或中性表面活性剂（如烷基三和二甲基卤化铵、烷基季铵氯化物和具有不同碳链长度的脂肪族单胺）在溶解过程中充当反应物而不是反应介质。张其春课题组[154-156] 首次报道了表面活性剂作为反应介质在晶态金属硫族化合物合成中的应用，这些金属硫族化合物具有从零维簇到三维框架的新型结构。此外，在后续研究中还发现这种表面活性剂不仅可以作为介质，通过热合成高效制备新的金属有机框架，而且，也可以作为结构导向剂或模板来控制沸石骨架的孔径和形状[157-159]。因此，表面活性剂热合成方法将为合成前所未有的晶体材料提供更多的机会（图 1-16）。

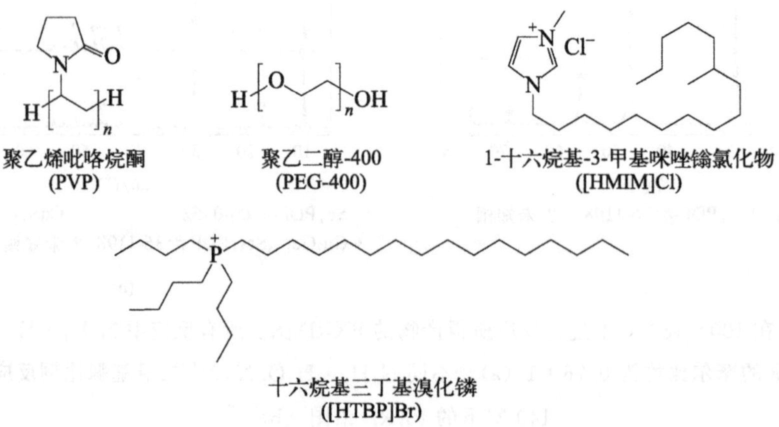

聚乙烯吡咯烷酮
(PVP)

聚乙二醇-400
(PEG-400)

1-十六烷基-3-甲基咪唑鎓氯化物
([HMIM]Cl)

十六烷基三丁基溴化鏻
([HTBP]Br)

图 1-16 表面活性剂中的有机阳离子，用于表面活性剂热合成晶态硫属化物[133]

1.3.5 肼热法

肼（N_2H_4）是氢氮化合物系列中的一种，是一种碱性溶剂，具有很强的配位和还原能力。它被用于合成各种农药，作为在泡沫橡胶中打洞的发泡剂的基础，并作为锅炉中的缓蚀剂。近年来，使用肼和有机胺作为模板或碱制备结晶金属硫属化物引起了广泛关注，因为肼分子具有很强的还原能力、高极性和配位能力[133,160]，目前已在肼热条件下制备了几种硫属化多金属盐[161-163]。以硫源为原料合成时，肼具有很强的还原能力，很容易将单质硫源还原并与金属离子结合形成硫代金属酸盐。此外，肼的高极性和强配位能力可以提高金属硫族化合物在溶液中的溶解度，这有助于硫族金属化物的结晶。该方法可用于合成许多具有新结构（从一维链到三维框架）和有趣物理性质（光催化、磁性和光电）的新型硫属化物。

2003 年，通过肼热法制备的第一个晶态金属硫族化合物是二维层状碲化镉 $ZnTe(N_2H_4)$[164]。后来，Mitzi 等证明，在常温常压下也可以制备金属硫族化合物。其中一些硫属化物包括（N_2H_4）$_2ZnTe$、（N_2H_5）$_4Sn_2S_6$、（N_2H_4）$_3$（N_2H_5）$_4Sn_2Se_6$、（N_2H_5）$_4Ge_2Se_6$ 和 $N_4H_9Cu_7S_4$[165-168]。（N_2H_4）$_3$（N_2H_5）$_4Sn_2Se_6$ 和（N_2H_5）$_4Ge_2Se_6$ 中都有共边〔MSe_4〕四面体组成的阴离子 $M_2Se_6^{4-}$（M＝Sn、Ge）。在化合物（N_2H_5）$_4Ge_2Se_6$ 中，$Ge_2Se_6^{4-}$ 阴离子的电荷被肼阳离子平衡，而在化合物（N_2H_4）$_3$（N_2H_5）$_4Sn_2Se_6$ 中，同时存在单质子化的肼阳离子和中性肼分子。至于化合物 $N_4H_9Cu_7S_4$ 的结构，$Cu_7S_4^-$ 片被肼阳离子和中性肼分子隔开。有趣的是，所有这些前驱体都可以在室温下通过空气中的旋涂技术制成薄膜，这对于大面积、低成本沉积来说是一种更简单、更便宜的方法。然而，室温下在肼中制备的所有化合物都是已知结构的简单二元硫属化物，这些反应无法通过热力学控制。2009 年，Kanatzidis 小组[162] 首次报道了在肼热条件下合成新的硫属化物材料 $Mn_2SnS_4(N_2H_4)_2$。制备的晶体具有三维框架（图 1-17），肼分子作为连接剂将八面体 MnL_6（L＝S、N）单元连接起来，形成三维结构。此外，在该化合物中还观察到了强烈的反铁磁相互作用。

- Sn
- Mn
- S
- N

图1-17

图 1-17　中性三维框架 Mn_2SnS_4（N_2H_4）$_2$ 沿 b 轴的透视图[164]

1.4 金属硫族团簇的合成影响因素

1.4.1 电荷匹配

电荷匹配是影响金属硫族团簇构筑的关键因素。对于团簇结构单元，其内部金属与硫属元素 Q（Q=S、Se 和 Te）之间应尽量满足局部电荷匹配（图 1-18），这是指硫属阴离子的电荷在局部被相邻金属阳离子平衡的情况[98]。也即鲍林静电价规则，即"在稳定的离子晶体结构中，每个负离子电荷等于或近似等于相邻正离子赋予该负离子的静电键强度之和，其偏差≤1/4 价"。

$$静电键强度\ S = \frac{正离子数\ Z^+}{正离子配位数\ n}，负离子电荷数\ Z = \sum S_i = \sum (Z_i + n_i)$$

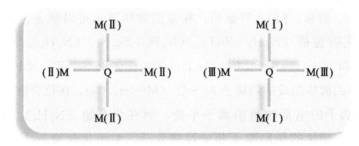

图 1-18 金属硫族团簇局部电荷示意图

Q 为硫属元素：硫、硒、碲，M（Ⅱ）为二价金属，M（Ⅲ）为三价金属

局部电荷匹配在一定程度上限制了硫属元素 Q 所能结合的金属种类及比例，这对于金属硫族团簇的化学组成及金属分布具有十分重要的影响。一般来说，适合形成四面体簇的金属阳离子通常来自第 12~14 族（如 Zn、Cd、Ga、In、Ge 和 Sn）和第一排过渡元素（如 Mn、Fe、Co 和 Cu）。金属阳离子上的电荷是影响硫系簇大小的重要因素[41,77]。对于具有规则多面体几何形状的结构，静电键强度通常根据阳离子上的电荷与其配位数之比来估算。利用每个键的长度和布朗提出的经验模型计算出更精确的键价[169]。与合适价态的金属自组装形成的团簇结构单元常常具有一定负电荷，因此其需要具有相反电荷的抗衡阳离子平衡团簇电荷，以保证化合物达到电中性稳定存在，这一电荷匹配过程称为全局电荷匹配，也是实现金属硫族团簇稳定存在的重要因素[40]。值得注意的是，不同类型的抗衡阳离子会对化合物的性能应用具有一定调节作用。

当鲍林静电价规则适用于表面位点和核心位点时，两者略有不同。簇表面的阴离子可能会从不属于簇的带正电荷的离子那里获得额外的键价。相比之下，核心阴离子位点的键价只来自属于簇的阳离子。二价金属阳离子已被广泛用于制备金属硫族团簇化合物。对于团簇边缘或顶点的硫位点，框架金属阳离子的配位数较低，相邻 M^{2+} 阳离子的键价通常不足以平衡阴离子 S^{2-}。这些位点往往被硫代基团—SR 占据，而—R 基团满足了 S^{2-} 的额外键价需求。

使用 M^{3+}（如 In^{3+} 和 Ga^{3+}）或 M^{4+} 阳离子（如 Ge^{4+} 和 Sn^{4+}）通常能提供足够的键价来平衡边缘或顶点的阴离子 S^{2-}，因此无须使用有机基团。这些纯无机簇通常与其他簇连接，形成扩展结构。一个限制因素是只含有 M^{3+} 或 M^{4+} 阳离子的簇通常较小，主要得到的是 T2 和 T3 团簇。在 M^{3+}-S 或 M^{4+}-S 成分中不太可能形成较大的簇，因为核心硫位点的总键价会过剩。例如，在 Ge-S 系统中，最大的 Tn 团簇为 T2。这是因为在大于 T2 的团簇中，阳离子位点的电荷对于三配位 S^{2-} 阴离子位点来说过高。近年来，科学家们还利用比 S^{2-} 离子半径更小的 O^{2-} 插入超四面体团簇中，进而降低团簇内部高价金属附近的局部正电荷，提升团簇的稳定性。

1.4.2　水/溶剂热合成法的影响因素

目前，水/溶剂热合成法仍然是获得硫族团簇化合物的主要手段，对其合成因素的研究对于提高合成效率，开发更多丰富结构化合物具有重要意义。但是由于水/溶剂热合成的反应体系较为复杂，对于其合成过程中各部分影响方式的研究尚不明确。一般认为，其合成过程中主要的反应条件包括抗衡阳离子、矿化剂、反应介质、反应温度、反应时间等因素。值得注意的是，其中某一种条件的改变也能够对其他条件产生影响，因此在合成中常常需要综合分析和调整实验条件。通过近几十年水/溶剂热合成在该领域的应用，研究者们总结得出一些合成经验：

（1）抗衡阳离子

硫属化物一般具有阴离子骨架，其负电荷需要通过体系中具有相反电荷的抗衡阳离子中和，以实现化合物的整体电中性。此外，抗衡阳离子在合成中还扮演着结构导向剂的作用，对阴离子骨架间的空间进行填充，并影响阴离子骨架最终的组装方式，对化合物结构特征具有重要调节作用。常用的抗衡阳离子有四种：①碱金属离子[170]；②金属配合物阳离子[82]；③季铵离子[171,172]；④质子化的有机胺阳离子[173]。

① 碱金属离子：在早期的研究工作中，碱金属离子被广泛地运用于金属硫族团簇化合物的合成，该类型金属离子半径小，其可以作为结构导向剂，获得具有较高电荷密度和孔隙度较小的致密结构。该类离子具有近似球形的配位环境，其中，Na^+ 和 Li^+ 由于具有较小的半径，更易获得具有复杂组装方式的高维度结构；而原子序数更大的 Rb^+ 和 Cs^+ 的离子半径大，则一般获得低维度组装的产物。值得注意的是，利用水/溶剂热合成时，金属离子可以通过水合离子的形式提高所得化合物的孔隙度。

② 金属配合物阳离子：当以金属配合物阳离子作为抗衡离子时，其具有较高的电荷密度，可以使所得化合物具有较高电荷密度。但该类离子的空间尺寸较大，且抗衡离子之间具有相互的静电排斥力，这使得其在匹配硫属化物阴离子骨架电荷时会受

到空间效应的显著影响，难以很好匹配高维度阴离子骨架的负电荷。因此，该类抗衡离子获得的产物大多为离散型的分子团簇或1D的链状化合物。但有趣的是，若金属离子在该配合物中配位不饱和时，其可以进一步与硫属阴离子骨架配位相连，作为团簇间的连接子而获得新的结构，或只特殊地悬挂连接于团簇表面，这些行为有利于获得更多结构新颖的化合物。

③ 季铵离子：其空间尺寸较大，且具有高的对称性，因而易形成高对称的原子簇或骨架结构。且尺寸较大的季铵离子易导向出低维度的骨架，但因其空间填充作用明显，所以导向出的微孔结构都具有较高的孔隙度。

④ 质子化的有机胺阳离子：相比于季铵盐，有机胺的种类繁多，而且其形状和尺寸大小能够通过改变C原子数和原子组成等手段进行精细调节，其具有丰富的空间几何变化。因此，在水/溶剂热合成条件下以质子化的有机胺阳离子作为结构导向剂和抗衡离子合成的金属硫族团簇化合物是最多的。合成中，质子化的氨基除了静电作用部分外还有氢键导向作用。值得注意的是，由于质子化的有机胺阳离子具有较大的体积，其导向出的微孔硫属化物都具有较低的电荷密度和较高的孔隙度，而质子化的有机胺阳离子在孔道中大多都呈无序分布。此外，有机胺还可以作为水/溶剂热合成金属硫族团簇化合物的优良溶剂，通过与硫元素发生氧化还原反应为目标化合物的合成提供硫源。

（2）矿化剂

矿化剂是指在一个稳定相通过沉淀溶解和晶化过程生成一个新相所需要的化合物（一般指离子）。矿化剂可分为单矿化剂和复合矿化剂。加入少量的矿化剂能改善制品某些性能。矿化剂的功能包括：①将反应物转化成可移动的形式（如将沉淀转化成可溶性的物种进入溶液相）；②使这些可移动的单元具有化学活性，能够互相反应生成新化学键，产生新的晶体骨架结构；③反应过程中或之后，严格来说矿化剂应脱离骨架或不影响拓扑骨架的生成，但也不排除合成中矿化剂能起到结构导向剂的作用。在传统的硅酸盐沸石合成体系中，碱（OH^-）能够非常有效地实现上述功能，沸石合成中所用的矿化剂主要有OH^-和F^-。它们的主要作用是增加硅酸盐、铝酸盐的溶解度。最为突出的是，F^-不是传统的强碱性介质，作为矿化剂，可以使沸石在接近中性的体系中晶化。此外，在合成杂原子取代的高硅沸石中，通常过渡金属在高pH下不稳定，生成氧化物或氢氧化物沉淀，氟离子体系中这些过渡金属可以生成氟的配合物以利于进入骨架。

硫属化物的合成大多都在强的碱性条件下进行。许多无机离子OH^-、Cl^-、Br^-、$S_2O_3^{2-}$及CO_3^{2-}，都是有效的矿化剂[174]。但是需要注意的是，在早期的微孔硫化物合成中，原料大多是以硫化物沉淀的形式加入，如SnS_2，碱性的无机离子如OH^-、CO_3^{2-}，都能提高反应物种的溶解度，起到矿化作用。但对于难溶的过渡金属硫化物，这些离子的矿化作用几乎不起作用。而具有强配位能力的无机离子才能对过渡金属离子起到有效的矿化作用，如Br^-和$S_2O_3^{2-}$，在合成含铜或含银的多元硫属化物时能起到一定的矿化效果。因此，在硫属化物的合成中，矿化剂的选择要看具体的物种，可能对某一物种的矿化剂有很多种，但并不是说每种矿化剂都具有普遍适用性。

（3）反应介质

在水/溶剂热合成体系中，反应介质扮演着至关重要的角色。在相应反应条件下，反应介质的相关物理化学性质，如蒸气压、热扩散系数、黏度、介电常数和表面张力等，会发生显著改变，这将直接影响其中反应物的化学行为。因此，了解合成过程中所用反应介质的理化性质对于实现合成的精准可控，提高目标化合物的合成概率十分重要。不仅如此，在合成过程中还需要考虑反应物在相应反应介质中的溶解度、酸碱性变化等因素。

水通常被选作溶剂热反应的介质，高温高压条件下水的作用可归纳如下：①有时作为化学组分起化学反应，②作为反应和重排的促进剂，③起传递压力的介质作用，④起溶剂作用。水热体系中，水的物理性质发生很大的变化，如蒸气压变高、密度变低、表面张力下降、黏度变低、离子积变高。

在溶剂热反应中，非水溶剂不仅起溶剂、传递压力和矿化剂的作用，还可作为一种化学组分参与反应。在合成体系中溶剂会影响反应物活性，物种在液相中的浓度、解离程度、聚合态分布和传输能力等，从而改变反应过程和反应路线。对于同一个反应若选用不同的溶剂，可能得到不同的目标产物，或得到的产物的颗粒大小、形貌不同，同时溶剂也能影响颗粒的分散性。总之，在有机溶剂中进行合成时，由于有机溶剂种类很多，性质差异很大，为合成提供了更多的选择机会。因此，选用合适的溶剂对溶剂热反应是十分重要的。Sheldrick[174] 指出在水/溶剂热合成中溶剂的选择应该遵循以下原则：①溶剂应该有较低的临界温度（T），因为其对应的较低黏度使得离子的扩散更加迅速，这将有利于反应物的溶解和产物的结晶。②对金属离子而言，溶剂应该有较低的吉布斯溶剂化能，因为这有利于产物从反应介质中结晶。③溶剂不会和反应物反应，换句话说，在所选择的溶剂中不会发生反应物的分解。④在选择溶剂时，还应该考虑溶剂的还原能力。当反应起始原料不同时，可以选择不同的溶剂，例如，吡啶、醇类、胺类、乙腈、N,N-二甲基甲酰胺、二甲基亚砜或者两者之间的混合体系，都可以考虑选择。

（4）反应温度

合适的反应温度可以为构筑 M—S 键提供相应的能量来源，这体现在制备含有不同金属的硫族团簇化合物时的反应温度差异。此外，反应温度还对合成体系中反应物扩散速度发挥着重要作用，这决定着化学反应速率及体系中结晶速度，进而对目标晶体的质量和形貌发挥调节作用。反应温度会使得所用一部分溶剂发生汽化，增大反应体系压力，这将显著增加反应物之间的扩散速度，从而提升反应速率。但反应温度设定过高时，形成的硫属原子簇阴离子可能会发生分解，形成简单的硫代硫酸根阴离子，使得获得目标硫属团簇化合物的概率大大降低。同时，由于硫属团簇化合物的制备体系中可能存在着多种亚稳相，若温度过高，则亚稳相会向稳相转变，进而错失获得具有新颖结构化合物的机会。因此，总结分析已报道的该类化合物合成条件会发现，温度不同获得的产物不同的概率较大，即该类化合物的合成具有一定的温度敏感性。总之，反应温度如何设定，应根据反应原料及所用反应溶剂进行，要保证反应物具有一定溶解度的前提下，反应温度适当降低。

（5）反应时间

一般来说，相比均相反应，水/溶剂热反应的反应速率较低，需要较长的反应时间。金属硫族团簇化合物利用水/溶解热反应制备时，更多的是需要在实验过程中积累大量数据和经验，进行不断地归纳总结。目前理论上只能认识到其合成过程需要经历自发成核和缓慢生长阶段，对其进一步的合成理论研究仍需要不断深入。

1.5 离散型 MCCs

MCCs 在合成时由于自身高的负电荷，使得其易于发生团簇间的自组装并形成多维结构，从而降低骨架电荷，提升化合物稳定性。因此，离散型的零维 MCCs 更难合成制备，但与局限在框架材料中的 MCCs 相比，离散型 MCCs 又为真正纳米材料的物理和化学特性提供了宝贵的机会。尤其是可以在溶液中分散的 MCCs 与 Ⅱ-Ⅵ或 Ⅰ-Ⅲ-Ⅵ 胶体量子点相似，可为研究量子点难以阐明的各种表面科学或者内在结构问题提供有利的模型。例如，具有明确电子结构的同源系列 C_n（CdSe）团簇有利于系统地研究与尺寸相关的光学和电子特性，所获得的信息可能有助于理解和改进 CdS 系列量子点的光电性能。

T_n 团簇具有高度可调的多金属成分，因此可以研究金属成分和精确掺杂位点诱导的光电化学特性，并建立精确的结构-成分-特性关系。与通过共价键实现团簇顶端封闭的 C_n 团簇相比，顶端裸露的 T_n 团簇，尤其是尺寸较大的 T_n 团簇，通常孤立于离散的超晶格中，具有良好的溶液分散性。从原理上讲，要获得离散型 MCCs，应调节团簇端基硫阴离子的连接能力以实现与周边四面体团簇的隔离，同时减少和平衡单个簇的高负电荷，以促进从母液中成功结晶。为了实现这一目标，冯萍云等研究了涉及 1 价或 2 价过渡金属离子（如 Cu^+、Zn^{2+}）、高价主族金属离子（如 Ga^{3+}、In^{3+}、Ge^{4+}、Sn^{4+}）和硫属阴离子（S^{2-}、Se^{2-}、Te^{2-}）的各种自组装过程。此外，针对这些问题，冯萍云和吴涛等提出了"混金属策略"和"超碱辅助结晶策略"相结合的方法，获得了一系列离散的 T4-MGaSnS 簇（M＝Cu^+、Mn^{2+} 或 Zn^{2+}）（**OCF-40，13**）[175]、一个离散的 T5-CuGaSnS 簇（**ISC-21-CuGaSnS，14**）[176]，以及三个等结构离散的 P2-CuMSnS 簇（M＝Ga^{3+}、In^{3+}，或二者皆有）[177]。

如图 1-19 所示，"混金属策略"下，不同价态金属在具有四面体几何特征的 MCCs 中的分布位置表现出一定规律。如前所述，在超四面体团簇中，由于硫属元素具有不同的配位模式，如 μ_1-S、μ_2-S、μ_3-S 和 μ_4-S，依据鲍林静电价规则，不同价态的金属在与不同配位模式的硫属元素结合时会选择性地分布于 T_n 团簇中，以最大限度地满足团簇内部局部电荷平衡[56]。其中，位于核心位置的 μ_4-S，因其配位数高，

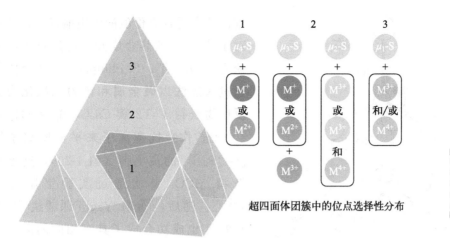

超四面体团簇中的位点选择性分布

图1-19

图 1-19　大 Tn 超四面体团簇中的金属位点选择性分布，其中核心的 μ_4-S 通常与
低价 $M^{+/2+}$ 相连（区域 1）；μ_3-S 在表面连接 $M^{+/2+}$ 和 M^{3+}，μ_2-S 在边缘连接 M^{3+}
或 M^{3+} 和 M^{4+}（区域 2）；团簇端位 S 则与 M^{3+} 和/或 M^{4+} 结合（区域 3）[56]

所以其易与价态较低的 1 价或 2 价金属离子相结合（区域 1）。团簇表面的 μ_3-S 配位
数略低，可以与 1 价或 2 价和 3 价金属离子结合。而团簇边缘的 μ_2-S 则与价态更高的
3 价或 3/4 价混合金属离子相连。团簇末端的 S，倾向于结合 4 价或 3/4 价混合金属。
其中，位于团簇末端的高价金属离子能显著降低低配位数 μ_1-S 的负电荷，抑制其通
过与其他 Tn 团簇自组装降低骨架电荷的趋势，从而促进离散型团簇的结晶和随后的
分散。

　　对于"超碱辅助结晶策略"在制备金属硫族团簇化合物中应用，目前已经报道使
用的超碱分子主要为 1,8-二氮杂二环 [5.4.0] 十一碳-7-烯（DBU）、1,5-二氮杂双环
[4.3.0] 壬-5-烯（DBN）和哌啶（PR）等。这些化合物在母液中更容易质子化，进
而产生高浓度的阳离子，作为抗衡离子来稳定带负电荷的 MCCs 阴离子骨架。此外，
超碱化合物的近乎平面的分子构型有利于其与阴离子骨架间产生相互静电作用，提升
MCCs 的稳定性，促进其更好地结晶。从化合物电荷降低、电荷稳定和电荷平衡的角
度而言，有机碱的选择至关重要，主要考虑两个关键因素：①在形成金属 M—N 键的
过程中有机碱与金属离子的亲和力，M—N 键的形成可以取代团簇端基的 S^{2-}，在减
少团簇电荷的同时中断其与其他团簇间的组装。②质子化形式的超碱的碱性是稳定团
簇负电荷所必需的，这有利于促进团簇结晶。虽然在某些特殊情况下，单个有机碱可
能同时满足这两个要求，但单独解决这两个因素也有利于取得离散型团簇的成功开
发。特别值得注意的是，当只使用 1 种有机碱（例如 DBU）时，它可能无法同时满
足上述两个要求。

1.5.1　离散型 MCCs 的水/溶剂热合成

　　基于离散型 MCCs 在研究硫属化物结构-性能关系中独特的模型作用，以及其表

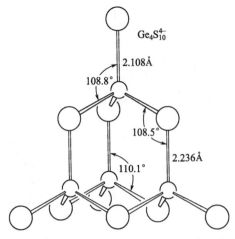

图 1-20 离散型 T2 簇 $[Ge_4S_{10}]^{4-}$ 的结构[178]

现出的广泛且有价值的应用前景，科学家对于其水/溶剂热合成开发也进行了深入研究。1971 年，E. Philippot 及其合作者通过水热法以碱金属和锗的二硫化物为反应物获得了 T2 簇 $Cs_4Ge_4S_{10} \cdot 3H_2O$，4 个 Cs^+ 作为抗衡离子来平衡阴离子簇 $[Ge_4S_{10}]^{4-}$ 的负电荷（图 1-20），这是离散型 MCCs 首次通过实验室制备获得[178]。随后，O. M. Yaghi 课题组[71] 在 1994 年也成功合成了具有相同阴离子骨架的离散型 $[Ge_4S_{10}]^{4-}$ 团簇，更重要的是在该工作中并未使用碱金属作为抗衡离子，而是以质子化的 $[(CH_3)_4N]^+$ 作为抗衡离子匹配团簇骨架负电荷。相比金属离子单一的结构特征，有机胺在空间结构及化合物类别方面具有更多的选择，这有利于开发更多新颖结构的硫属化合物团簇。同时，有机胺的引入对于调节团簇间组装形式，实现硫属化合物团簇开放框架结构多样性发挥了重要作用。这一工作对后续金属硫属化合物团簇材料的发展产生了重要影响。

在 1982 年，Stiller Kurt-Otto 等[179] 用碱金属和碱土金属的硫化物和硒化物与二硫化锗和二硫化锡反应，从水溶液中分离出了 3 个由第ⅢA族金属构筑的 T2 分子团簇，即 $[Ga_4S_{10}]^{8-}$、$[In_4S_{10}]^{8-}$ 和 $[In_4Se_{10}]^{8-}$（图 1-21），使得 T2 分子团簇的金属种类与价态不只停留在高价态（+4）的第ⅣA族金属上。自此，在构筑离散型 MCCs 时，其中的金属开始有了更加丰富的选择和组合。

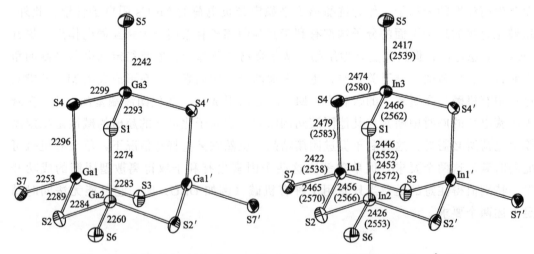

图 1-21 离散型 T2 团簇 $[Ga_4S_{10}]^{8-}$ 和 $[In_4S_{10}]^{8-}$ 的结构（单位：Å）[179]

2003 年 O. M. Yaghi 等[105] 采用有机超碱 DBN、DEM{4-[2-(二甲氨基)乙基]吗啉}与水的混合溶剂，利用溶剂热合成获得了一种十分具有代表性结构的离散型超-

超四面体 T4,2 团簇 $Cd_{16}In_{64}S_{134} \cdot (DBNH_2)_{11}(DEMH_2)_{11}(H_2O)_{50}$ （CdInS-420）化合物 **15**，如图 1-22 所示。该分子团簇的阴离子骨架包含了 214 个原子和 80 个四面体配位中心，并且具有一个接近 0.7 nm 的空腔。该团簇也是迄今为止获得的唯一金属硫族超-超四面体分子团簇。这种阴离子的结构很有趣，因为它代表了四面体结构的一个新的复杂水平。在该工作报道前，TX_4 四面体的所有四面体单元都局限于简单的 Tn（$n=1 \sim 5$）系列。当进行离子交换以尝试用无机阳离子取代有机部分时，没有观察到交换发生，这表明有机胺和晶体之间存在强烈的离子间相互作用。

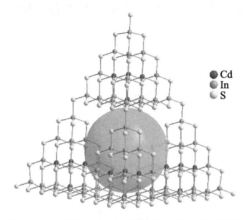

Cd
In
S

图1-22

图 1-22　离散型 T4,2 团簇化合物的结构[105]

2007 年，Paz Vaqueiro 与合作者[180] 报道了一种有机胺参与的有机-无机杂化的超四面体纳米团簇 $[Ga_{10}S_{16}(NC_7H_9)_4]^{2-}$ 的合成和表征，该团簇的端基 S^{2-} 阴离子被 3,5-二甲基吡啶分子取代，并通过与团簇金属的共价键合作用结合（图 1-23）。这一离散型团簇的形成表明，在适当的溶剂热条件下，有机配体与硫化镓团簇形成共价键。通过选择合适的双齿或多齿有机配体，设计含有有机官能团化超四面体的共价有机-无机结构将成为可能。虽然在纯无机框架中，Ga-S-Ga 角的灵活性的严重缺乏限制了可以获得的拓扑数量，但通过有机基团连接超四面体团簇将产生更大的灵活性，

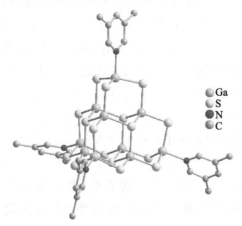

Ga
S
N
C

图1-23

图 1-23　配体中断的 T3 分子团簇 $[Ga_{10}S_{16}(NC_7H_9)_4]^{2-}$ 的结构[180]

从而产生更多的潜在结构。而且，由于有机和无机组分之间在微观水平上的相互作用，这种无机-有机杂化材料可能具有独特的光学和光化学性质。

2009 年，王成课题组[181] 报道了一种中性的多元分子纳米团簇，其中的内核为 T3 超四面体团簇 [Sn$_4$Ga$_4$Zn$_2$Se$_{20}$]$^{8-}$，四面体 4 个顶点的 Se 与金属配合物离子 [(TEPA)Mn]$^{2+}$（TEPA＝四乙烯五胺）通过共价键结合，同时中断了团簇的进一步组装，如图 1-24 所示。该团簇通过氢键和范德瓦尔斯力组装成一个化学性质稳定、无强共价键偶联的超晶格。值得注意的是，该团簇内部四种不同阳离子的分布方式既能满足局部电荷平衡，又能满足金属配合物的全局电荷补偿。

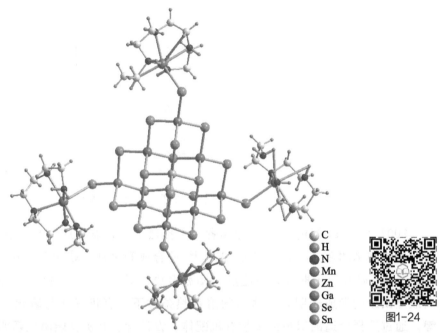

C
H
N
Mn
Zn
Ga
Se
Sn

图1-24

图 1-24　离散型中性 T3 团簇 [Sn$_4$Ga$_4$Zn$_2$Se$_{20}$][(TEPA) Mn]$_4$[181]

2010 年，戴洁课题组[182] 合成了一类具有独特光学吸收特性的新型硫化铟超四面体化合物 {[Ni(phen)$_3$]$_3$ · H$_2$In$_{10}$S$_{20}$}$_3$ · 2HDMA · 7H$_2$O（Mp-InS-1，化合物 **16**）和 {[Ni(phen)$_3$]$_3$H$_4$In$_{10}$S$_{20}$} · 14.5H$_2$O（Mp-InS-2，化合物 **17**），并对其晶体结构进行了表征（图 1-25）。该类簇合物为 In-S T3 超四面体团簇，为了降低团簇整体负电荷，顶端的 S^{2-} 部分或全部以—SH 形式存在。有趣的是，化合物中用来平衡其团簇负电荷的抗衡阳离子为 1,10-菲啰啉的金属配合物 [Ni(phen)$_3$]$^{2+}$，这类金属配合物抗衡离子的开发对于调节 Tn 分子团簇的金属组成及其光电性能具有重要作用。此后，该课题组还在 2011 年[55] 继续报道了利用 2,2′-联吡啶的金属配合物作为抗衡离子而获得的 In-S T3 分子团簇，进一步丰富了配合物阳离子的类型。

同年，冯萍云课题组[175] 报道了一类离散型 T4 硫属化合物团簇（[M$_x$Ga$_{18-x}$Sn$_2$Q$_{35}$]$^{12-}$，x＝2 或 4；M＝Mn, Cu, Zn；Q＝S, Se；化合物 **18**），如图 1-26 所示。该类团簇的发现源于由 T4 团簇组成的 3D 开放框架到 0D T4 分子簇中的一个不寻常

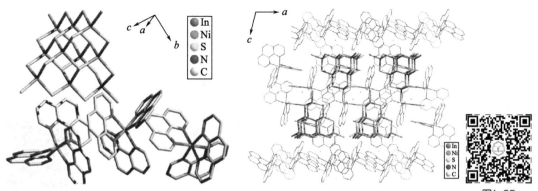

图 1-25　化合物 **16** 的结构和分子堆积图（沿 *b* 方向观察）[182]

的相变，这种转变的驱动力是硫族化合物团簇与质子化胺之间在电荷密度和几何形状上的完美匹配，从而导致孤立簇具有更高的稳定性。该团簇的制备中通过使用复杂的四元组分，最大化团簇的电荷可调性，实现了完美的电荷匹配。这些 T4 团簇可以通过各种成分调节在溶液和固体状态下都显示出可调谐的能带结构。这些 T4 团簇是当时报道的最大的 T*n* 分子团簇，在这项工作之前的几十年里，离散型 T*n* 团簇的大小一直保持在 T3，只有 10 个金属位点。

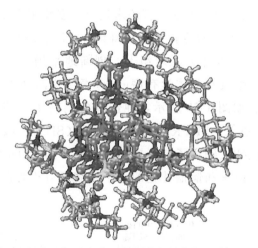

图 1-26　化合物 **18** 中被 24 个质子化哌啶分子包围的孤立超四面体 T4 团簇（红色，Ga；橙色，Se/S；黄色，Sn；绿色，Zn 或 Mn 或 Cu/Ga 混合；蓝色，N；灰色，C；白色，H）[175]

　　T*n* 团簇上的负电荷会随着尺寸的增加而迅速增加，这使得获取更大尺寸的离散型 T*n* 团簇变得越来越困难。2012 年，冯萍云课题组[183] 通过使用系列有机超碱化合物（DBN 和 DBU）来稳定 MCCs 负电荷，成功制备了一系列尺寸由 T3（10 个金属位点）到 T5（35 个金属位点）的离散型 MCCs 团簇，其中 T5 团簇是目前已知的最大的离散型 T*n* 团簇（图 1-27）。这一研究证明了继续探索制备更大尺寸 MCCs 的可能，这有利于更好地衔接小的分子团簇与胶体纳米颗粒之间的尺寸差距，并为有机超碱化合物在合成该类材料的应用中开辟了新的发展道路。

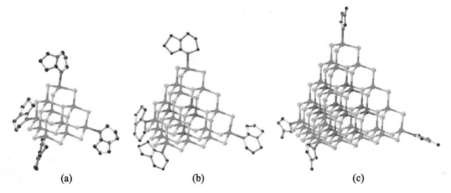

图 1-27　离散型杂化超四面体 T3 团簇 **19**（a）、**20**（b）和 **21**（c）[183]

图1-27

多年来，科学家们对超四面体团簇中的掺杂行为进行了系统研究，发现团簇中不同位置的掺杂化学受到多种因素的影响。在常见的大尺寸超四面体 T5 团簇（尺寸约 2 nm）中具有 35 个金属位点和 56 个非金属位点，为研究纳米团簇有趣的掺杂化学提供了一个独特的机会。此前，已知的只有三元（Cu/Cd/Zn）-（In/Ga）-S 系统，它们或者以相互连接的模式存在于三维开放框架中[78,104]，或者以离散的分子形式存在于晶格中并以有机配体作为末端基团[183,184]。而由于离散型 T5 团簇的合成相对困难，具有组成有序分布的四元 T5 分子团簇一直还未报道。多年来众多课题组对于该类化合物的合成工作也表明，想要通过直接合成获得具有有序金属分布的大型四元 T5 团簇是十分困难的。2013 年，冯萍云课题组[173] 创新地采用了预合成晶体团簇和扩散掺杂的两步策略，在一个具有晶体学有序的核/壳结构的纳米团簇（NC）中实现了多种成分的有序分布。如图 1-28 所示，他们首先制备了内核缺失的超四面体硫属 Cd-In-S T5 团簇 $[HDBN]_8 \cdot [HPR]_4 \cdot [Cd_6In_{28}S_{52}(SH)_4]$（**22**），然后通过扩散手段在其空缺的核心部位插入铜离子，形成 Cu-Cd-In-S 四元 T5 分子团簇（**23**）。与母体相比，这种具有单铜内核和镉铟外壳的分子团簇具有更强的可见光响应光学和光电特性。

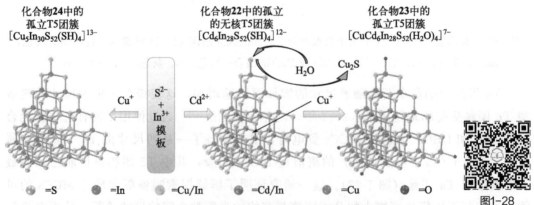

图 1-28　创建有序位点分布的四元 T5 Cu-Cd-In-S 团簇的两步策略；
模板是质子化的有机分子（H⁺-DBN 和 H⁺-PR）[173]

随后，该课题组[185]在 2014 年进一步利用两步法，成功地实现了在核心缺失的超四面体 T5 纳米团簇 $[HDBN]_8 \cdot [HPR]_4 \cdot [Cd_6 In_{28} S_{52} (SH)_4]$ 中实现 Mn^{2+} 的精确掺杂，使其具有定义明确的结构和均匀的尺寸（图 1-29）。正是这种超四面体纳米团簇中具有长程有序本征空位的特殊模型结构，使得 Mn^{2+} 掺杂均匀分散，有效避免了在以纳米团簇为基础的宿主基质中形成 Mn 团簇。这种原子上的精确控制在传统的掺杂 Mn^{2+} 的 II-VI 半导体中很难观察到。这种掺杂 Mn^{2+} 的材料进一步成为探究掺杂 Mn^{2+} 半导体微晶的 PL 特性的理想模型。相对于原始宿主模型，Mn^{2+} 掺杂物极大地改变了光学特性。

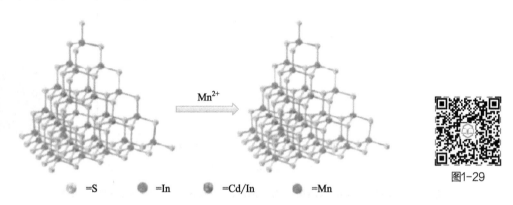

Mn^{2+}

● =S   ● =In   ● =Cd/In   ● =Mn

图 1-29

图 1-29　一个 Mn^{2+} 掺杂到一个无核超四面体硫族化物纳米团簇中的过程示意图[185]

针对前体化合物进行 Mn^{2+} 掺杂时 Mn^{2+} 易于随机分布，通常无法获得精确的位置信息，因此很难客观地探索传统掺杂 Mn^{2+} 纳米材料的位置-性能关系这一问题。2016 年吴涛课题组[186]特意选择了一种特殊的超四面体纳米簇基分子晶体（OCF-40-ZnGaSnS，化合物 25）作为主晶格，其由孤立的超四面体 T4-ZnGaSnS 纳米团簇组成，团簇阴离子为 $[Zn_4 Ga_{14} Sn_2 S_{35}]^{12-}$（图 1-30）。通过有效控制 Mn^{2+} 原位取代 Zn^{2+} 位置，在 T4-ZnGaSnS 团簇的主晶格中实现了相对精确的 Mn^{2+} 掺杂，并研究了 Mn^{2+} 位置依赖的发射性质。

2021 年张献明课题组与吴涛课题组[187,188]先后报道了一种十分独特的离散型 T3-InS 二聚体团簇 $[(In_{20} S_{33})(DBN)_6](HDBN)_6$（26）。$sp^3$ 杂化弯曲桥接方式的二配位硫原子（或阴离子）在许多无机和有机化合物中都很常见。然而，含有 sp 杂化的 S 化合物罕见，并且线型桥接模式仅在化合物中存在 M—S 多重键或周围有机配体的显著空间位阻的帮助下"强制"实现。在这项研究中，首次展示了可以用 X 射线晶体学来观察的一个 sp 杂化的、线型配位的 S，其通过与周围的质子化有机胺阳离子形成氢键相互作用来达到稳定状态（图 1-31）。^{1}H NMR 表征证实了氢键辅助稳定机理。基于量子化学计算的分析表明，相关的 S 原子具有两个孤对电子，并与 In 原子形成两个单键。有趣的是，这个 S 原子采用了线型而不是弯曲的成键几何构型，这种空间结构违反了著名的价层电子对互斥（VSEPR）理论。这些结果可能有助于开辟一个新的化学分支，即非金属原子的弱相互作用决定的独特杂化。

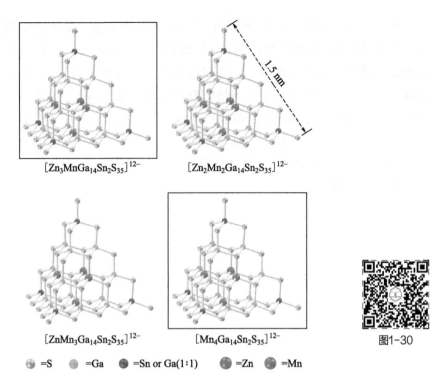

$[Zn_3MnGa_{14}Sn_2S_{35}]^{12-}$ $[Zn_2Mn_2Ga_{14}Sn_2S_{35}]^{12-}$

$[ZnMn_3Ga_{14}Sn_2S_{35}]^{12-}$ $[Mn_4Ga_{14}Sn_2S_{35}]^{12-}$

图1-30

=S   =Ga   =Sn or Ga(1:1)   =Zn   =Mn

图 1-30 超四面体纳米团簇 $[Zn_{4-x}Mn_xGa_{14}Sn_2S_{35}]^{12-}$ （$x=1\sim4$）的结构[186]

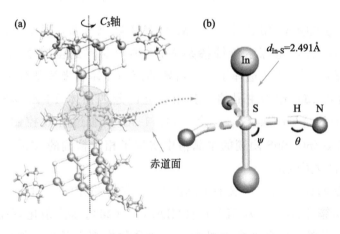

键参数	N-H---S氢键	
	26	正常范围
ψ	96.417°	90.9°~98.1°
θ	162.334°	157.6°~170.1°
d_{H-S}	2.328Å	2.31~2.545Å

图 1-31 化合物 $[(In_{20}S_{33})(DBN)_6](HDBN)_6$ 中用氢键稳定的 L-μ_2-S （a）；L-μ_2-S
连接体的特写，符号表示键长和角度（b）；键长和键角的详细比较（c）[187]

2023 年，吴涛课题组[189] 又以 2,6-二甲基吡啶和 3,5-二甲基哌啶作为模板试剂，利用水/溶剂热合成制备了 2 个离散型金属硫属化物超四面体团簇的二聚体 [T3-d 和 P1-d，分别表示为 **ISC-30**（化合物 **27**）和 **ISC-31**（化合物 **28**）]（图 1-32）。其中，化合物 **28** 是第一个基于 P*n* 型的二聚体簇。这一研究结果进一步丰富了离散型多聚金属-硫族化物超四面体团簇的结构体系。值得注意的是，与该课题组两年前报道的 T3 团簇二聚体化合物 [(In$_{20}$S$_{33}$)(DBN)$_6$](HDBN)$_6$ 相比，化合物 **27** 中两个 T3 团簇共享的端基 μ_2-S 并没有呈现出线型的连接方式，再一次证明了质子化有机胺作为抗衡离子在构筑 MCCs 化合物时，调节化合物空间结构的重要作用。

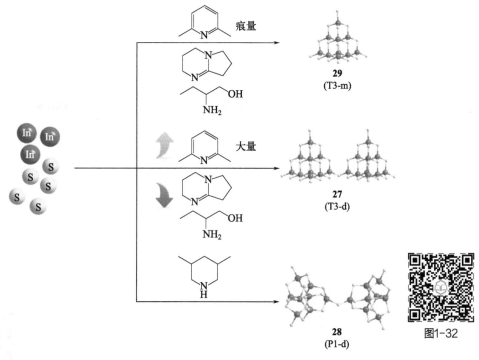

图 1-32　**ISC-29**（**29**）（T3-m），**ISC-30**（**27**）（T3-d）和（**ISC-31**）（**28**）（P1-d）的合成过程[189]

1.5.2　离散型 MCCs 的离子热合成

离散型超四面体 T*n* 硫属化合物团簇的精确化学组成和纳米尺寸，为研究结构-性能关系提供了很好的模型，这使得科学家们一直对其结构类型开发和合成研究保持着足够的吸引力。离子液体虽然被认为是相对惰性的"绿色"溶剂，在许多类型的反应中通常表现得极其冷淡，但近年来在某种程度上显示出一定反应性，特别是硫属化合物的离子热合成已被证明是一种有效的制备方法[190-193]。目前已经利用该方法获得了几十个各种尺寸的 T*n* 团簇。

2012 年黄小荥课题组[184] 首次实现离子热合成在制备离散型超四面体 MCCs 中

的应用。他们利用离子液体 [Bmmim]Cl(Bmmim＝1-丁基-2,3-二甲基咪唑) 合成了四个具有 Cu-M-S 成分的离散型 T5 分子团簇（化合物 **30** 中 M 为 In，化合物 **31**～**33** 中 M 为 Ga），其团簇阴离子骨架的分子式分别为：① $[Cu_5In_{30}S_{52}(SH)_2Cl_2]^{13-}$，② $[Cu_5Ga_{30}S_{52}(SH)_4]^{13-}$，③ $[Cu_5Ga_{30}S_{52}(SH)_2(Bim)_2]^{11-}$ 和 ④ $[Cu_5Ga_{30}S_{52}(SH)_{1.5}Cl(Bim)_{1.5}]^{11.5-}$（图 1-33）。制备过程中离子液体通过原位分解生成配体 1-丁基-2-甲基咪唑和氯离子，这两种配体在化合物 **30**～**33** 中 T5 团簇的端基 M^{3+} 进行选择性配位，从而形成不同端基封闭方式的 T5 分子团簇。该工作为以离子液体作反应溶剂和稳定剂合成离散型超四面体 MCCs 提供了一种新方法。

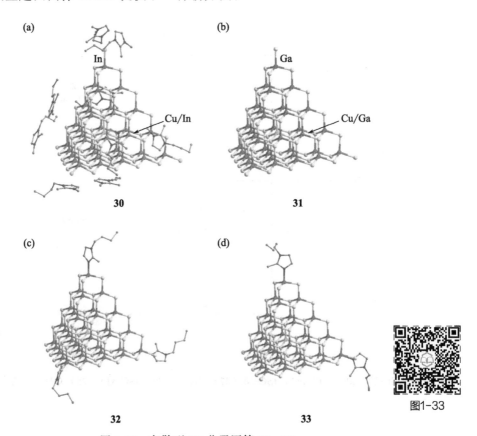

图 1-33　离散型 T5 分子团簇 **30**～**33**

(a) $[Cu_5In_{30}S_{52}(SH)_2Cl_2]^{13-}$；(b) $[Cu_5Ga_{30}S_{52}(SH)_4]^{13-}$；(c) $[Cu_5Ga_{30}S_{52}(SH)_2(Bim)_2]^{11-}$；
(d) $[Cu_5Ga_{30}S_{52}(SH)_{1.5}Cl(Bim)_{1.5}]^{11.5-}$ [184]

2018 年，黄小荥课题组[194] 又以离子液体 1-丁基-2,3-二甲基氯化咪唑鎓 [Bmmim]Cl 为溶剂，获得了四种相同结构的金属硫属化合物，即 $[Bmmim]_5[In_{10}Q_{16}Cl_3(Bim)]$ $[Q＝S（34）、S_{7.12}Se_{8.88}（35）、Se（36）、Se_{13.80}Te_{2.20}（37），$ Bmmim＝1-丁基-2,3-二甲基咪唑，Bim＝1-丁基-2-甲基咪唑]（图 1-34）。这些结构的特点是 $[In_{10}Q_{16}Cl_3(Bim)]^{5-}$ 的独立 T3 阴离子单元由 $[Bmmim]^+$ 阳离子稳定。与已广泛报道的以 T3 InS/Se 团簇作为构筑单元的扩展框架不同，化合物 **38** 代表了离散型 T3 InSe 团簇的第一个实例，而且首次测试分析了基于 InTe 的离散型 T3 团簇

（**37**）。该工作中，离子液体不仅提供 [Bmmim]$^+$ 作为反离子，而且作为反应溶剂释放与 In 原子共价结合的配体。随着硫属元素从 S、S/Se、Se 到 Se/Te 的变化，所得化合物的光吸收呈现逐渐的红移。结果表明，它们的光催化活性随光响应从紫外光区向可见光区移动而可调。

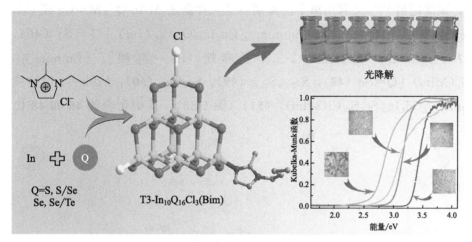

图 1-34　离子热合成离散型超四面体 T3 InQ 簇（Q＝S，S/Se，Se，Se/Te）
及其可调谐的光学和光降解性能[194]

在离子热条件下制备不同大小和组成的分子 Tn 团簇的过程中，向其中加入有机胺可以显著影响反应过程，导致新的硫属化合物生成。2018 年黄小荥课题组[195]报道了 3 个在离子液体 [Bmmim] Cl 中添加了二甲胺后合成的离散型 T4 团簇 [Bmmim]$_5$[(CH$_3$)$_2$NH$_2$]$_4$[NH$_4$][M$_4$In$_{16}$S$_{31}$(SH)$_4$]·6H$_2$O [M＝Mn（**38**），Zn（**39**），Cd（**40**）]（图 1-35）。有趣的是，离子液体中的阳离子和质子化二甲胺 [(CH$_3$)$_2$NH$_2$]$^+$ 在结构中充当电荷平衡剂，并通过阴离子-π 相互作用和 N—H ⋯ S 相互作用稳定离散的 T4 团簇。此外，在离子热条件下，In^{3+} 成功地结合到三元离散型

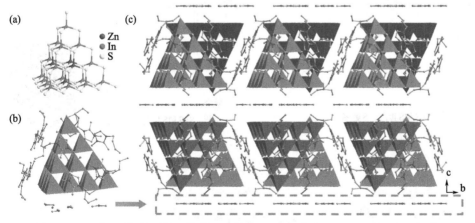
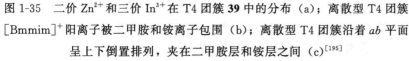

图 1-35　二价 Zn^{2+} 和三价 In^{3+} 在 T4 团簇 **39** 中的分布（a）；离散型 T4 团簇
[Bmmim]$^+$ 阳离子被二甲胺和铵离子包围（b）；离散型 T4 团簇沿着 ab 平面
呈上下倒置排列，夹在二甲胺层和铵层之间（c）[195]

T5 团簇化合物 [Bmmim]$_{10}$[NH$_4$]$_3$[Cu$_5$Ga$_{30}$S$_{52}$(SH)$_4$] (**41**) 中，得到了四个含有不同 Ga/In 比例的离散型 T5 团簇 [Bmmim]$_{10}$[NH$_4$]$_3$[Cu$_5$Ga$_{30-x}$In$_x$S$_{52}$(SH)$_4$] (x = 6.6 (**42**)，14.5 (**43**)，23.8 (**44**)，30 (**45**)。In 掺杂化合物 **42**~**45** 表现出光学吸收的红移和荧光性能的变化，证明了 Cu-Ga-In-S T5 团簇这种与分子组分相关的光学性质。

2020 年，该课题组[196] 又利用离子液体制备了六种新的 M-In-Q（M=Cu 或 Cd；Q=Se 或 Se/S）硫系化合物，即 [Bmmim]$_{12}$Cu$_5$In$_{30}$Q$_{52}$Cl$_3$(Im) [Q=Se (**46**)，Se$_{48.5}$S$_{3.5}$ (**47**)；Bmmim = 1-丁基-2,3-二甲基咪唑，Im = 咪唑]、[Bmmim]$_{11}$Cd$_6$In$_{28}$Q$_{52}$Cl$_3$(MIm) [Q=Se (**48**)，Se$_{28.5}$S$_{23.5}$ (**49**)、Se$_{16}$S$_{36}$ (**50**)；MIm=1-甲基咪唑] 和 [Bmmim]$_9$Cd$_6$In$_{28}$Se$_8$S$_{44}$Cl(MIm)$_3$ (**51**)（图 1-36）。其中化合物 **46** 和 **48** 代

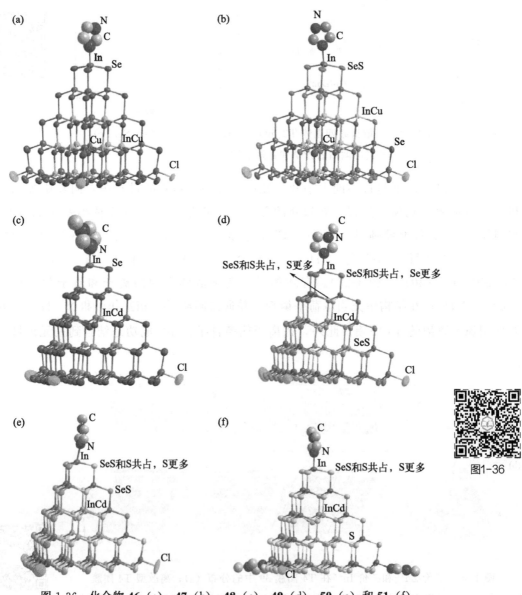

图1-36

图 1-36　化合物 **46** (a)，**47** (b)，**48** (c)，**49** (d)，**50** (e) 和 **51** (f)
阴离子团簇的热椭球 ORTEP 图[196]

表了迄今为止最大的超四面体 Tn 硒化物分子团簇。有趣的是，不同的硫族组成为分子团簇带来了不同的性能，相比硒化物，硫/硒化物团簇表现出更加优异的光催化性能。化合物 **48** 至 **51** 的光催化析氢效率随着团簇中硫含量的增加而显著提高。

尽管到目前为止阴离子在最终分离的反应产物中的掺入仍然很少见，但近几年来，Stefanie Dehnen 课题组[131,197,198] 报道的相关工作已经表明离子液体阴离子对合成超四面体金属硫族化合物团簇的显著影响。这些结果促使研究者们系统地研究它们作为反应溶剂的潜力，以形成硫属金属酸盐阴离子的有机衍生物，并扩展到仍然很少研究的相应的硫化物和碲化物类。这些研究表明，离子液体可以有目的地用于形成甲基衍生物的硫、硒和碲金属酸酯簇阴离子。2019 年，该课题组利用原位甲基化方法制备了九种由硫属金属酸盐阴离子组成的新盐：$[Sn_{10}S_{16}O_4(SMe)_4]^{4-}$（**52～57**），$[Mn_4Sn_4Se_{13}(SeMe)_4]^{6-}$（**58**），和 $[Hg_6Te_{10}(TeMe)_2]^{6-}$（**59** 和 **60**）。图 1-37 总结了化合物 **52～60** 的合成过程[199]。值得注意的是，这些化合物属于从离子液体中获得的罕见的分子簇阴离子。

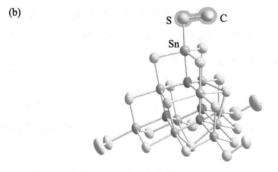

图1-37

图 1-37　在咪唑基离子液体中以不同取代模式进行的包含不同甲基化硫族金属酸根阴离子 $[M_xTM_yE_z]^{q-}$ in **52～60**（M=Sn，E=O，S；M=Sn，TM=Mn，E=Se；M=Hg，E=Te）的盐的离子热合成概述。该方案指出了各自的反应条件，即助剂（aux）和/或添加 TMCl$_2$、温度（T）和反应持续时间的设置情况（a）；$[Sn_{10}S_{16}O_4(S-Me)_4]^{4-}$ 簇阴离子的分子结构。热椭球以 50% 概率水平绘制；为清楚起见，省略了氢原子。颜色代表：灰色，Sn；黄色，S；红色，O；浅灰色，C（b）[199]

2022 年，Stefanie Dehnen 课题组[200] 报道了通过离子热合成制备超四面体团簇低聚物。他们成功地在含有咪唑基离子液体反离子的盐中生成了前所未有的 $[Ge_4Se_{10}]^{4-}$ 阴离子二聚体和四聚体。这种低聚物显示出较低的平均负电荷，从而减少了阴离子团簇与阳离子反离子之间的静电相互作用（图 1-38）。因此，这些盐很容易溶解在 DMF 等普通溶剂中。此外，四聚体 $[Ge_{16}Se_{36}]^{8-}$ 阴离子代表了第 14 族元素离散型硫化物簇中最大的。电喷雾离子化（ESI）质谱法的实验结果证明，未破坏簇的低聚物可以转移到溶液中，并提供了这些化合物的全套特性，包括晶体结构和光学特性。

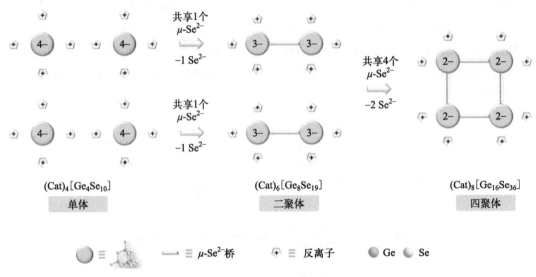

图 1-38　通过形成有限的低聚合簇来降低超四面体阴离子团簇平均电荷[200]

利用离子液体制备离散型 MCCs 可以展现一些独特的优势。例如，离子热合成中离子液体不需要像传统溶剂一样，通过增加反应体系的蒸气压提高反应物溶解度；反应中形成的团簇被离子液体中的有机阳离子分割包围，同时硫离子与离子液体阳离子之间的阴离子-π 相互作用提高了离散簇的稳定性，这一点是传统溶剂体系难以具备的。总的来说，无论是溶剂热合成还是离子热合成在制备 MCCs 时都有各自的优势，但由于 MCCs 自身的高负电荷及强烈自组装趋势，如何获取更大尺寸离散型 Tn（$n \geqslant 6$）簇以及实现对 MCSCs 更加精准的设计合成和结构调控仍然需要不断地探索和努力。

1.5.3　离散型 Tn 团簇的溶剂分散性研究

全面了解半导体量子点或纳米材料在原子或分子水平上的性能影响因素具有重要的科学意义。合成具有原子精度结构的纯无机（或非共价保护）半导体分子纳米团簇有助于建立其组成/结构与性能之间的精确相关性，但由于难以解决的溶剂分散问题，相关研究几乎是空白。而离散型金属硫族团簇的所有优势，只有当它们能够很好地在相应的硫族团簇组装体超晶格中分散开来时，才能在实际的溶液可加工应用中得到体现。当前，虽然针对离散型金属硫族团簇的合成已经找到了一些行之有效的方法和策略，但由于 MCCs 和抗衡阳离子的紧密堆叠引起的强烈静电相互作用，具有高负电荷的较大 Tn 团簇的溶液分散问题仍然具有挑战性。在这方面，几个课题组从不同的角度提出了可行的解决方案。

2017 年，戴洁及其同事[171] 报道了一种离散型团簇（HTEA)$_{13}$[Cu$_5$In$_{30}$S$_{56}$H$_4$]（**61**），如图 1-39 所示。尽管该化合物的阴离子簇结构与已报道的前期工作相同，但他们对合成反应体系进行了修改，利用简单廉价的 HTEA$^+$ 阳离子平衡了 T5 团簇的阴离子电荷。在这项工作之前，T5 团簇是在有机杂环碱和离子液体中制备的，经济成本较高。更为重要的是，在这个工作中他们提出了一种利用高离子强度介质（Li$^+$-DMF）克服晶体中强离子力的策略，实现了离散型团簇（HTEA)$_{13}$[Cu$_5$In$_{30}$S$_{56}$H$_4$]（**61**）在溶剂中的分散。化合物 **61** 的成功分散应归功于反应体系，其中灵活的 HTEA$^+$ 阳离子适用于电荷和空间补偿。通过高分辨率透射电子显微镜和电喷雾离子化质谱对分散的 **61** 团簇的形态和稳定性进行了表征。这项工作为大型离散 Tn 簇的应用开辟了一条新途径。

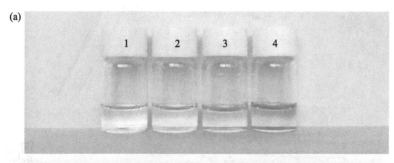

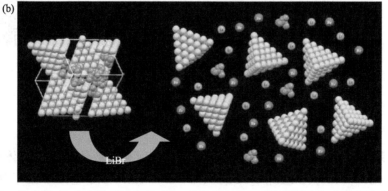

图 1-39

图 1-39 化合物 **61** 在 CH$_3$CH$_2$OH（1）、CH$_3$CN（2）、DMSO（3）和 DMF（4）与 0.2 mol·L^{-1} LiBr 中（a）；LiBr 盐对 **61** 的溶解度影响示意图（b）[171]

2018 年，吴涛课题组[201] 选择了多金属硫化物前体 Tn 团簇，这些团簇具有可调节的尺寸，边长在 8～20 Å 的范围内，金属成分可变，包括过渡金属离子（如 Zn、Mn、Cu）和主族金属离子（Ga、In、Sn、Ge），它们可以在原子/分子尺度上预集成到一个团簇中。重要的是，这些前体不含共价保护剂，可以利用相似相溶原理使其均匀地分散在哌啶溶剂中。并采用表面外延蚀刻生长法，制备了具有超薄 Ag_2S 界面层的多金属硫化物与银纳米线（记为 MMSNPs/Ag_2S/Ag-NWs）的 0D/1D/1D 异质结（图 1-40）。通过选择不同金属阳离子的 Tn MSNCs，可以很容易地控制异质结中多金属种类的类型。

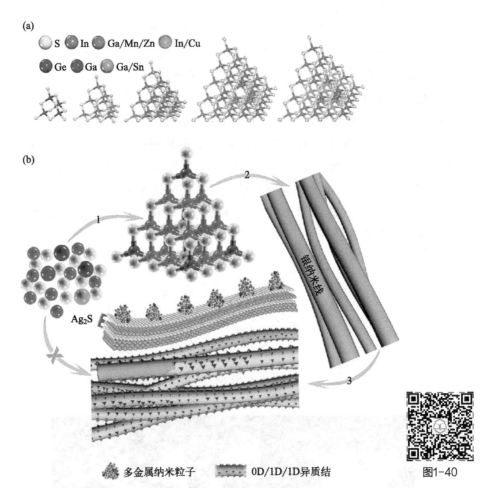

图 1-40 选择 Tn-M NC 作为前体（a）；MMSNPs/Ag_2S/Ag-NWs
的 0D/1D/1D 异质结的合成过程（b）[201]
1—水热反应；2—负载；3—刻蚀生长

此外，李建荣及其合作者[202] 在 2019 年报道了利用离子液体辅助前驱体法获得了一例 T4 团簇（BMMim）$_9$（$Cd_3In_{17}S_31Cl_4$）（**62**，BMMim＝1-丁基-2,3-二甲基咪唑）（图 1-41）。化合物 **62** 具有离散型阴离子 T4 簇的特征，不溶于普通溶剂。在结构中引入硒，得到带隙较窄的化合物（BMMim）$_9$（$Cd_3In_{17}S_{13}Se_{18}C_{14}$）（**63**）和（BMMim）$_9$（$Cd_3In_{17}Se_{31}Cl_4$）（4,4′-bpy）（**64**）。由于 Se 取代了 **T4-1** 团簇中的 S，这削弱了 T4 簇与有机阳离子之间的氢键强度，从而提高了 **63** 和 **64** 团簇在二甲亚砜（DMSO）中的溶解度。并利用质谱确认了这些团簇的溶液稳定性。

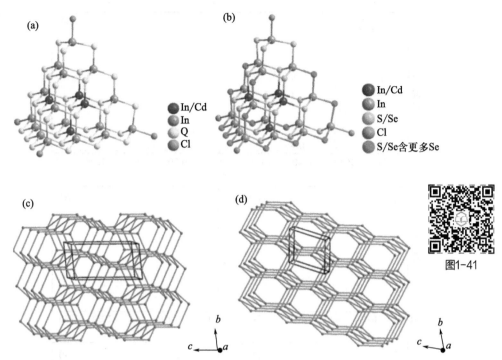

图 1-41　化合物 **62** 和 **64** 阴离子簇（a）；**63** 中的阴离子团簇；红球表示硒含量较高的部位（b）；

62 和 **64** 中通过连接相邻簇中心形成的扭曲六角菱形排列方式示意图（c）；

63 中簇的扭曲立方菱形排列方式示意图（d）[202]

　　提高纳米团簇（NCs）晶态材料的溶解度和/或分散性，特别是没有共价键有机配体的大尺寸 NCs，仍然是一个很大的挑战，因为晶格中带负电荷的 NCs 和带正电荷的有机模板之间存在强烈的静电相互作用。直观地说，除了纳米团簇和反离子的电荷密度之外，簇间堆积模式也会对离散的超四面体纳米团簇的分散性产生影响，尤其是对大尺寸的团簇而言，因为孤立的团簇之间有机模板的填充空间体积较大，可能会导致团簇容易从体相晶体中分散出来。此外，NCs 分散到水溶液中时负电荷是如何平衡的，以及水介质中是否存在单个裸硫族 Tn NCs，这些仍然是一个谜。2020 年，吴涛团队开发了由离散的 T4-MInS 纳米团簇（表示为 ISC-16-MInS，M＝Zn 或 Fe，**65**）构建的两种同构金属硫族化合物，其化学式为 $[M_4In_{16}S_{35}]^{14-}$ • 7（H^+-DBU）• 7（H^+-DMP）• $8.5H_2O$（DBU＝1,8-二氮杂二环［5.4.0］十一碳-7-烯，DMP＝3,5-二甲基哌啶）[203]。当把每个纳米团簇视为一个节点时，分离出的 T4 团簇在 ISC-16（**66**）晶格中采用了钠长石网状松散堆积模式。分散的 T4-MInS 纳米团簇通过在表面 S 位点上吸附一定数量的 H^+，并同时掉落部分表面 S^{2-}，而没有被质子化的有机胺包围，从而出乎意料地稳定了下来，电喷雾离子化质谱分析清楚地验证了这一点（图 1-42）。他们利用这两个化合物清楚地证明了晶格中离散型硫族团簇的松散堆积模式可以极大地提高其在水体中的分散性。这项工作为均匀分散的半导体纳米团簇的潜在功能应用带来了巨大的希望，例如基于簇的薄膜器件、光电极和光催化器件。

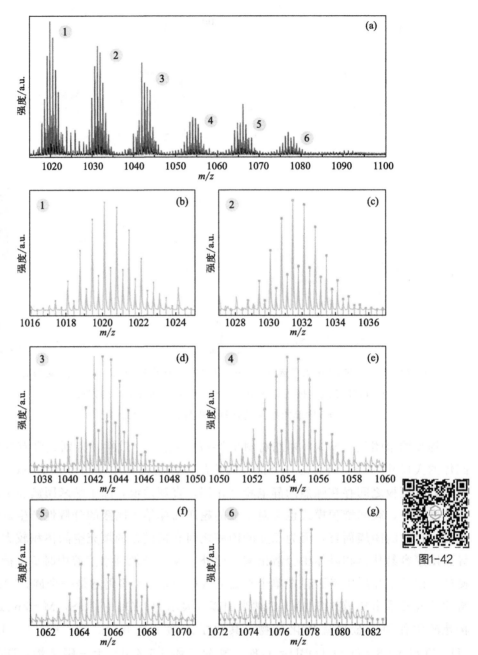

图 1-42　哌啶中分散 T4-ZnInS 簇的负模式 ESI-MS 谱（a）；$[Zn_4In_{16}S_{30}H1]^{3-}$（b），$[Zn_4In_{16}S_{31}H_3]^{3-}$（c），$[Zn_4In_{16}S_{32}H_5]^{3-}$（d），$[Zn_4In_{16}S_{33}H_7]^{3-}$（e），$[Zn_4In_{16}S_{34}H_9]^{3-}$（f）和 $[Zn_4In_{16}S_{35}H_{11}]^{3-}$（g）的高分辨率 ESI-MS 信号（蓝色表示模拟，橙色表示实验）[203]

图1-42

1.6　MCCs 基开放框架的组装研究进展

团簇组装材料提供了一个极具吸引力的课题，即利用正常元素原子范围之外的构件来制造具有定制特性的材料。然而，获得这样的材料要面临诸多挑战，涉及制造和表征一组新的超原子构建块，以及理解控制它们的组装和组装材料特性的规则。MCCs 自身带有的负电荷使得其呈现一种亚稳定状态，在制备过程中会产生强烈的自组装倾向与相邻的团簇通过共顶点等多种手段进行组装以降低团簇骨架的整体负电荷，提高稳定性。这一趋势导致在制备过程中往往得到的是由 MCCs 作为结构单元的多维化合物，而不同的组装方式常常带来新的结构特点，进而会使材料展现出新的性能。因此研究 MCCs 的簇间组装对于开拓其应用领域具有重要意义，目前对 MCCs 的多样性簇间组装已经进行了很多的研究工作。

1.6.1 MCCs 的簇间自组装

MCCs 的簇间自组装是在制备该类化合物时最容易发生的。这源于该类化合物自身阴离子骨架上高的负电荷，使得其具有高的反应活性、强烈的簇间自组装趋势以通过减少骨架中硫属 Q^{2-} 数量来降低负电荷，提升化合物稳定性。自 1989 年 Bedard[48] 第一次报道基于 MCCs 的开放框架以来，该类多孔材料受到了研究人员的广泛关注。在早期的 MCCs 基开放框架的开发工作中，相邻 MCCs 之间主要通过团簇端基的 μ_2-S 原子进行簇间组装。而随着该类材料的研究不断深入，团簇端基 S 原子在作为簇间组装的纽带时，其配位模式也逐渐地丰富起来，为框架材料带来了更多结构变化。

2002 年，Wolfgang Bensch 课题组[204] 开发了一种特殊的金属超四面体团簇开放框架化合物 $(DEA-H)_7^+ In_{11}S_{21}H_2$。在该化合物的不对称单元中有 5 个晶体学独立的 In 原子和 9 个独立的 S 原子，金属 In 与 S 通过四面体配位方式结合为 $\{InS_4\}$ 单元，随后以 $\{InS_4\}$ 为节点进一步组成了 $\{In_{10}S_{20}\}^{10-}$ T3 团簇。值得注意的是，该结构中 T3 团簇间通过 1 个 $\{InS_4\}$ T1 团簇进行组装，而 T3 和 T1 簇间通过共用 μ_2-S 原子进行组装（图 1-43）。这种簇间连接方式也是开发这类团簇材料时最常见的组装形式。

2003 年，冯萍云课题组[205] 报道了一系列化合物 $M_{12}In_{48}S_{97}{}^{26-}$（统称为 **UCR-8**，化合物 **67**），它们具有一种以前在开放框架固体中从未观察到的框架拓扑结构。由于团簇尺寸大，消除了两个网的共生，化合物 **67** 中无机骨架的体积分数低至 38%。通过使用不同的二价阳离子，如 Fe^{2+}、Co^{2+}、Zn^{2+} 或 Cd^{2+}，可以在非水溶剂中合成多种化学成分的化合物 **67**。如图 1-44(a) 所示，T4 团簇间通过三配位的硫（μ_3-S）进行组装，这是此前在该类框架材料中从未出现的硫配位模式，并且在该系列开放框架中观察到一种立方 C_3N_4 类的拓扑类型。此外，该系列框架中并没有出现该类框架中常见的双重穿插生长方式，这有利于提升该类材料的孔隙大小及光电性能。化合物 **67** 具有与理论计算的立方氮化碳（立方 C_3N_4）相同的框架拓扑类型，其中 S 取代了三角配位的 N 原子，$Zn_4In_{16}S_{31}$ 取代了四面体型碳原子 [图 1-44(b)]。此前，已经提出了许多氮化碳多晶型物（例如，α-C_3N_4、β-C_3N_4、准立方 C_3N_4 和石墨-C_3N_4）。在

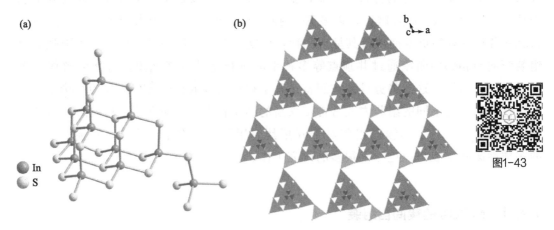

图 1-43　$[In_{11}S_{21}]^{9-}$ 阴离子骨架的构建单元（a）；单层 $(DEA\text{-}H)_7^+$

$In_{11}S_{21}H_2$ 的四面体几何示意图（b）[204]

这些多晶型物中，立方 C_3N_4 拓扑结构具有突出的理论和技术意义，因为其体积模量预计将超过金刚石。此外，立方 C_3N_4 在高压下合成，并淬火至环境压力，可用作超硬材料。

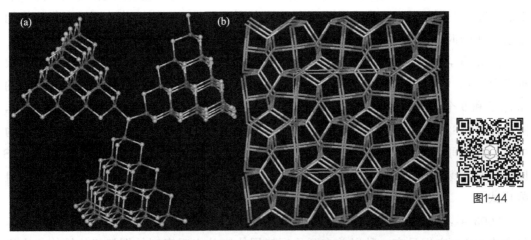

图 1-44　μ_3-S 组装的 T4 团簇及非中心对称（a）；非互穿的三维立方 C_3N_4 开放框架（b）[205]

随后在 2010 年，冯萍云课题组[108] 又开发了一种十分特别的 T5 团簇开放框架 **CIS-11（68）**。在这一结构中可以把 T5 团簇看作人工原子被进一步组装成一个无限层的超-超四面体，表示为 T5,∞（图 1-45）。这种超-超四面体 Tp,q 簇在此之前仅仅报道了两例 T2,2 和 T4,2。值得注意的是，这种 T5,∞ 结构的形成主要依赖其另一个重要的结构特征，即首次在该类框架材料中发现的团簇间四配位 S 原子。这一四配位顶点构筑了一个理想的四面体，硫原子与相邻金属原子之间的夹角 M-S-M 为 109.5°。T5 簇在此特殊配位模式的硫原子连接下构筑成一种具有特殊双重层次的 3D 开放框架。

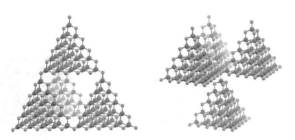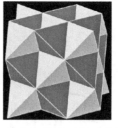

图1-45

图 1-45 四个 T5 团簇 $M_{35}S_{53}$（M＝Cu^+，In^{3+}）有序组装成无限层的超-超四面体，
即 T5,∞；化合物 **68** 中四个 T5 簇通过四配位硫原子组合成一个四面体构型；
黄色的四面体代表 T5 簇，蓝色的四面体和八面体代表簇间镂空的空间[108]

此后，在 2018 年吴涛课题组也同样获得了一种具有双重层次的 3D 开放框架 T4,
∞（**69**），其由 T4 团簇通过 μ_4-S 组装获得（图 1-46）[206]。

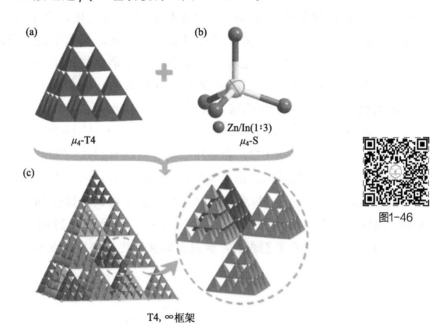

图1-46

图 1-46 化合物 **69** 中的 T4-ZnInS 团簇（a）；四配位的硫原子（b）；由 μ_4-S 连接
子构筑的 **69** 中的超-超四面体 T4,∞（c）[206]

值得注意的是，随着合成条件的变化，硫原子会呈现一些特殊的组成方式。2003
年，冯萍云课题组[75] 获得了一个前所未有的团簇基框架材料 **70**，其阴离子骨架为
$[Ga_{10}S_{17.5(S3)0.5}]^{6-}$，特征是在 T3 簇之间存在多硫化物连接，这是首次发现超四面体
簇通过多硫化物键连接。其中，T3 簇在三个顶点上通过 S^{2-} 桥连接成一个有 6 个环的
3 连接板，每一个环又由 6 个 T3 簇组成（图 1-47）。这些层状结构通过—S—S—S—
桥连接成 3D 网状。在 Ga-S 体系中，较小的 Ga^{3+} 阳离子引起的晶格收缩似乎使其对
AEP 分子的容纳能力降低。因此，在化合物 **70**GaS-AEP 中引入了更长的 S_3^{2-} 基团，
以进一步推动团簇分开并抵消 Ga^{3+} 阳离子的收缩作用。

硒化物比硫化物更难形成大的 Tn 型 SBUs。内部原因可能是对于不同类型的金

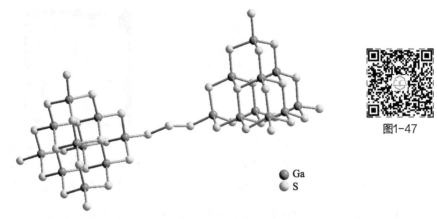

图1-47

● Ga
○ S

图 1-47　在化合物 **70** 中通过—S—S—S—键结合的 T3 团簇[75]

属离子 M—Se 的键长相对于 M—S 的键长有较大的变化，由于 M—Se 键之间存在较大的不匹配，不利于形成大尺寸的硒化物 Tn 簇。相比于硫基 Tn 团簇，最大的硒基 Tn 团簇为 T4，这在一定程度上限制了簇基硒化物的结构多样性。因此，扩展基于簇的开放框架金属硒化物家族是非常有意义的，但仍然具有挑战性。2018 年，吴涛课题组增加了金属硒化物簇基家族的成员，报道了三个 In—Se 开放骨架，其分子式为 $[\mu_3\text{-}Se_4]_{3.27} \cdot [In_{49.88}Se_{95.92}] (C_5H_{12}N)_{26.0} \cdot (C_2H_8N)_{42.4}$ (**71**)，$(In_4Se_{10}) \cdot (C_7H_{16}N)_{1.8} \cdot (C_2H_8N)_{2.2}$ (**72**) 和 $[In_{20}Se_{39}] (C_6H_{14}N)_{12}$ (**73**)[207]。有趣的是，这三种化合物中的 SBUs 都是由多硒化物连接的（Se_n^{2-}，$n=3,4$）。值得注意的是，树状 Se$_4$ 片段通常稳定存在于一些小分子中，通过分子内共价键受到芳基环或卤素原子的保护，但树状 Se$_4$ 片段也出现在化合物 **71** 中，并形成独特的 3D In—Se 开放框架（图 1-48）。此外，这些案例表明，通过多硒化物连接剂开发金属硒化物的柔性组装具有很大的潜力。

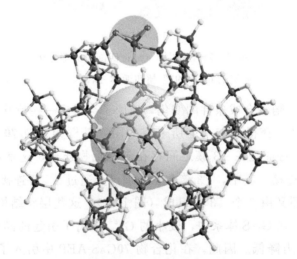

图1-48

图 1-48　$\mu_3\text{-}Se_4$ 和 $\mu_3\text{-}T1$ 在化合物 **71** 中占据相同的位置[207]

1.6.2 MCCs 的有机配体组装

与已报道的众多 MOFs（＞90000 种）相比，金属硫族团簇框架材料（metal chalcogenide cluster frameworks，MCCOFs）种类很少，只有几十到几百个例子。一方面是由于金属-硫化学键之间的键角受到其键长以及成键电子对之间的静电效应影响，仅仅依靠 μ_n-S（$n＝2，3，4$）进行团簇间组装所产生的结构变化十分有限。另一方面是由于缺乏 MCCs 作为合成 MCCOFs 的 SBUs，因为大多数 MCCOFs 是通过有机连接体与 MCCs 的末端金属位点配位构建的。含有聚合位点作为 SBUs 的功能化 MCCs 的设计将极大地丰富 MCCOFs 的构建类型。例如，可以使用能够实现配位和共价键合的双功能有机连接体来官能化 MCCs。在这种情况下，有机连接体上的配位位点将与簇结合，从而形成具有共价键末端位点的修饰簇。这些功能化的 MCCs 可以作为"金属有机连接体"，通过各种聚合反应构建扩展的框架，如席夫碱缩合反应、铃木偶联反应、Sonogashira 偶联反应、三聚反应等，已广泛用于共价有机框架或多孔有机聚合物的合成[208]。该合成策略利用了分步组装的优势，以及配位化学和聚合物化学强大而通用的工具来构建各种 MCCOFs。

值得注意的是，位于团簇末端的富金属位点为修饰和官能化提供了可能性。例如，用特定的外围有机配体保护 MCCs 不仅可以丰富其性质，还可以提高簇的稳定性[36]。具体而言，由于①配体到金属簇的电荷转移（LMCT）和②配体上富含电子的基团向金属簇提供离域电子的协同效应，表面配体也对 MCCs 的光致发光发射有显著影响。已经有报道的工作证明，通过调整表面配体的结构和类型，可以精细控制几种金属硫族化物簇的光致发光（PL）强度和发射波长，并显著提高其 PL 量子产率和寿命[209]。此外，最近的几项研究表明，通过强金属-氮配位键用吡啶分子修饰硫属银簇，可以显著提高簇在不同环境（如环境空气、潮湿空气、水、高温）下的理化稳定性[35,210]。使用特定的多树枝状有机连接体进行修饰可以将单个 MCCs 连接成扩展的网络，称为 MCCs 连接的有机框架（MCCOFs），类似于金属有机框架（MOFs）。这种方法可以显著提高 MCCs 的稳定性，因为单个簇被扩展网络内的有机连接体分离和限制，从而防止其聚集和进一步缩合。更重要的是，所形成的扩展网络赋予了这些框架新的特性，如高孔隙率、离子交换及其他光电性能[211]。2008 年，Vaqueiro 等利用有机配体 1,2-双（4-吡啶）乙烯获得了一种特殊的超四面体团簇 $[C_6H_8N]_2[Ga_{10}S_{16}(NC_6H_7)_2(N_2C_{12}H_{12})]$，这是一种含有有机功能化超四面体的新型有机-无机共价结构[212]，这一结构包含由 T3 团簇和二吡啶配体交替组成的一维之字形链 [（图 1-49（a）]。T3 超四面体团簇的两个剩余顶点由单齿 4-甲基吡啶分子与金属 Ga 配位终止。该反应是在还原性溶剂热条件下发生的，1,2-二（4-吡啶基）乙烯加氢生成 1,2'-二（4-吡啶基）乙烷，该乙烷能够采用图 1-49（a）所示的构象。之字形杂化链排列成与（010）平面平行的层 [（图 1-49（b）]，4-甲基吡啶配体朝向层的外部 [图 1-49（c）]。

考虑到 $[Ga_{10}S_{16}(NC_6H_7)_2(N_2C_{12}H_{12})]^{2-}$ 链为阴离子，并且确定的晶体结构中含有约 39％的空间，可以假设质子化胺阳离子位于晶体结构空腔内。这一开放框架是杂化超四面体团簇开放框架的第一个代表性化合物，但遗憾的是这种联吡啶衍生物只能组装获得低维度（1D，2D）的框架结构[68-70]。

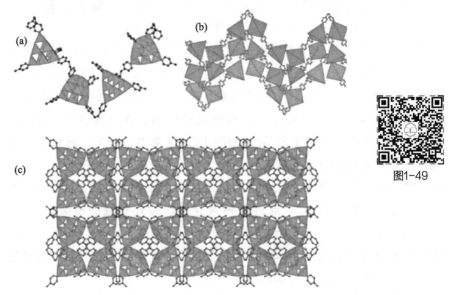

图 1-49　一维 $[Ga_{10}S_{16}(NC_6H_7)_2(N_2C_{12}H_{12})]^{2-}$ 链（a）；与（010）平行的化合物层示意图，呈现之字形链的排列（b）；化合物沿［001］的视图（c）[212]

　　同年，冯萍云课题组设想使用更复杂的有机配体来连接硫属化合物纳米簇，开发更多有趣的结构类型。其中，四面体四齿连接体可能会为得到硫族化物纳米簇多尺寸的周期性排列的组织提供更丰富的机会。他们研究了四面体四齿连接体——四（4-吡啶氧亚甲基）甲烷（TPOM）和溶剂对团簇的大小和它们的空间组织的影响。值得注意的是，截至该工作报道前，剑桥结构数据库中还没有发现含有 TPOM 的晶体结构，TPOM 是一种罕见的配体。利用该配体合成了系列化合物 **74**（{[Cd₈S(SPh)₁₄]₂TPOM}ₙ）和 **75**（{[Cd₁₇S₄(SPh)₂₆]TPOM}ₙ）[213]。首先，需要以含 K_2CO_3 和 KI 的 N,N'-二甲基甲酰胺（DMF）为原料，在回流条件下，四溴季戊四酰与 4-羟基吡啶反应合成了四面体四齿连接体（TPOM）（图 1-50）。

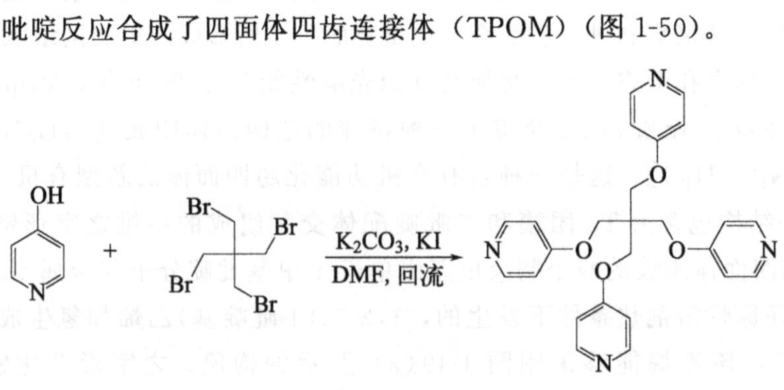

图 1-50　TPOM 的合成路线[213]

P1 簇〔[Cd$_8$S(SPh)$_{16}$]$^{2-}$〕和 C1 簇〔[Cd$_{17}$S$_4$ (SPh)$_{28}$]$^{2-}$〕〔图 1-51(a) 和 (b)〕是两个独立的四面体硫属化合物簇的成员：五超四面体团簇（记为 Pn 团簇）和带帽超四面体团簇（记为 Cn 团簇）。在化合物 **74** 中发现的 P1 簇 [Cd$_8$S (SPh)$_{16}$]$^{2-}$ 是 Pn 系列的第一个成员〔图 1-51(c)〕。一个关键的结构特征是 P1 簇存在一个核心 Cd$_4$S 反四面体，外围被 CdS$_4$ 正四面体覆盖。P1 簇的金属硫核在其他成分中也已知，特别是不含表面配体的 II-IV（例如，Zn-Sn）硫族化合物。化合物 **75** 中的 C1 簇〔图 1-51 (d)〕是 Cn 系列的第一个成员，远不如 P1 簇常见。C1 簇的一个关键结构特征是核心 CdS$_4$ 四面体与四个角 Cd$_4$S$_4$ 桶状笼共享其 S 位点。值得注意的是，如果溶剂由 CH$_3$CN/CH$_3$OH 变为 DMF，在保持其他反应条件不变的情况下，合成产物将由化合物 **74** 转变为含有较大 C1 簇的化合物 **75**。

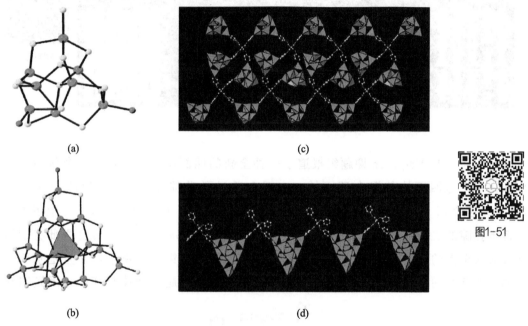

图 1-51　化合物 **74** 中的 P1 簇 (a)；化合物 **75** 中的 C1 簇 (b)；化合物 **74** 结构 (c)；
化合物 **75** 的结构 (d)。CdS$_4$：绿色四面体。Cd：绿球。S：黄色的球。
N：蓝色的球。为清楚起见，省略了表面配体[213]

2011 年冯萍云课题组利用咪唑类配体对 T3 和 T4 团簇进行组装，开发了一类超四面体簇基咪唑酯开放框架，记为 SCIFs[214]。如图 1-52 所示，这些 SCIFs 材料是由各种咪唑类配体连接的 T3 或 T4 簇构筑而成的，骨架孔隙中存在大量锂离子和质子化的 DBU 分子（H-DBU$^+$）以平衡阴离子骨架的电荷。这些 SCIFs 采用互穿菱形拓扑结构，受到 Tn 簇和咪唑配体的大小的影响，其互穿程度不一；由 T3 簇构筑的 3D 框架通常呈现双重穿插，而 T4 簇构筑的框架则呈现三重穿插，这在此前同类材料中尚未观察到；然而，使用更大的咪唑配体后，T4 簇构筑的开放框架又呈现出双重互穿的结构特点。这项工作代表了构筑金属硫族开放框架的一个重要进步，表明使用有机配体实现 MCCs 高维度组装的可行性。

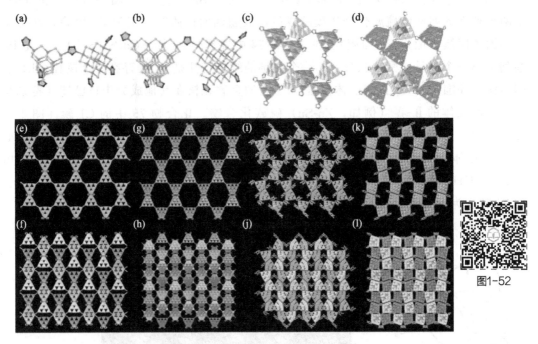

图1-52

图 1-52　咪唑类配体连接的 Tn 簇开放框架[214]

　　2017 年，P. Vaqueiro 课题组报道了一种全新的四面体簇，代表了一个新的结构层次：一个超四面体的混合四面体，由五个通过联吡啶连接的 T3 超四面体簇组成[215]。这个 37 Å 超-超四面体与较小的 T3 团簇（10 Å）共价组装形成了一个包含介孔范围孔隙的二维共价网络（图 1-53）。5 个 T3 团簇 $[Ga_{10}S_{16}L_4]^{2-}$ 通过联吡啶配体连接成这个大的四面体单元，这是杂化的超-超四面体的第一个例子，并且是基于超四面体的杂交网络中无与伦比的构建块。这种杂化的超-超四面体与 Tp,q 团簇明显

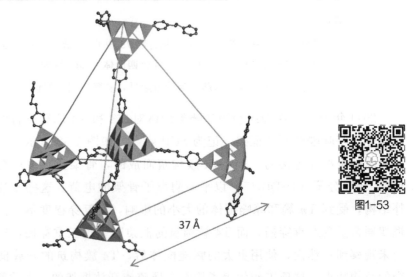

37 Å

图1-53

图 1-53　杂化超-超四面体的多面体表示，四面体边缘用蓝色标出[215]

不同，Tp,q 团簇可以看作是去掉了核心原子的 Tn 团簇，其中单个的 MS$_4$ 四面体通过共享的 S^{2-} 阴离子连接在一起。需要注意的是，联吡啶配体是在溶剂热反应中原位形成的。研究者之前已经观察到从含有 4-甲基吡啶的类似反应混合物中原位合成 1,2'-二(4-吡啶基)乙烷，并且也有报道称吡啶衍生物的热降解可以导致联吡啶分子的形成。

含 N 配体作为连接子已经在开发新型金属硫族团簇开放框架中展现了巨大的应用价值，但在 MOFs 材料研究中被广泛使用的另一大类含 O 配体却迟迟未能在硫族团簇材料中得到应用。这可能归因于 S 和 O 的硬度差异导致 M—S 和 M—O 之间的匹配差异性较大，2018 年吴涛课题组针对这一问题取得了巨大的研究突破[89]。他们报道了目前最大的一类氧硫超四面体 T5 团簇开放框架（**76**），值得注意的是，在该结构中 T5 团簇内的氧原子不再只插入 Tn 团簇的内部，而是替代了团簇内部的部分硫原子（图 1-54）。此外，更有价值的是首次利用羧酸类配体实现了 Tn 团簇的组装，得到一个 2D 开放框架，体现了在 MOFs 组装中广泛使用的羧酸类配体同样可以实现 Tn 团簇组装的可行性，构筑 MCCs 的有机-无机共价框架不再只能依靠胺类有机物。不仅如此，该工作中还获得了由羧酸类配体组装 Tn 团簇得到的 0D 离散结构和 1D 链状结构，表明了羧酸类配体的应用对于提升 MCCs 结构多样性的重要作用。这一工作为由羧酸类配体与 MCCs 合成新一代的有机-无机杂化材料提供了重要的思路。

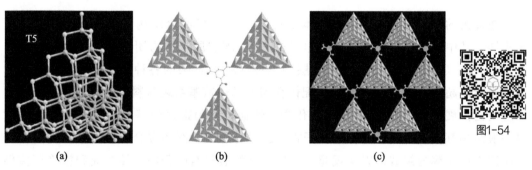

(a)　　　　　　　　(b)　　　　　　　　(c)

图 1-54　**76** 框架中的 T5 氧硫团簇（a）；**76** 框架中 1 个均苯三羧酸配体与
3 个 T5-InSO 团簇配位（b）；**76** 框架中 T5-InSO 团簇通过均
苯三羧酸连接而成的层状超晶格（c）[89]

同年，该课题组又报道了两种新的金属硫族咪唑盐框架 $[(In_{10}S_{17})(IM)]$·$(H^+$-$DBU)_5$（**77**）和 $[(Cd_4In_{16}S_{31.5})$-$(IM)_{1.75}]$·$(H^+$-$DBU)_{8.75}$（**78**）[216]。化合物 **77** 中簇间连接模式（T3-S-T3 和 T3-IM-T3）的组合首次在金属硫族咪唑盐框架家族中观察到（图 1-55）。此外，化合物 **78** 显示了一个具有独特 InS 拓扑结构的中断网络，这是由于部分角落的中断导致 3 和 4 连接的 T4-CdInS 簇共存造成的。推测 DBU 分子不仅可以作为结构导向剂，还可以作为超碱加速咪唑的去质子化，促进有机配体和无机簇的组装。

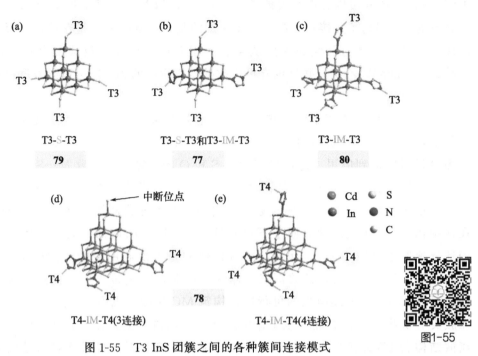

图 1-55 T3 InS 团簇之间的各种簇间连接模式

（a）**79** 中的 T3-S-T3 连接模式；（b）**77** 中的 T3-S-T3 和 T3-IM-T3 混合连接模式；（c）**80** 中的 T3-IM-T3 连接模式；
（d）T4 星团中断，三个角通过 T4-IM-T4 连接模式与 T4 星团相连，**78** 中的一个角由—SH 终止；
（e）4 连接的 T4 星团，四个角通过 T4-IM-T4 连接模式连接到 T4[216]

在过去的十年中，基于超四面体团簇的有机-无机混合结构的开发利用取得了重大进展，其中来自有机配体的富含电子的 N/O 配位原子作为团簇间的连接纽带，创造了从一维（1D）链到二维（2D）层和三维（3D）框架的各种丰富结构的形成。考虑到半导体超四面体 MCCs 与有机配体在超四面体簇基组装材料中的结合，它们的功能应用已扩展到光/电催化和主客体化学。然而，此前报道的基于超四面体团簇的材料一般结构都仅仅由一种有机连接子将团簇进行组装。利用混合有机配体实现金属硫族超四面体团簇的组装，以实现超四面体簇基组装材料的靶向可控合成和精确调控仍然是一项十分具有挑战性的工作。2023 年，李艳岭团队采用一种发色团配体，即三（4-吡啶苯基）胺（TPPA）作为有机连接体，开发了两种基于金属硫族超四面体团簇的组装材料 $\{[Cd_{12}Ag_8(SPh)_{32}(TPPA)\text{-}(DMF)_3(H_2O)_2]\cdot 2DMF\}_n$（**81**；DMF＝$N,N$-二甲基甲酰胺）和 $[Cd_{12}Ag_8(SPh)_{32}(TPPA)_2(DMF)(H_2O)]_n$（**82**）[217]。合成过程中将 $Cd(SPh)_2$、$AgNO_3$ 和 TPPA 置于 DMF 溶剂中进行一锅反应，随后缓慢蒸发结晶，所得化合物自始至终保持 T3 簇核结构。利用共轭 TPPA 连接剂和无机半导体组分的优异光学性能，组装了两种具有可控结构和 1D 到 2D 维度的 T3 簇基材料。2024 年，该课题组再次采用混合配体工程方法设计了一种基于超四面体团簇的组装材料 $[(Cd_6Ag_4(SPh)_{16}(TPPA)(BPE)_{0.5})_2 DMF]_n$（**83**），其具有 2D 双层结构和更宽的可见光吸收范围，如图 1-56 所示。

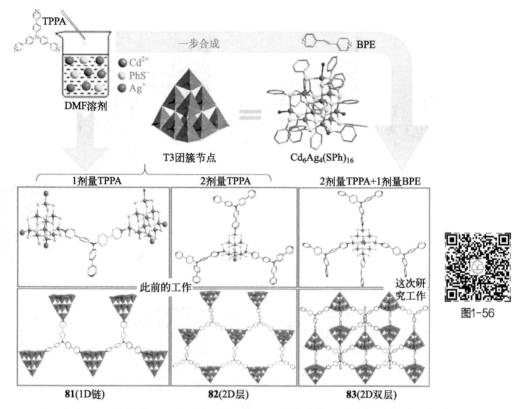

图 1-56　TPPA 和 BPE 连接体一步合成化合物 **81**～**83** 及其连接方式和尺寸控制示意图。
色标：绿色，Cd；粉红色，银；黄色，S；灰色，C；蓝色，N；红色，
O（溶剂分子为 DMF/H$_2$O）。为清楚起见，省略了 H 原子[217]

1.6.3　MCCs 的金属连接子组装

在开发新型金属硫族团簇材料的过程中，调节反应物中金属的种类及用量，尤其是过渡金属元素，可以改变化合物的金属组成，调控其电子结构及光电性能；而且金属元素与硫属元素的配位多样性将有利于调节材料的结构类型，甚至一些金属元素可以作为簇间连接子调节 MCCs 的簇间组装方式，有利于获得新颖拓扑结构的框架化合物。目前，以金属配合物作为簇间连接子构筑开放框架的工作已经受到了广泛关注并取得一定成绩[82,218-221]。

2010 年，戴洁课题组开发了一类新的以［M(dach)$_2$］(dach=1,2-二氨基环己烷）作为 T4 团簇间连接子的开放框架材料 **84**(M=Fe) 和 **85**(M=Co)[82]。X 射线衍射研究表明，**84** 的基本结构是由 T4 团簇组成的，这是首次报道的 Fe-T4 的例子（图 1-57）。键距的实验数据和键价和（BVS）的计算结果表明，围绕四面体硫原子的四个金属位点被二价阳离子 Fe(Ⅱ) 占据。

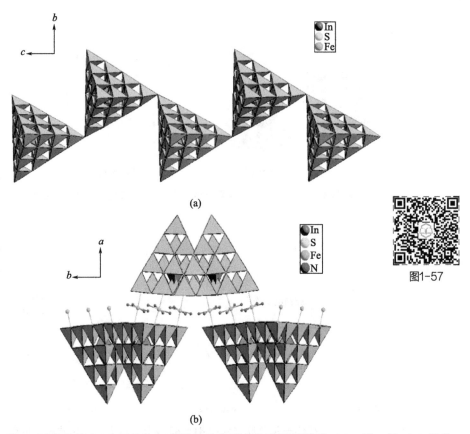

(a)

(b)

图 1-57　**84** 的 1D 链状结构由 T4 团簇与相邻团簇共享两个角硫原子形成（a）；沿 c 轴（1D 链的方向）观察，T4 簇链通过［Fe(dach)₂］键连接到 2D 结构（b）[82]

化合物 **85** 的结构也是由 T4 簇组成的，但内部有四个 Co 离子。T4 团簇一端的末端硫原子与 T1 团簇 InS_4 桥接。该结构如图 1-58 所示，在晶体结构中，每两个簇形成一对，由［Co(dach)₂］$^{2+}$ 配合阳离子连接。填充空间的其他组件也没有全部定位。根据 X 射线数据分析、元素分析、电荷平衡和 BVS 计算，确定了 **85** 的组成为 $\{[In_{17}Co_4S_{38}H_3]_2[Co(dach)_2]\} \cdot 8[Co(dach)_3] \cdot 10Hdach \cdot 2H_2O$。

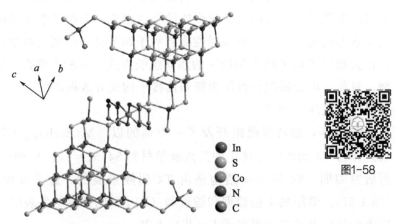

图 1-58　化合物 **85** 中 $\{[In_{17}Co_4S_{38}H_3]_2[Co(dach)_2]\}^{26-}$ 阴离子的配位键结构[82]

同年，王成课题组在溶剂热条件下制备了两种有机-无机杂化一维（1D）硫化物 $[Mn(en)_2(H_2O)][Mn(en)_2MnGe_3S_9]$（**86**）和 $[Mn(en)_2]_2Sn_2S_6$（**87**）（en＝乙二胺），并通过单晶 X 射线衍射进行了表征[222]。金属-氨基配合物 Mn（en）$_2$ 在制备这两种化合物中起着不同的作用：如图 1-59 所示，在化合物 **86** 中，三元 T2 团簇 $[MnGe_3S_{10}]_6$ 通过共用端基 S 原子形成 1D 链状结构，而 $[Mn(en)_2]^{2+}$ 阳离子则与团簇非末端 S 原子形成配位键修饰 1D 链状结构，$[Mn(en)_2(H_2O)]^{2+}$ 阳离子充当模板；而在化合物 **87** 中，$[Mn(en)_2]^{2+}$ 阳离子和 $[Sn_2S_6]_4$ 二聚阴离子以另一种方式桥接在一起，形成链状结构。

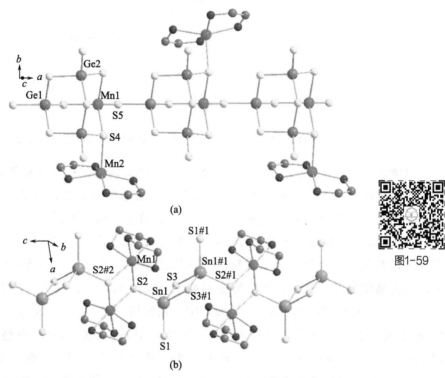

图 1-59　化合物 **86** 的链状结构（a）；化合物 **87** 的链状结构（b）[222]

Ge：绿色，Mn：紫色，Sn：橙色，S：黄色，O：红色，N：深蓝，C：蓝灰色

2013 年，戴洁课题组采用类似的溶剂热合成方法，在 1,2-二氨基环己烷（dach）介质中，以氧化锗或离子液体 1-丁基-3-甲基咪唑溴为助剂，制备了 4 个新的硫族铟化合物[172]。dach（1,2-二氨基环己烷）在合成硫族铟化合物的过程中是一种独特的胺，因为它既可以作为结构导向剂又可以作为螯合剂。其中，化合物 **88** 由三维多阴离子框架 $[In_{12}S_{20}(dach)_2]_n^{4n-}$ 组成，负电荷由孤立的 $[H_2dach]^{2+}$ 和 $[Ni(dach)_3]^{2+}$ 阳离子平衡。多阴离子框架由 $In_{10}S_{20}$（T3）簇和 $In_4(dach)_4S_6$ 簇以 2∶1 的比例构建而成（图 1-60）。T3 簇是众所周知的，而 $In_4(dach)_4S_6$ 簇则是一个新簇，也是一种新的簇间连接方式，其中两个半立方体（In_3S_4）以中心对称模式共用一个面。半立方体底部的 S^{2-} 采用 μ_3-S 配位模式，而其他四个 S 原子则由四个 T3 簇的角共同分享，同样采用 μ_3-S 配位模式。对于 $In_4(dach)_4S_6$ 簇中的 In 原子，存在两种不同的配位环境，

一种为三角双棱锥结构（InS_3N_2），另一种为八面体结构（InS_4N_2）。

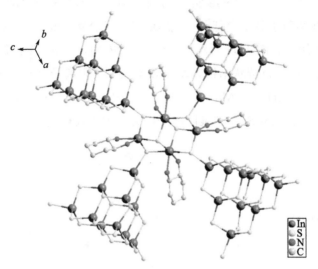

图1-60　化合物 **88** 的结构由 T3-$In_{10}S_{20}$ 团簇和 $In_4(dach)_4S_6$ 簇组成[172]

过渡金属（TM）配合物阳离子作为结构导向试剂、模板或反离子被广泛应用于杂化金属硫醚酸盐的合成中，特别是不饱和 TM 配合物可以通过 TM—Q 共价键有效地结合阴离子框架形成无机-有机杂化金属硫醚酸盐。由于不同配位阳离子的定向作用，这些 Tn 簇呈现出显著的连接多样性和新的结构类型。2015 年，岳呈阳课题组以不同的过渡金属配合物作为结构导向剂或构建单元，以 $[Mn_2Ga_4Sn_4S_{20}]^{8-}$ 的 T3 纳米团簇为基础合成了三种新型多硫金属酸盐（图 1-61）[223]。在化合物 $Mn_2Ga_4Sn_4S_{20}$ $[Mn_2(en)_5]_2 \cdot 4H_2O$（**89**，en＝乙二胺）中，相邻的 $[Mn_2Ga_4Sn_4S_{20}]^{8-}$ 核通过 Mn—S 键被两对 $[Mn_{2(}en)_5]^{4+}$ 配位阳离子桥接，形成一维（1D）中性链。化合物 $Mn_2Ga_4Sn_4S_{20}[Mn(dien)_2]_4 \cdot 2H_2O$（**90**，dien＝二乙烯三胺）含有由 $[Mn(dien)_2]^{2+}$ 阳离子分隔的离散 $[Mn_2Ga_4Sn_4S_{20}]^{8-}$ 核。在化合物 $Mn_2Ga_4Sn_4S_{20}[Mn(teta)]_4$（**91**，teta＝三乙烯四胺）中，每个 $[Mn_2Ga_4Sn_4S_{20}]^{8-}$ 核通过末端 Mn—S 键被四个 $[Mn(teta)]^{2+}$ 配合物共价连接，形成一个中性的孤立簇。这些化合物最令人着迷的特点之一是 TM 配合物不仅起到电荷平衡的作用，而且还共价桥接 T3 簇形成中性的无机-有机杂化硫金属酸盐。

2018 年，吴涛课题组报道了三种新型锡基氧硫团簇基材料，化合物 **92** 分子式为 $[Sn]_2[Sn_{40}O_{16}S_{74}](DMA)_4(DEA)_{10}(H^+-DEA)_{12}(H_2O)_{20}$（DMA＝二甲胺，DEA＝二乙胺），化合物 **93** 分子式为 $[Sn_{40}O_{16}S_{73}]^-(DMA)(H^+-TMA)_{18}(H_2O)_{14}$（TMA＝三甲胺），化合物 **94** 分子式为 $[Sn][Sn_{40}O_{16}S_{74}](H^+-DMA)_{12}(DEA)_4(H_2^{2+}-dach)_3$ $(H_2O)_{20}$（dach＝1,2-二氨基环己烷）（图 1-62）[5]。有趣的是，它们通过不同的桥接单元和连接方式表现出不同的组装结构，特别是化合物 **92** 和化合物 **94** 具有独特的 μ_2-Sn 和 μ_3-Sn 作为连接剂，这在此前已报道的工作中从未出现过。这种可变和独特的连接方式对构建其他类型的簇基开放骨架硫族化合物晶体非常有用。此外，在化合

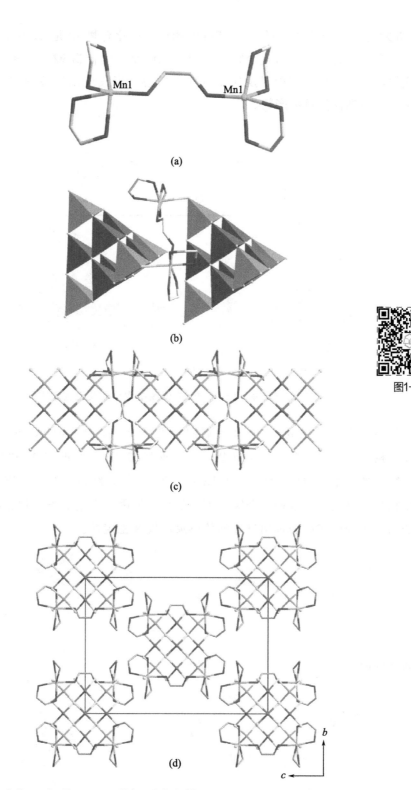

(a)

(b)

图1-61

(c)

(d)

图 1-61　化合物 **89** 中 $[Mn_2(en)_5]^{4+}$ 配合物的特写视图（a）；化合物 **89** 中 $[Mn_2(en)_5]^{4+}$

配合物与 $[Mn_2Ga_4Sn_4S_{20}]^{8-}$ T3 纳米簇之间的连接模式（b）；沿 c 轴观察

1D-$[Mn_2(en)_5]$ $MnGa_2Sn_2S_{10}$ 链（c）；沿 a 轴观察的 1D 链的空间堆积（d）[223]

物 **93** 和 **94** 中还观察到中断的 T3,2-SnOS 团簇。而化合物 **93** 是 T3-SnOS 基硫属化合物中第一个显示光致发光的化合物。值得注意的是，化合物 **92～94** 是在溶剂热条件下合成的，产物的结晶过程对反应温度非常敏感，当反应温度波动超过 10℃ 时，反应体系中得不到任何目标产物。

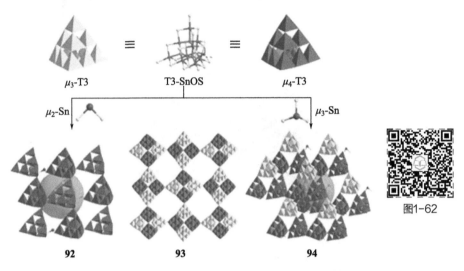

图 1-62　化合物 **92～94** 的 T3 团簇结构单元及组装方式[5]

2019 年，吴涛课题组采用多价金属混合策略获得了由 T4-CuGaSn 和 P2-CuGaSn 团簇作结构单元，单个 Cu$^+$ 作为连接子组装而成的 3D 开放框架 **95** 和 **96**，二者均具有三重穿插的金刚石型拓扑结构，如图 1-63 所示[224]。结构中细长的连接模式与大尺寸的结构单元是其呈现这种复杂穿插模式的重要原因。有趣的是，化合物 **95** 和 **96** 在作为非酶葡萄糖检测中表现出良好的传感灵敏度和稳定性。

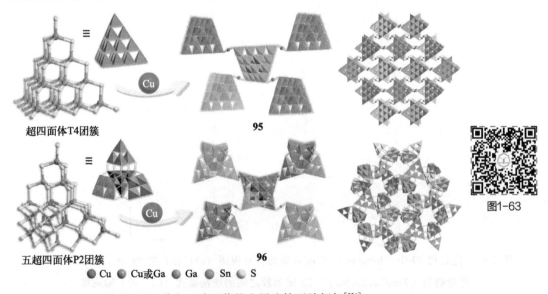

图 1-63　单个 Cu$^+$ 组装的金属硫簇开放框架[224]

2020年，吴涛课题组开发了两个由第13族和第15族的Ⅲ价金属构筑而成的三元金属硫族超四面体团簇 **97** 和 **98**，其阴离子骨架分别为 $[Ga_{56}Sb_{16}S_{136}]^{56-}$ 和 $[In_{36}Sb_6S_{75}]^{51-}$[225]。结构中的锑离子（$Sb^{3+}$）含有孤对电子，使得 Sb^{3+} 表现出立体活性，与 S 通过非对称的三角锥配位模式结合，实现了一种新的超四面体团簇的自组装模式（图1-64）。在这类 3D 框架结构中，三角锥配位的 SbS_3^{3-} 是构筑多层级结构的关键，随后这些团簇会进一步组装成相应的开放框架。这一研究表明，利用非四面体配位的金属离子有助于获得多层结构的硫族团簇，这为以其为结构单元开发新的簇基开放框架指明了道路。

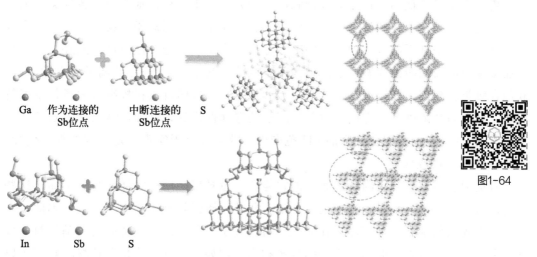

图1-64　化合物 **97** 中分子式为 $[Ga_4Sb_4S_{16}]^{8-}$ 的 [Ga-Sb-S] 单元，超四面体团簇
T3-GaS，[Ga-Sb-S] 辅助自组装的 T3 簇基异金属团簇，单个 2D 框架结构；
化合物 **98** 中分子式为 $[In_6Sb_6S_{24}]^{12-}$ 的 [In-Sb-S] 单元，超四面体团簇
T3-InS，[In-Sb-S] 辅助自组装的 T3 簇基异金属团簇，3D 框架结构[225]

　　总而言之，金属离子不仅有丰富多变的配位模式，其与有机配体或硫属元素形成的化合物作为团簇间连接子有助于开发更多具有新颖结构的团簇基开放框架材料。而且，该类连接子的引入可以有效调节团簇基材料中的金属组成和金属分布位点，这对于改善和提升该类材料的光电性能至关重要。但可惜的是，尽管金属硫族团簇材料的发展已经有几十年的历史，但关于簇间金属连接子的开发工作依然寥寥无几。而且，目前的工作也基本集中于对小尺寸 $Tn(n \leqslant 3)$ 团簇的组装。开发新的金属连接子实现对于大尺寸 $Tn(n \geqslant 5)$ 团簇的组装，构筑金属连接子作用下的大孔径团簇基材料依然是一个巨大的挑战。

1.7　MCCs 及其开放框架在离子交换领域的应用研究

　　随着工业社会的发展和生产力水平的不断提高，各种类型的水体废物，如工业和

核废料的处理，成为了世界各国关注的主要问题。放射性金属核素（^{137}Cs、^{89}Sr、^{235}U、^{59}Fe、^{57}Co、^{65}Zn等）和有毒重金属离子（Hg^{2+}、Pb^{2+}、Cd^{2+}和Tl^+）是这类废物中的重要污染物，对人类和物种构成严重威胁[226]。针对这一类污染，从溶液中沉淀金属离子是应用较多且价格低廉的方法，但该方法不足以有效地将这些离子的浓度降低到可接受的法定限度以下，不能最大限度地降低这些有毒金属离子对生态环境的危害。此外，由于核废料制造过程中产生的条件恶劣，处理核废料的问题更加复杂，例如，样品不均匀、pH值极高、盐浓度非常高等[64]。如何有效去除放射性元素和尽量减少长期储存空间对于实现更安全和低成本的核能利用至关重要。

离子交换是公认的一种相对廉价和高效的方法，用于从污水中消除各种类型的金属离子污染。黏土[227]和沸石[228]是常见的且来源丰富的阳离子交换剂，然而，在高盐浓度或酸性条件下的水体中，它们对有毒重金属离子的选择性较低。此外，这些材料在核废料的极端碱性或酸性条件下是不稳定的，其结构中的铝/硅离子会立即溶解。其他含氧类吸附剂，如钛酸盐、硅酸盐和锰氧化物，虽然可以在核废料的条件下保持稳定，但在高盐浓度下，它们对放射性离子的选择性降低，例如，锰氧化物对Cs^+的吸收[229]；或者它们只能在狭窄的pH范围内对放射性离子实现一定的选择性，例如，钛酸钠对Sr^{2+}的吸收[64]。

有机树脂具有适合吸附特定离子的官能团，也被广泛用于水体净化。然而，这些纯有机材料的化学、辐射和热稳定性有限。此外，树脂具有非晶多孔结构，因此，它们不能表现出像沸石这种有序多孔无机材料的分子筛分离性能。功能化硅基材料对多种重金属离子具有显著的选择性和结合亲和力。例如，硅基功能化介孔材料具有可以从水溶液中快速吸收Hg^{2+}的特殊能力，因而在水处理中得到广泛关注[230]。然而，硅基材料不能用于修复极碱性或酸性废水（例如核废料），因为它们在这种条件下不稳定。目前，含有对有毒或放射性离子具有高亲和力的官能团的金属有机框架（MOFs）似乎是各种修复过程中比较有前途的吸附剂，但这些吸附剂的发展仍处于起步阶段[231]。综上所述，能够在多种污染水体的恶劣条件下稳定存在，且对有毒或放射性离子具有高度选择性，并且价格合理的"完美"吸附剂仍然是难以获得的。因此，寻找新的吸附材料对于实现有毒有害金属水体的治理是十分重要的。

近年来，具有不稳定的框架外阳离子的金属硫化物离子交换剂（MSIEs）已成为一类颇具潜力的新型吸附剂。这些材料呈现出多种结构，从层状和三维晶体框架[232,233]到多孔非晶材料[234]和气凝胶[235,236]。MSIEs在净化水体中各种重金属离子，例如Hg^{2+}、Pb^{2+}、Cd^{2+}、Ni^{2+}和Co^{2+}，以及与核废料有关的离子方面，例如UO_2^{2+}、Cs^+和Sr^{2+}，表现出令人兴奋的去除效果。MSIEs的独特性能来自其骨架中大量存在的S^{2-}，根据软硬酸碱理论（hard-soft-acid-base），S^{2-}属于弱碱，可以使这些材料对软或相对软的金属离子具有天生的选择性。因此，具有软碱框架的MSIEs不需要引入任何官能团，它们对具有软酸特性的金属离子表现出卓越的吸收性能，优于最好的硫官能化材料。此外，硬酸离子如H^+、Na^+和Ca^{2+}仅与MSIEs的软碱S^{2-}配体发生弱相互作用，因此对其离子交换性能的影响程度远小于传统氧化材料。因此，在较宽的 pH 范围和较高的盐浓度下，MSIEs 对金属离子的吸收可能是有效的。

具有层状阴离子结构和不稳定层间阳离子的金属硫化物构成了目前研究最为深入的 MSIEs 类别。这些材料显示出优异的选择性离子交换性能，归因于插入的离子易于扩散并进入金属硫化物层的内表面，以及在引入的金属离子和 S^{2-} 配体之间形成强键。R. SchÖollhorn 等于 1979 年报道了最早的 MSIEs，其是碱离子插层的金属二硫化物，特别是水合层状硫化锡相 $A_x(H_2O)_y[SnS_2]_x$（$A^+ = K^+$，Rb^+，Cs^+）[237]。这些材料对 Li^+、Na^+、Mg^{2+}、Ca^{2+} 和 Ni^{2+} 等一系列无机阳离子表现出易交换的特性。通过系列实验结果观察到，插入阳离子的水化能越高，层间间距越大，表明离子以水合配合物的形式掺入在层间空间。然而，这些材料容易被氧化，从而产生 SnS_2。

1.7.1 KMS 系列层状材料

KMS 系列化合物，是由 Mercouri G. Kanatzidis 团队研发的一类具有优异金属离子交换性能的 2D 层状金属硫族团簇材料，其通用化学式为 $K_{2x}[M_xSn_{3-x}S_6]$（$M = Mn^{2+}$，**99**；$M = Mg^{2+}$，**100**。$x = 0.5 \sim 1$）[238-240]。KMS 这一系列化合物可以利用固态和水/溶剂热合成法制备出克级以上的高纯度化合物。它们在空气与强酸性和碱性水溶液中异常稳定。对化合物 **99** 和 **100** 的六边形晶体进行了单晶 X 射线测量 [图 1-65(a)]，发现它们的结构是基于边缘共享的"Sn/M"S_6 八面体，Sn^{4+} 和 M^{2+} 占据相同的晶体结构位置和三配位的 S^{2-} 配体配位。

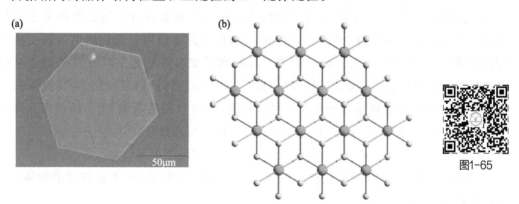

图1-65

图 1-65　化合物 **99** 晶体的扫描电子显微镜（SEM）图像（a）；

化合物 **99** 部分层状结构的表示（S，黄色；Sn /锰、绿色）(b)[64]

层间空间由 K^+ 主导（图 1-66），K^+ 补偿了金属硫化物表面的负电荷。层间空间比所有 K^+ 所需的空间要大得多。因此，这些离子是高度无序和可移动的，因此很容易被各种其他阳离子交换。KMS 系列化合物实际上是 SnS_2 的衍生物，Sn^{4+} 部分被 M^{2+}（Mn^{2+} 或 Mg^{2+}）离子取代。化合物 **99** 和 **100** 具有基本相同的结构特征；它们唯一的区别在于层的堆叠。化合物 **99** 和 **100** 材料被应用于去除核废料相关阳离子（Cs^+、Sr^{2+}、Ni^{2+}、UO_2^{2+}）和工业废水中常见污染物重金属离子（Hg^{2+}、Pb^{2+}、

Cd²⁺），表现出优异的离子交换性能。

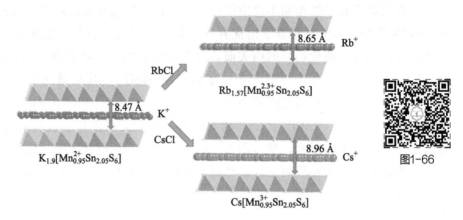

图 1-66　化合物 **99** 及其 Rb⁺ 和 Cs⁺ 交换类似物的晶体结构示意图及层间间距[239]

2009 年，Manolis J. Manos 和 Mercouri G. Kanatzidis 研究了化合物 **99** 对水体中 Rb⁺ 和 Cs⁺ 的交换吸附性能[239]。X 射线光电子能谱（XPS）、元素分析、粉末和单晶衍射研究表明，化合物 **99** 的离子交换是 Cs⁺ 和 Rb⁺ 完全地定量替代 K⁺。这些数据还表明，Cs⁺ 交换时伴随着由空气中氧引起的化合物 **99** 中 Mn²⁺ 向 Mn³⁺ 的罕见拓扑氧化，而 Rb⁺ 的离子交换仅轻微改变层锰原子的氧化状态。化合物 **99** 对 Cs⁺ 的吸附符合 Langmuir 模型，在 pH≈7 的水体中交换容量高达 226 mg/g，分配系数高达 2 × 10⁴ mL/g。化合物 **99** 在强酸性（pH 0.7～2.6）和碱性（pH 10～12）条件下均表现出显著的铯捕获能力，化合物 **99** 捕获 Cs⁺ 的动力学非常快（在 5 min 内，约 1 mg/L Cs⁺ 的去除率＞90%），化合物 **99** 也被发现能够有效地从含有大量竞争阳离子的复杂溶液中吸收 Cs⁺。化合物 **99**（含 Mn³⁺）可以再生并重新用于 Cs⁺ 交换，其交换容量与原始化合物 **99** 非常接近。结果表明，具有离子交换特性的层状金属硫化物可作为高选择性和高性价比的吸附剂用于放射性¹³⁷Cs 污染水体的修复。Cs 对其他碱离子的选择性不是来自尺寸效应，而是来自更有利的 Cs/S 软路易斯酸/路易斯碱相互作用。

其中，分配系数 K_d 表示对金属离子的亲和力和选择性，计算公式为：

$$K_d = [(c_i - c_e)/c_e](V/m)$$

式中，c_i 和 c_e 分别为金属离子的初始浓度和最终浓度；V 为被测溶液的体积；m 为吸附剂的质量。

离子交换过程的 Langmuir 模型表示为：

$$q = q_m \frac{bc_e}{1 + bc_e}$$

式中，q_m 为单位质量吸附剂对金属离子的最大吸附容量；c_e 为溶液达到平衡时的最终浓度；b 是与吸附离子亲和力有关的朗缪尔常数。q 的值可以通过以下公式计算：

$$q = \frac{(c_i - c_e)V}{m}$$

同年，该团队还报道了一种化合物 **99** 在高酸性溶液中处理后所得到的衍生物

$H_{2x}Mn_xSn_{3-x}S_6$（$x=0.11\sim0.25$）（**LHMS** 系列），它是一种具有层状金属硫化氢的新型固体酸[241]。化合物 **101**（LHMS-1）通过快速离子交换过程发生的反应体现出对 Hg^{2+} 和 Ag^+ 等软金属离子具有很强的亲和力（图 1-67）。化合物 **101** 对 Hg^{2+} 的巨大亲和力体现在非常高的分配系数，即 K_d^{Hg} 值 $>10^6$ mL/g。化合物 **101** 对 Hg^{2+} 的高亲和力和选择性在很宽的 pH 范围内（小于 9），甚至在高浓度的 HCl 和 HNO_3 存在下也能保持。化合物 **101** 对 Hg^{2+} 和 Ag^+ 的选择性明显高于欠软阳离子 Pb^{2+} 和 Cd^{2+}。根据对分布函数（pair distribution function，PDF）的分析，Hg^{2+} 通过 Hg—S 键固定在材料硫化物层之间的八面体位点上。化合物 **101** 可以在不到两分钟的时间内将微量 Hg^{2+} 浓度，例如 <100 $\mu g/L$，降低到远远低于饮用水的可接受限度。负载 Hg 的化合物 **101** 在 6 mol/L HCl 溶液中表现出良好的水热稳定性和耐水性。化合物 **101** 可通过 12 mol/L HCl 处理含 Hg 样品而再生，并且在不损失其初始交换能力的情况下重复使用。

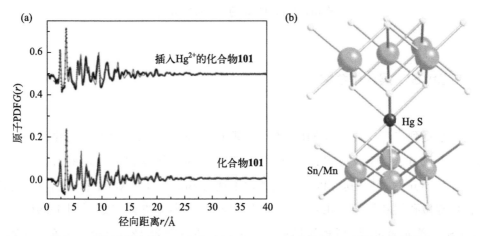

图 1-67　插入 Hg^{2+} 的化合物 **101** 和实验原子 PDF（黑色符号）。同时给出了基于 SnS_2 型结构模型在上计算的原子 PDF（实线）(a)；Hg^{2+} 在负载 Hg^{2+} 的化合物 **101** 结构中的八面体配位，由 PDF 模型显示 (b)[241]

　　2013 年，该课题组又报道了新材料化合物 **100** 及其在不同条件下 Cs^+、Sr^{2+} 和 Ni^{2+} 离子交换的应用[242]。该化合物在 $P6_3/mmc$ 六方空间群中结晶，晶胞参数 $a=b=3.6749(8)$ Å，$c=16.827(4)$ Å。化合物 **100** 对 Cs^+ 和 Sr^{2+} 的分配系数较高，分别为 7.1×10^3 mL/g 和 2.1×10^4 mL/g。同时，在该工作中还对比研究了化合物 **99** 和化合物 **100** 的 Ni^{2+} 离子交换性能（图 1-68）。在假设仅 K^+ 交换的情况下，化合物 **100** 对 Cs^+ 和 Ni^{2+} 的去除率高于化合物 **99**。化合物 **100** 对 Sr^{2+} 的脱除能力也优于化合物 **99**，但可能受 $[Sr(H_2O)_6]^{2+}$ 半径的限制，未达到理论吸附容量。**100** 材料在 pH 值为 $3\sim10$ 范围内稳定，使它们对核电厂废水环境修复具有一定应用能力。由于分配系数 K_d 取决于许多因素，因此不同的离子交换材料应该在需要它们的特定应用中并行地在相同的条件下进行测试。这样做可以直接比较和评价材料在不同情况下的有效性。这项研究确实表明，它们对 Cs^+ 和 Sr^{2+} 的特异性离子选择性是中等的，但对 Ni^{2+} 有非常大的亲和力，这表明硫化物骨架确实优先与软离子反应。

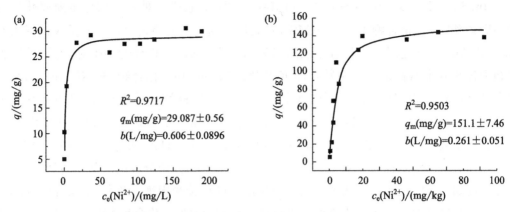

图 1-68　化合物 **99**（a）和 **100**（b）的 Ni^{2+} 平衡曲线。使用 Langmuir 模型拟合数据点，

确定每种材料的吸附容量 q_m 为：**96** 29.1 mg/g, **100** 151.1 mg/g。

初始 pH 约 7，V/m 约为 1000 mL/g[242]

1.7.2　Sn$_3$S$_7^{2-}$ 层状化合物

另一个受到广泛关注的 MSIEs 系列是基于 Sn$_3$S$_7^{2-}$ 层状框架的系列化合物。该系列的第一个成员（TMA）$_2$（Sn$_3$S$_7$）·H$_2$O(TMA$^+$ = 四甲基铵离子）由 J. B. Parise 和其合作者共同开发[243]。其可以在水热条件下通过 SnS$_2$、TMAOH 和 S 的反应分离出来。它具有微孔层状框架，由边缘共享的 [Sn$_3$S$_4$] 半立方体组成 [图 1-69(a)]。六个 [Sn$_3$S$_4$] 单元通过 S^{2-} 桥连接形成一个环，周围环绕着 12 个 SnS$_5$ 三角双锥体。这些层被 TMA$^+$ 阳离子和客体水分子分开 [图 1-69(b)]。具有 Sn$_3$S$_7^{2-}$ 层状结构的材料还包括各种层间有机阳离子，如 DABCOH$^+$（质子化的 1,8-二氮杂双环辛烷）、QUIN（奎宁鎓）、TBA$^+$（叔丁基铵）和 Et$_4$N$^+$（四乙基铵）。

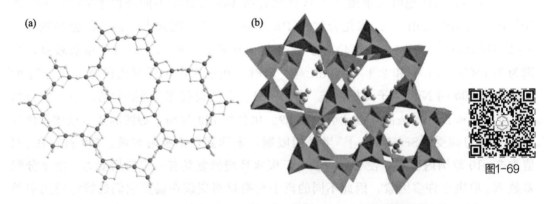

图1-69

图 1-69　（TMA）$_2$（Sn$_3$S$_7$）·H$_2$O（Sn，红色；S，黄色）(a)；相邻两层的排列

（多面体表示）和 TMA$^+$ 阳离子（C，灰色；N，蓝色）位于层间空间（b）

（为了清晰起见，省略了客体水分子）[243]

2015 年，黄小荣课题组报道了由 $Me_2NH_2^+$ 和 Me_3NH^+ 混合阳离子作为模板剂的 $Sn_3S_7^{2-}$ 家族新成员，其分子式为 $(Me_2NH_2)_{4/3}(Me_3NH)_{2/3}Sn_3S_7 \cdot 1.25H_2O$，命名为 **FJSM-SnS (102)**[244]。这种材料在 65 ℃下的 Cs^+ 和 Sr^{2+} 交换实验表明，只需 5 分钟就能达到最大吸附容量；而在室温下，30～60 分钟就能达到离子交换平衡。Cs^+ 和 Sr^{2+} 的最大吸附容量分别为 (409 ± 29) mg/g 和 (65 ± 5) mg/g。此外，pH 稳定性实验表明，化合物 **102** 在宽的 pH 范围 (0.7～10) 内具有良好的 Cs^+ 和 Sr^{2+} 去除能力。有趣的是，化合物 **102** 可以用作离子交换柱中的固定相，进而实现对水溶液中 Cs^+ 和 Sr^{2+}（初始浓度：Cs^+，12～15 mg/L；Sr^{2+}，6 mg/L）的高效去除。该材料还被应用于去除水中的其他放射性金属离子，如来源于反应堆材料的中子活化所产生的 ^{60}Co 和 ^{63}Ni，二者可以产生强的 γ 辐射和 β 辐射，以及存在于核燃料裂变的副产物中的 ^{133}Ba，其可以释放能量为 356 keV 的 γ 射线。钡可以作为危险的 ^{226}Ra 的模拟物进行研究，因为它们具有相似的离子半径和相似的离子交换行为。化合物 **102** 对 Ba^{2+}、Ni^{2+} 和 Co^{2+} 具有优异的吸附性能，即吸附容量高 [$(q_m^{Ba} = 289.0$ mg/g；$q_m^{Ni} = 83.27$ mg/g；$q_m^{Co} = 51.98$ mg/g)]，吸附快速（5 分钟内），还具有广泛的 pH 耐久性、出色的 Ba^{2+} 选择性。在离子交换柱实验中，化合物 **102** 对这些离子表现出较高的去除率（>99%）。尤其引人注意的是，化合物 **102** 还表现出很强的抗辐射能力（图 1-70）。通过辐射暴露实验研究了材料的辐射稳定性，具体而言，**102** 样品以 1.2 kGy/h 的剂量率进行了 ^{60}Co γ 辐射实验，辐照剂量分别为 20kGy、100 kGy 和 200 kGy。在 β 辐照实验中，还分别对 20 kGy、100 kGy 和 200 kGy 三种不同剂量使用了 20 kGy/h 的

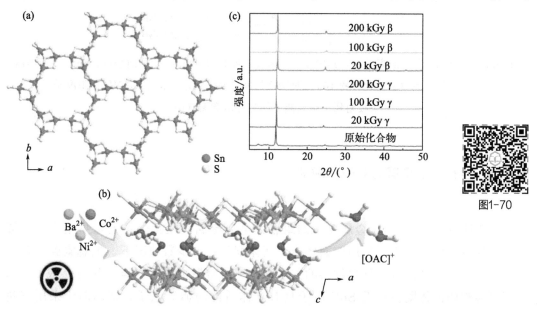

图 1-70　化合物 **102** 中的 $[Sn_3S_7]_n^{2n-}$ 层（a）；相邻两层的排列和有机铵阳离子
（C，灰色；N，蓝色，$[OAC]^+ = [Me_2NH_2]^+$ 和 $[Me_3NH]^+$）位于层间空间，
为了清晰起见，省略了客体水分子（b）；原始化合物 **102** 及
β 和 γ 辐照后样品的 PXRD 谱图（c）[244]

剂量率。PXRD 表明，在 200 kGy β（10 MeV）和 200 kGy ^{60}Co γ 射线照射下，样品没有发生结构和晶体降解。

化合物 **102** 还作为离子交换剂应用于探索稀土元素回收和循环利用，这有利于高科技产业和生态友好型可持续经济的发展[245]。如图 1-71 所示，该材料具有快速高效的离子交换行为，平衡时间短（<5 min），吸附能力强，对多种稀土金属离子具有高吸附容量，如 $q_m^{Eu}=139$ mg/g，$q_m^{Tb}=147$ mg/g，$q_m^{Nd}=126$ mg/g，同时还在宽 pH 范围（1.9～8.5）内保持良好稳定性。最大分配系数（K_d）为 6.5×10^6 mL/g，对 Al^{3+}、Fe^{3+}、Na^+ 有良好的选择性，低浓度下回收率高（>99%）。而且，离子交换后，相应交换产物中的稀土元素很容易通过洗脱回收。与 Al_2O_3/EG、黏土矿物、沸石、活性炭等其他状态的人工稀土吸附剂相比，化合物 **102** 具有更好的吸附能力和更快的吸附动力学。

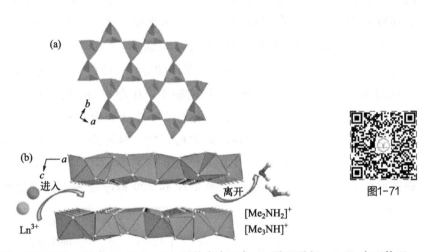

图 1-71　2D $[Sn_3S_7]_n^{2n-}$ 阴离子层，其中 24 元 $Sn_{12}S_{12}$ 环的大窗口与 ab 平面平行，SnS_5 多面体以紫色阴影显示（a）；化合物 **102** 通过交换层间 $[Me_2NH_2]^+$ 和 $[Me_3NH]^+$ 阳离子来吸附稀土金属离子的过程示意图（b）[245]

1.7.3　含有三价金属的离子吸附剂

基于四价或四价/二价金属离子的组合是金属硫属团簇化合物的常见组合。一般来说，这些金属离子主要采用四面体或八面体配位；在少数情况下，也观察到三角双锥配位。而另一种制备硫化物材料的方法涉及三价金属离子的组合，如 In^{3+} 或 Ga^{3+}，它们更喜欢四面体配位；而 Sb^{3+} 由于具有立体活性的孤对电子，则倾向于采用三角锥配位。含有三价金属离子，尤其是 Sb^{3+} 的硫属团簇化合物，往往有更加丰富的结构变化，也在金属离子交换中展现出优异的性能应用。

2010 年，Mercouri G. Kanatzidis 课题组又报道了含有三价金属离子的层状 MSIEs 材料的另一个例子是 $[(CH_3)_2NH_2]_2Ga_2Sb_2S_7\cdot H_2O$（**103**）[246]。如图 1-72 所

示，该结构的构建块由两个角共享的 $\{GaS_4\}$ 四面体和两个 $\{SbS_3\}$ 三角锥体单元组成，进一步桥接 GaS_4 部分。层中有相对开放的窗户，这些窗户是由四个构筑单元组成的 16 个环所需要的。二甲胺离子存在于层间空间，并通过 N—H···S 氢键与层相互作用。化合物 **103** 由于其层状结构和层间相对较大的窗口，在离子交换反应中允许物质扩散，表现出对碱和碱土金属离子的易交换特性。特别有趣的是化合物 **103** 对 Cs^+ 的吸附，这种材料在存在大量（100 倍） Na^+ 的情况下对 Cs^+ 具有特别的选择性。

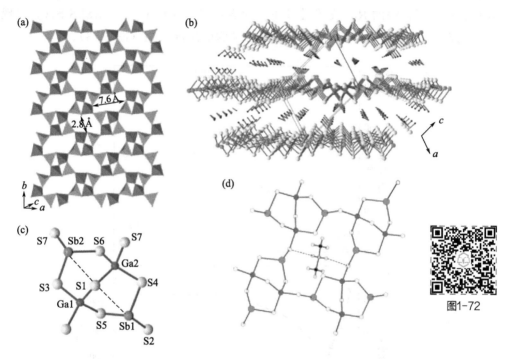

图 1-72　 $[(CH_3)_2NH_2]_2Ga_2Sb_2S_7 \cdot H_2O$ （**103**）的结构

(a) 多面体的层结构图。蓝色四面体为 GaS_4，红色三角金字塔为 SbS_3。(b) 具有平行于 $[Ga_2Sb_2S_7]^{2-}$ 层视图的化合物 **103** 的单元格。为了清晰起见，所有的氢原子和氧原子都去掉；黄色原子是 S，红色原子是 Sb，蓝色原子是 Ga，青色原子是 N，灰色原子是 C。(c) 层的构成单元，其分子式与化合物 $[Ga_2Sb_2S_7]^{2-}$ 相同。虚线表示最近的两个 Sb···S 非键距离为 3.496(1) Å(Sb1···S1) 和 3.574(4) Å (Sb2···S1)[246]

黄小荣等在 2013 年利用质子化的甲胺成功地制备了一种新型硫锑酸铟化合物 $[NH_3CH_3]_4[In_4SbS_9SH]$[247]。单晶 X 射线晶体学表明该化合物属于手性空间群 $P2_13$。不对称单元中，有一个 In^{3+} [In(2)]、三个 S^{2-} [S(2)、S(3) 和 S(4)] 和一个质子化甲铵离子 $[N(1)H_3C(1)H_3]^+$ 位于一般位置，而 $In(1)^{3+}$、 $Sb(1)^{3+}$ 和 S(2)$^{2-}$ 则位于特殊位置，对称性为 3，占有率为 1/3。另外，在不对称单元中存在 1/3 唯一的 $[N(2)H_3C(2)H_3]^+$，其中 C(2) 原子位于具有 3 对称性的特殊位置，而 N(2) 原子位于具有 1/3 对称性的一般位置。因此，$[N(2)H_3C(2)H_3]^+$ 采用三种不同的取向，发生部分失序。 $[NH_3CH_3]_4[In_4SbS_9SH]$ 的阴离子结构类似于无机物 $(NH_4)_5Ga_4SbS_{10}$。$In(1)^{3+}$ 和 $In(2)^{3+}$ 均被 4 个 S^{2-} 包围形成四面体，其中 In—S 键长在 2.4435(19)~2.476(4) Å 之间，与文献报道的结果相当。一个 $\{In(1)S_4\}$ 和三个

{In(2)S$_4$} 通过角共享的 S(2)$^{2-}$ 和 S(4)$^{2-}$ 相互连接，形成 T2 簇。T2 簇的一个顶点由—S(1)H 基团终止，其他三个顶点 [S(3)] 连接三个 Sb^{3+}，使连接构型像一个风车，沿着穿过 S(1)$^{2-}$ 和 In(1)$^{3+}$ 中心的三折轴。Sb^{3+} 采用了 {SbS$_3$} 三棱锥配位，三个等效的正常 Sb—S 键长为 2.4345(18)Å。相反，具有 3 对称性的 {SbS$_3$} 以类似风车的方式将三个相邻的 T2 团簇连接起来。对样品进行了详细的离子交换反应，证明了其对 Rb$^+$ 的高选择性吸附，以及有机胺阳离子导向的孔径对离子交换选择性的重要作用。在时间依赖的 Rb$^+$ 交换处理下，化合物 [NH$_3$CH$_3$]$_4$[In$_4$SbS$_9$SH] 表现出骨架柔韧性，交换收率的增加伴随着其单位细胞的逐渐收缩（图 1-73）。

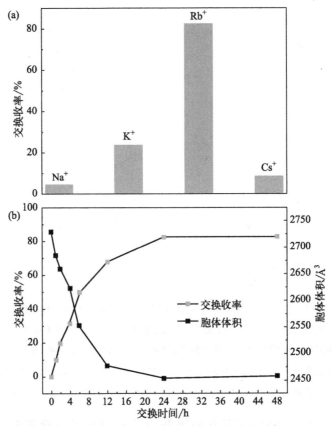

图 1-73　24 h 内化合物 [NH$_3$CH$_3$]$_4$[In$_4$SbS$_9$SH] 对 Na$^+$、K$^+$、Rb$^+$ 和 Cs$^+$ 的
交换收率（a）；Rb$^+$ 交换收率和胞体体积随交换时间的不同变化趋势（b）[247]

2021 年，王成课题组报道了一种由 [In$_6$S$_{15}$]$^{12-}$ 作为构筑模块的高负电荷层状硫化铟 [CH$_3$CH$_2$NH$_3$]$_6$In$_6$S$_{12}$（**104**）[248]。该化合物在单斜 $P2_1/n$ 空间群中结晶，具有由乙基铵阳离子模板化的 [In$_6$S$_{12}$]$_n^{6n-}$ 纳米离子层的堆叠。该层的 [In$_6$S$_{15}$]$^{12-}$ 结构单元通过分别去除末端和表面位置的两个 [InS]$^+$ 基团，显示出是 P1 型 [In$_8$S$_{17}$]$^{10-}$ 的二阶衍生物 [图 1-74（a）]。与完整的簇（4 个末端 S^{2-}）相比，空位的形成增加了 3 个末端 S^{2-} 配体。除了顶端的 S(5) 外，在全部七个末端 S^{2-} 配体中，有六个配体将 [In$_6$S$_{15}$]$^{12-}$ 簇与四个相等的相邻配体连接起来，从而形成最终的 [In$_6$S$_{12}$]$_n^{6n-}$ 层，从

侧面看呈皱褶状［图 1-74(b)］。该层具有横截面为 $6.26 \text{ Å} \times 5.58 \text{ Å}$ 的大型 16 元胞 $\{In_8S_8\}$ 窗口［图 1-74(c)］，与多孔层状硫化铟中的窗口相当。乙胺离子位于层间空间，与无机层形成广泛的 N—H---S 和 C—H---S 氢键，形成三维超分子框架［图 1-74(d)］。值得注意的是，化合物 **104** 在结构上不同于先前报道的铟硫比为 1∶2 的硫化铟，其主要是由金属胺配合物包围的链。

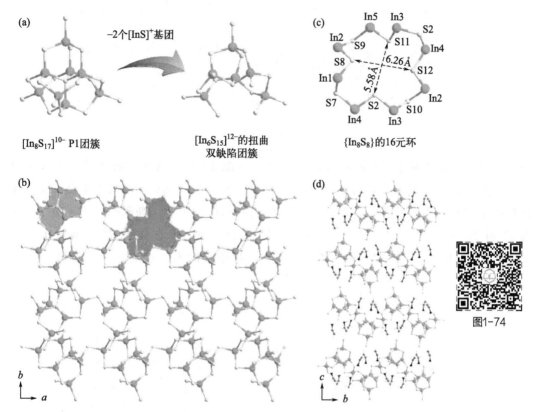

图 1-74 从全簇 P1-$[In_8S_{17}]^{10-}$ 衍生的双 q 缺陷 $[In_6S_{15}]^{12-}$ 簇的结构（a）；$[In_6S_{12}]_n^{6n-}$ 层，红色和蓝色突出显示的部分分别是 $[In_6S_{15}]^{12-}$ 团簇和 $\{In_8S_8\}$ 窗口（b）和 $\{In_8S_8\}$ 窗口（c）；化合物 **104** 中 $[In_6S_{12}]_n^{6n-}$ 层沿 a 轴的堆积（d）[248]

值得注意的是，$[In_6S_{12}]_n^{6n-}$ 层的负电荷密度为 5.59×10^{-3}，排在其他金属硫族吸附剂的前面（图 1-75）。动力学和等温线研究表明，化合物 **104** 对较重的 Sr^{2+} 具有有效的交换性能，最大饱和吸附容量 q_m 为 105.35 mg/g。化合物 **104** 在 3～12 的广泛 pH 范围内表现出良好的交换活性，但是这可能被共存的 Mg^{2+} 和 Ca^{2+} 抑制。交换产物中的 Sr^{2+} 可以很容易地被 K^+ 洗脱。

2022 年，冯美玲等报道了两个三维（3D）簇基微孔金属硫化物 $[MeNH_3]_{5.5}$ $[Me_2NH_2]_{0.5}In_{10}S_{18} \cdot 7H_2O$ （**105**）和 $[Me_2NH_2]_6In_{10}S_{18}$ （**106**）[249]。两个化合物可以作为离子吸附剂有效去除水体中的 Cs^+ 和 Sr^{2+}，同时显示出优异的抗 γ 辐射性能。这两种化合物都具有双重互穿沸石型框架 $[In_{10}S_{18}]_n^{6n-}$，并且其孔隙内由小尺寸的质子化甲胺或二甲胺阳离子占据。在此之前，大尺寸的质子化有机胺通常作为结构导向

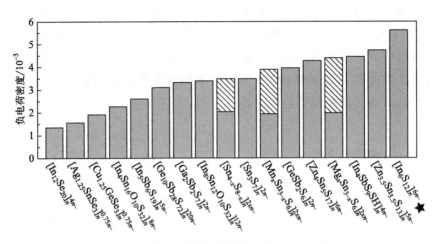

图 1-75　硫族离子交换器骨架的负电荷密度[248]

剂（SDA）存在于基于 Tn 簇的微孔硫化物中（图 1-76）。因此，通常采用逐步激活策略来激活它们的离子交换性能。在此，小分子胺作为 SDA 直接赋予了 Tn 簇基硫化物优异的 Cs^+ 和 Sr^{2+} 离子交换性能。它们具有超快动力学、高吸附能力、宽 pH 范围的耐久性和对 Cs^+ 和 Sr^{2+} 的高选择性。尤其是化合物 $[MeNH_3]_{5.5}$ $[Me_2NH_2]_{0.5} In_{10}S_{18} \cdot 7H_2O$ 不仅展现出高于已报道吸附剂的极高的吸附容量（$q_m^{Cs} =$

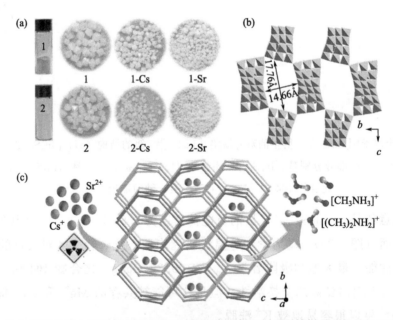

图 1-76　从大规模合成中获得的 **105** 和 **106** 样品的照片，以及原始样品 **105** 和 **106** 以及 **1-Cs**、**1-Sr**、**2-Cs**、**2-Sr** 晶体的照片（a）。**105** 和 **106** 的 3D $[In_{10}S_{18}]_n^{6n-}$ 单阴离子框架沿 a 轴多面体视图（b）。两个互穿的 $[In_{10}S_{18}]_n^{6n-}$ 阴离子框架简化为菱形拓扑网，以及 **105** 和 **106** 的 $[In_{10}S_{18}]_n^{6n-}$ 阴离子框架孔隙中 Cs^+（或 Sr^{2+}）与质子化有机胺阳离子的离子交换示意图；四面体 $[In_{10}S_{20}]^{10-}$ 簇作为节点（c）[249]

564.2 mg/g 和 $q_m^{Sr}=151.2$ mg/g），而且对 Sr^{2+} 有高的亲和力和选择性。此外，这两种化合物都可以很容易地再生和重复使用 5 个循环。

2022 年，黄小荣团队又报道了一种强大的 K^+ 定向层状金属硫化物 $KInSnS_4$（In-SnS-1，**107**），其具有优异的耐酸和耐辐射性能，可以实现从强酸性溶液中快速和高选择性地捕获 $Cs^{+[250]}$。化合物 **107** 对 Cs^+ 具有较高的吸附能力，可作为离子交换柱的固定相，有效去除中性和酸性溶液中的 Cs^+。与化合物 **107** 相比，InSnS-1-Cs（化合物 **108**）和 InSnS-1-Cs/H（**109**）层间距增大，分别从 8.431 Å 增大到 8.690 Å 和 8.939 Å，这是由于半径更大的 Cs^+（170 pm）取代了 K^+（138 pm）。虽然 H_3O^+ 的半径（112 pm）小于 K^+，但 InSnS-1-H（化合物 **110**）的层间距仍然增加到 8.631 Å，这是因为每一层都有一个晶格水分子进入。这些结果表明，化合物 **107** 的层间距在离子交换时是可调节的，即使在酸性条件下，其层结构也表现出灵活性，这有助于有效捕获 Cs^+。此外，在没有 Cs^+ 的酸性条件下，K^+ 可以完全与 H_3O^+ 交换。H_3O^+ 或水分子在化合物 **110** 的层间变得更加无序 [图 1-77(d)]。通过单晶结构分析监测了 Cs^+ 和 H_3O^+ 的吸附情况，从而在分子水平上阐明了 Cs^+ 从酸性溶液中被选择性捕获的潜在机制。化合物 **107** 在 Cs^+ 捕获方面的所有优势都来自硫化物层的软态 S^{2-} 与相对软态 Cs^+ 之间极强的相互作用、层间距的可调节以及化合物 **107** 在酸性条件下的结构柔韧性。此外，该研究还进一步阐明了 H_3O^+ 在酸性条件下对 Cs^+ 的选择性捕获具有不可忽视的促进作用。这揭示了 K^+ 取向金属硫化物的 K-S 最短距离对离子交换性能的重要影响。

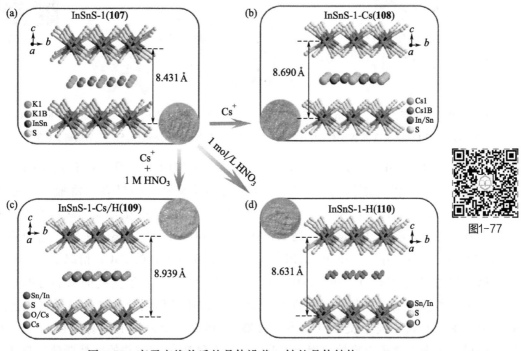

图 1-77　离子交换前后的晶体沿着 a 轴的晶体结构

(a) InSnS-1 (**107**)；(b) InSnS-1-Cs (**108**)；(c) InSnS-1-Cs/H (**109**)；(d) InSnS-1-H (**110**)[250]

1.7.4 金属硫氧团簇开放框架离子吸附剂

2016 年，张献明团队巧妙利用 Sn^{4+}/In^{3+} 混合金属策略，成功突破了氧硫团簇尺寸，获得了首例 T4-SnInSO 纳米团簇[88]。其是基于伪 T4-$[In_4Sn_{16}O_{10}S_{34}]^{12-}$ 簇的三维开放框架 $[In_4Sn_{16}O_{10}S_{32}]^{8-}$（图 1-78）。这种材料由于将氧原子掺入硫化物网络中而表现出良好的稳定性，并且具有易于离子交换的特性，对重金属离子具有很强的选择性。这种高性能是由于框架中的硫原子对重金属离子具有很强的键合亲和力。离子交换过程可由下式描述：

$$[H_3O]_3[Heta]_{4.2}[H_2dpp]_{0.3}[In_4Sn_{16}O_{10}S_{32}] + 4M^{2+} + xH_2O$$
$$\longrightarrow M_4[In_4Sn_{16}O_{10}S_{32}] \cdot xH_2O + 3H_3O^+ + 4.2Heta + 0.3H_2dpp$$

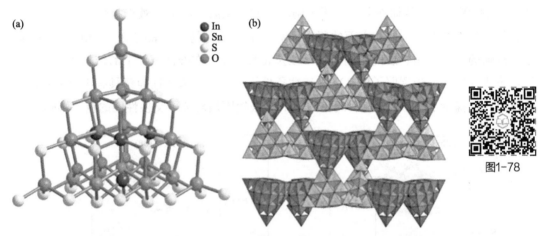

图 1-78 伪 T4 超四面体 $[In_4Sn_{16}O_{10}S_{34}]^{12-}$ 簇（a）和沿 [111] 方向的三维双重互穿框架（b）

注意：每个团簇使用四个角共享 S 原子与它的四个相邻原子结合形成 $[In_4Sn_{16}O_{10}S_{32}]^{8-}$ 的阴离子框架[88]

T4-SnInSO 的 Cd^{2+}、Hg^{2+} 和 Pb^{2+} 离子交换结果如图 1-79 所示。使用 10 mg/L 的 Cd^{2+}、Hg^{2+} 和 Pb^{2+} 溶液对 T4-SnInSO 进行离子交换，结果表明溶液中去除了 58%（Cd^{2+}）、74%（Hg^{2+}）和 65%（Pb^{2+}）的离子。但溶液中盐分如 NaCl、$CaCl_2$ 浓度较大时，离子去除率急剧增加。例如，在 0.6 mol/L NaCl 中离子去除率增加到约 96%（Cd^{2+}）、97%（Hg^{2+}）和 98%（Pb^{2+}）；而在 0.6 mol/L 的 $CaCl_2$ 情况下，离子去除率增加到约 97%（Cd^{2+}）、99%（Hg^{2+}）和 98%（Pb^{2+}）。离子交换的增加可能是由于与重金属离子相比，非常高浓度的 Na^+ 和 Ca^{2+} 的质量作用导致碱性离子首先进入材料的孔中与有机阳离子交换（动力学控制）。然而，动力学上更易交换的 Na^+ 和 Ca^{2+} 随后被重金属离子交换掉，因为 Cd^{2+}、Hg^{2+} 和 Pb^{2+}（较软的路易斯酸）与软碱性（S^{2-}）位点显示出更强的键合相互作用（热力学控制）。

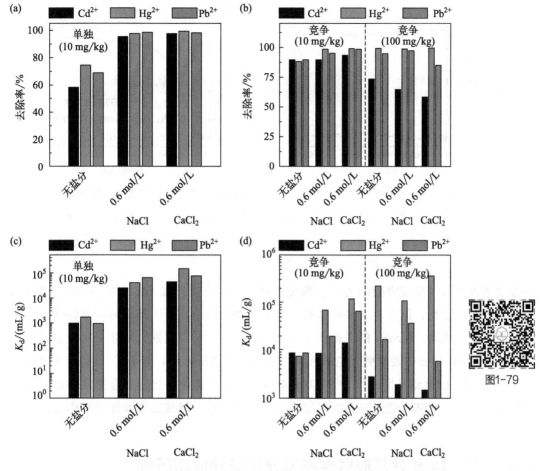

图 1-79　重金属离子（Cd^{2+}、Hg^{2+}和 Pb^{2+}）从溶液中去除率的图
（a）单独离子交换实验；（b）竞争离子交换实验；（c）单独离子交换和（d）
竞争 Cd^{2+}、Hg^{2+} 和 Pb^{2+} 离子交换实验中分配系数 K_d 的变化[88]

2019 年，张献明团队、王莉课题组及 Mercouri G. Kanatzidis 课题组合作研究了
T4-SnInSO 对放射性金属 Cs$^+$ 的交换性能[251]。Cs$^+$ 交换的动力学研究表明，Cs$^+$
（1000 μg/L）离子浓度急剧下降，并在室温下 5min 内达到平衡［图 1-80（a）］。这应
该归因于 T4-SnInSO 的大通道窗口和独特的硫化物口袋，它们充当了软 Cs$^+$ 的钳子。
为了评估 T4-SnInSO 对 Cs$^+$ 的吸收能力，在室温、pH≈7 的条件下对不同浓度的铯
（1～1000 mg/L）进行了吸收等温线实验。如图 1-80（b）所示，由平衡态浓度与 Cs$^+$
交换容量的关系得出 Cs$^+$ 平衡曲线。Langmuir-Freundlich 等温线模型拟合良好，相
关系数较高。T4-SnInSO 的 Cs$^+$ 最大吸附容量（q_m）为 537.7(4.5) mg/g，其是已报
道的最佳 Cs$^+$ 吸附剂之一，且远高于商用 Cs$^+$ 吸附剂。[In$_8$Sn$_{12}$O$_{10}$S$_{32}$]$^{12-}$ 开放阴离子
框架的实验 q_m=537.7 mg/g，大于 Cs$^+$ 的理论吸附容量 452 mg/g（按每克无水开放
硫氧阴离子框架计算）。在这里，T4-SnInSO 的实验吸附容量高于理论的 Cs$^+$ 吸附容
量可能是由材料的表面吸附导致。

金属硫族团簇材料作为重金属或放射性金属离子交换剂结合了各种吸引人的特点，

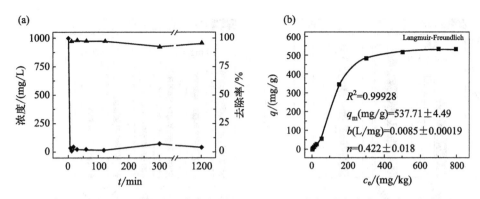

图 1-80 Cs$^+$ 离子交换过程动力学 Cs$^+$ 浓度（mg/L）和 Cs 的相对去除率（%）随时间 t（min）
的变化（a）；Cs$^+$ 平衡曲线 InSnOS（pH=7，V/m=1000 mL/g，接触时间为 20min，
室温下，初始 Cs$^+$ 浓度范围为 1～1000 mg/L）。Langmuir 平衡等温线由平衡态的
Cs$^+$ 浓度与吸附容量的关系绘制而成[251]

例如制备成本低、快速吸附动力学、高吸附容量和对有毒阳离子的特殊选择性。同时，它们不需要功能化，因为对这些有毒有害离子的选择性是硫族团簇材料固有特性。关于重金属离子的吸附，MSIEs 的表现优于任何其他已知的材料类别。MSIEs 对重金属离子的吸附所示 Pearson 软硬酸碱理论的教科书案例：软路易斯酸，如 Hg^{2+}、Cd^{2+} 和 Pb^{2+}，优先被 MSIEs 的软路易斯碱（含 S^{2-}）骨架吸收。减少废物是当前社会面临的最紧迫的环境问题之一，MSIEs 凭借其高吸附能力可以在应对这一挑战方面发挥重要作用。

1.8 MCCs 及其开放框架在发光领域的应用研究

Mn^{2+} 掺杂半导体纳米晶体具有高量子效率、宽斯托克斯位移、长激发态光致发光（PL）寿命和胶体稳定性，使这些纳米晶体在开发的胶体光学材料中独树一帜[252,253]。1994 年掺锰 ZnS 的突破性报告发表后不久[254]，人们便为开发高质量的纳米晶体做出了巨大努力，并取得了系列进展。该类化合物的亮度已经提高到与最亮的量子点相当的水平，胶体稳定性和发射稳定性也已经实现，部分材料已经商业化。此外，这些材料具有较好的热稳定性，在胶体溶液中即使在 250 ℃下也观察到明亮的发射[255]。除了发光器件外，这些材料还被进一步应用于生物分子的标记、成像、传感以及光伏发电等[256,257]。因此，强发光 Mn 掺杂纳米晶体已经是发光纳米材料家族中的特殊成员。这些 Mn 掺杂纳米晶体的光致发光是由于其 $^4T_1$ 和 $^6A_1$ 态之间的自旋弛豫[258,259]。在激发后，宿主上产生的激子将其能量转移到 Mn 态，使 Mn d^5 电子的自旋反转。当这被逆转到基态时，就可以观察到发射。因此，发射完全取决于宿主的带隙，以及它的价带和导带的位置。通常，发射出现在约 2.12 eV（585 nm）处，PL 光谱的半峰全宽（FWHM）为 50～70 nm，激发态寿命为几毫秒。此前，这些 Mn 掺杂纳米晶体的黄色发射被认为是不可调的。然而，大量研究报告称，发射在很宽的范围内是可调的，甚至被观察到会移动到大约 650 nm 处。d-d 发射的可调性确实是一个具有根本性挑战的问题，一些研究人员已经讨论过这些问题，并引用了一些例子。

Mn 掺杂的硫化物半导体纳米晶体（量子点）作为一种新型的零维纳米材料表现出独特的发光特性，具有大的斯托克斯位移、高的稳定性和良好的生物相容性等优点，硫化物量子点已经成为发光材料领域的研究热点[253,260,261]。然而其研究依然有很多挑战需要面对，例如所得化合物的发光机理及性能调控的研究均需要清晰明确的结构信息作为重要支撑，这正是传统硫化物量子点无法解决的难题。相比传统硫化物量子点，MCCs 及其开放框架不仅具有与其相似的组成和性能，更重要的是其结构和组成信息可以通过 X 射线单晶衍射分析获得，这对于深入研究该类化合物应用及理化性质等基础研究具有重要意义，并能为硫化物量子点的发光性能改善提供有效指导。目前关于 MCCs 及其开放框架的发光性能已经有较多研究和报道[57,186,262]。

2014 年，冯萍云课题组利用一种预先合成的核心缺失的 T5 分子团簇 $[Cd_6In_{28}S_{52}(SH)_4]^{12-}$（**22**）作为宿主模型，其团簇核心缺失的特点使得向其结构中引入的 Mn^{2+} 可以有序分布，而避免发生 Mn 原子之间的聚集；这种精确的掺杂原子控制在传统的 II-IV 半导体制备中是很难实现的[263]。如图 1-81 所示，该 Mn^{2+} 的引入显著改变了原

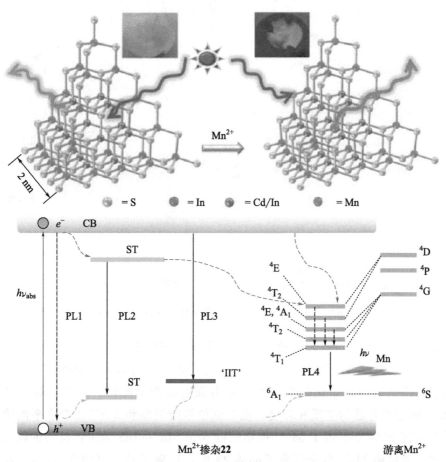

图 1-81　分子团簇 **22** 及其 Mn 掺杂后产物；掺杂前后团簇的发光激发、
能量转移和光致发光机制示意图[263]

有宿主模型的发光性能，掺杂后的样品在 630 nm 处表现出强烈的红光发射。这与原始模型由表面缺陷或内部缺陷态产生的 490 nm 处的最强发射明显不同，被认为是由 Mn^{2+} 激发后能量转移以及自旋禁阻的 $^4T_1$-$^6A_1$ 配位场跃迁引起。

2016 年吴涛等利用分子团簇 **22** 及其 Mn 精确掺杂后的产物首次研究了含有本征空位缺陷的 Cd-In-S 超四面体硫族纳米团簇材料的电致发光（ECL）性能（图 1-82）[264]。对结构中本征空位缺陷和反位缺陷与自身 ECL 行为之间的关系进行了研究，并提出了相应的 ECL 机制。值得注意的是，在 585 nm 处的 ECL 发射峰只与团簇内部的空位缺陷有关。而当该团簇被单个 Mn 原子精确掺杂后，掺杂后的团簇可以在更低的阴极电势作用下在 615 nm 处产生典型的 Mn^{2+} 相关的 ECL 发射峰，并具有高达 2.1% 的 ECL 效率。这项工作初步阐明了纳米团簇中存在的内部空位缺陷可以参与产生理想的 ECL 行为，开拓了 ECL 技术在探测纳米团簇内部结构缺陷方面的应用。

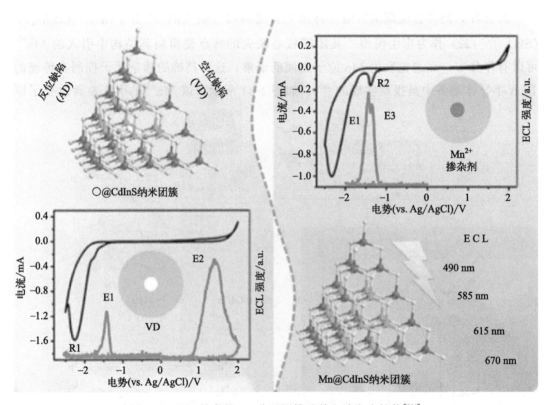

图 1-82　Mn 掺杂的 T5 分子团簇及其电致发光性能[264]

掺杂 Mn^{2+} 的纳米晶体的红色荧光粉通常发光强度较差。虽然 Mn^{2+} 在黄色窗口的 d-d 发射已经得到了广泛的研究，但向低能量的转移仍然是一个挑战。通常，本征表面缺陷和掺杂剂的自净化是提高红光发射强度的两个障碍。此外，对于红色荧光粉，Mn^{2+} 也需要合适的基质和环境。通过原位掺杂策略和 Mn^{2+} 掺杂水平的优化，冯萍云课题组在 2016 年报道了 Mn^{2+} 掺杂的以 MnCdInS@InS 为主体材料的红光发射的相关研究。通过将 Mn^{2+} 掺杂到分子晶体 **22** 中，实现了具有峰值在 630nm 左右的红光发射的 Mn^{2+} 掺杂磷光体[265]。如图 1-83(a)，**22** 由具有"核-壳"纳米结构的无核超四面体纳米团簇组成（表示为 $Cd_6In_{28}S_{56}$ 或○@CdInS@InS）。与传统的掺杂 Mn^{2+} 的金属硫族化物纳米晶体相比，这种基于纳米团簇的掺杂 Mn^{2+} 的材料显示出更长的发射波长，这是由于 Mn^{2+} 在超四面体 Mn@CdInS@InS 核心位置的特殊四面体配位环境 ［图 1-83（b）］，为 Mn^{2+} 掺杂剂提供了较大的晶格应变和强配体场，相应地减小了 $^4T_1(G)$ 和 $^6A_1(S)$ 两者之间的间隙。原则上，基于纳米团簇的掺杂方法可以有效地增强 Mn^{2+} 的分散性，因为每个团簇都可以捕获 Mn^{2+} 掺杂剂，Mn^{2+} 掺杂剂被团簇自己分离。

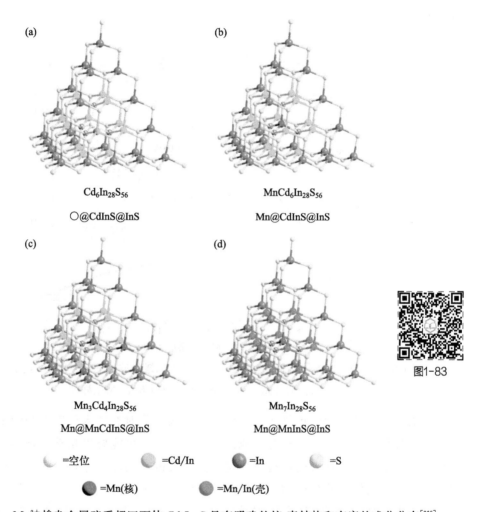

(a) $Cd_6In_{28}S_{56}$
○@CdInS@InS

(b) $MnCd_6In_{28}S_{56}$
Mn@CdInS@InS

(c) $Mn_3Cd_4In_{28}S_{56}$
Mn@MnCdInS@InS

(d) $Mn_7In_{28}S_{56}$
Mn@MnInS@InS

○=空位　　●=Cd/In　　●=In　　●=S

◐=Mn(核)　　●=Mn/In(壳)

图1-83

图 1-83　Mn^{2+} 掺杂金属硫系超四面体 Cd-In-S 具有明确的核-壳结构和有序的成分分布[265]

该工作中制备了一系列不同 Mn^{2+} 掺杂水平的掺杂样品。为了方便描述这些样品，将其标记为 $Mn_xCd_yIn_{28}S_{56}$（$x \leqslant 1$，$y=6$；$x \geqslant 1$，$y=7-x$）。通过 EDS 测量得到实际掺杂水平（x 值）分别为：0.58、1.01、1.50、1.83、2.36、3.20 和 7。原位掺杂 Mn^{2+} 样品在 400 nm 激发下的 PL 光谱给出了一个宽的红光发射带（550～750 nm），峰值分别为 634nm、643nm、639nm、638nm、631 nm 和 629 nm，对应于 $x=0.58$、1.01、1.50、1.83、2.36 和 3.20。与 Mn^{2+} 掺杂后的样品类似，新兴的 Mn^{2+} 相关红

光发射令人信服地表明，在原位掺杂过程中，Mn^{2+} 成功地插入到 Cd-In-S 纳米团簇中。值得注意的是，原位掺杂 Mn^{2+} 的样品表现出很低的量子效率，样品 $Mn_{1.01}Cd_{5.99}In_{28}S_{56}$（**111**）的最高量子效率 PLQY＝43.68%，比原位掺杂 Mn^{2+} 样品的最高 PLQY＝0.53% 高出 82 倍（图 1-84）。$Mn_{1.01}Cd_{5.99}In_{28}S_{56}$ 是第一个具有如此高固态荧光量子效率的四面体 Mn^{2+} 掺杂的金属硫属化物，可与最近报道的钙钛矿化合物 $AMnX_3$（A＝吡咯烷；X＝Br、Cl）相媲美，显示出强烈的红光发射（约 640 nm，PLQY＝53.6%），这得益于 Mn^{2+} 八面体配位中 $(t_{2g})^3(e_g)^2$-$(t_{2g})^4(e_g)_1$ 的电子转移。

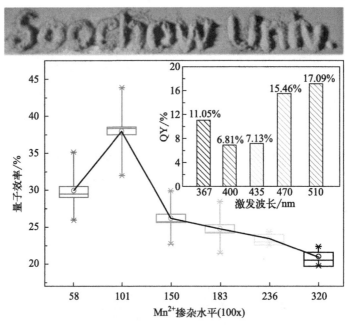

图 1-84　PLQY 与掺杂水平的关系图。插图：不同激发波长下化合物 **111** 的 PLQY。
上图：紫外光（365 nm）下的原位 Mn^{2+} 掺杂样品

对微米大小的半导体单晶体进行化学共掺杂，同时在纳米尺度上均匀地分离不同类型的掺杂剂，这在合成上具有挑战性，但对于防止可能妨碍光学和磁学应用的与掺杂剂有关的不必要干扰来说，这往往是至关重要的。冯萍云课题组同样利用定义明确的离散型超四面体硫族化合物纳米团簇 $\{[Cd_6In_{28}S_{52}(SH)_4]^{12-}$，**22**$\}$ 组成的独特分子晶体，成功地在镉-铟-硒半导体晶体中实现了双掺杂剂（铜和锰）的高效纳米聚集[266]。利用了 NC 核心处的固有单空位，该空位只允许捕获一个掺杂离子。重要的是，这种史无前例的双掺杂剂分离通过阻断铜和锰相关发射的相互干扰，产生了单相白光半导体发射器（图 1-85）。值得注意的是，这种双掺杂剂的分离在致密相半导体材料的掺杂化学中很难实现。

图 1-86 显示了掺杂样品的国际发光照明委员会（CIE）颜色配位。在 420 nm、415 nm 和 400 nm 的激发波长下，未掺杂、Cu(10%) 掺杂和 Mn(100%) 掺杂样品的色度坐标分别为（0.284，0.397）、（0.399，0.445）和（0.533，0.372）。经计算，

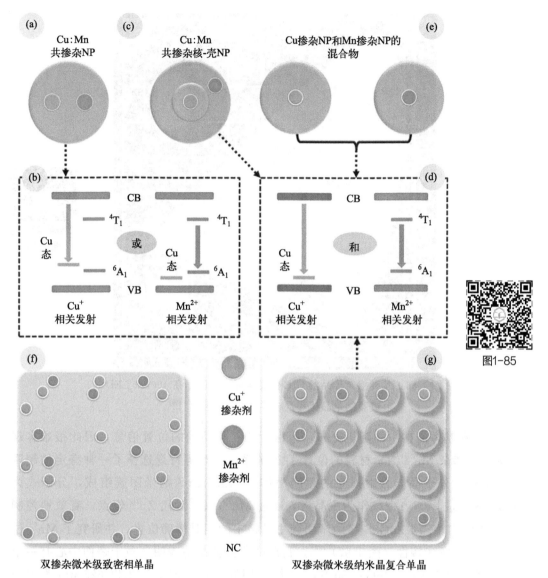

图 1-85　铜锰共掺杂纳米粒子（NP）（a）；共掺杂半导体材料中 Cu^+ 相关发射和 Mn^{2+} 相关发射的
相关性：单发射（b）和双发射（d）；两种掺杂剂位于不同层的核-壳 NP（c）；铜掺杂 NP 和
锰掺杂 NP 的混合物（e）；双掺杂剂随机分布的微米级致密相单晶体（f）；两种掺杂剂
高度有效分离的双掺杂微米级 NC 型单晶体（g）[266]

上述掺杂 Cu(5%)：Mn(50%) 的样品和机械混合样品的色度坐标分别为（0.399，0.405）和（0.409，0.418），预计它们位于含有上述三个发射 CIE 位点的中心区域。在近紫外光的激发下，它们都显示出白光发射。从 420 nm 到 800 nm 的宽发射表明，它是将荧光转换成暖光发射的理想候选材料，能够被低成本的近紫外芯片激发（见图 1-86 插图中涂覆在 400 nm LED 上的研磨共掺杂样品的工作照片）。

掺杂 Mn^{2+} 的半导体纳米晶体或量子点由于其在主晶格中的四面体配位环境调节了稳定的 Mn^{2+} 相关发射，因此作为潜在的黄/橙/红荧光粉被广泛研究。然而，由于

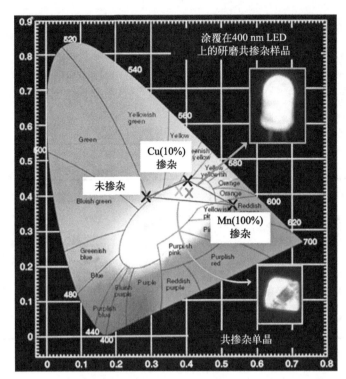

图1-86

图 1-86　几种掺杂样品的 CIE 色度坐标（插图：在 400nm LED
上镀膜的单晶体和混合样品的工作照片[266]）

掺杂 Mn^{2+} 在基体晶格中的随机分布，通常无法获得精确的位置信息，因此很难客观地探索传统掺杂 Mn^{2+} 纳米材料的位置-性能关系。吴涛等特意选择了一种特定的超四面体纳米簇基分子晶体（由孤立的超四面体 T4-ZnGaSnS 纳米团簇组成，分子式为 $[Zn_4Ga_{14}Sn_2S_{35}]^{12-}$，**112**）作为主晶格，通过 Mn^{2+} 原位替代 Zn^{2+} 位点，有效地控制了掺杂的 Mn^{2+} 在 T4-ZnGaSnS 纳米团簇主晶格中的相对精确位置，并研究了 Mn^{2+} 位置依赖的红色发光特性（图 1-87）[186]。目前的研究清楚地表明，对于表面中心有一个 Mn^{2+} 的轻度掺杂 $[Zn_3MnGa_{14}Sn_2S_{35}]^{12-}$ 纳米团簇，在室温下产生以 625 nm 为中心的长寿命（约 170 ms）红光发射；该化合物对温度非常敏感，在 474 nm 的激发波长下，当温度为 33 K 时其发射波长急剧红移到 645 nm。然而，重度掺杂的化合物 **113**（由 T4-MnGaSnS NC 组成，分子式为 $[Mn_4Ga_{14}Sn_2S_{35}]^{12-}$，其中四个 Mn^{2+} 以 Mn_4S 的形式精确地掺杂至团簇核心）在室温下发射波长较长，可达 641 nm 的红光发射，寿命较短，为 42 ms，且其性能对温度的变化并不敏感。与其他重度掺杂 Mn^{2+} 的半导体相比，这种现象罕见。这种 PL 特性的差异归因于两个 Mn^{2+} 掺杂的超四面体纳米团簇中 Mn^{2+} 位置引起的不同程度的晶格应变。

　　DFT 计算结果表明，这些纳米团簇的发射源于 Mn^{2+} 从低自旋激发态（$^4T_1$）到高自旋基态（$^6A_1$）的转变（图 1-88）。计算结果还表明，轻度掺杂 $[Zn_3MnGa_{14}Sn_2S_{35}]^{12-}$ NC 的发射波长不受温度诱导热效应的明显影响，而是受温度诱导结构收缩的影响，而重度掺杂 $[Mn_4Ga_{14}Sn_2S_{35}]^{12-}$ 纳米团簇的发射波长则受这两种效应的影响。总温度冷却

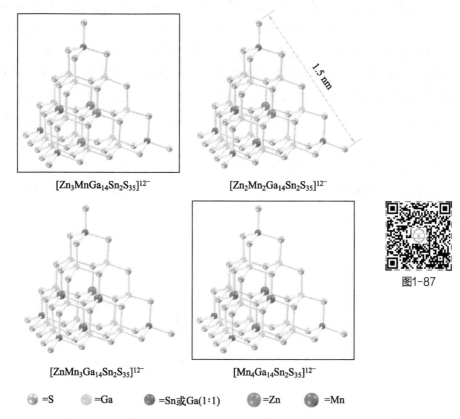

图1-87

$[Zn_3MnGa_{14}Sn_2S_{35}]^{12-}$

$[Zn_2Mn_2Ga_{14}Sn_2S_{35}]^{12-}$

$[ZnMn_3Ga_{14}Sn_2S_{35}]^{12-}$

$[Mn_4Ga_{14}Sn_2S_{35}]^{12-}$

⬤ =S　　⬤ =Ga　　⬤ =Sn或Ga(1:1)　　⬤ =Zn　　⬤ =Mn

图 1-87　超四面体硫族化合物 $[Zn_{4-x}Mn_xGa_{14}Sn_2S_{35}]^{12-}$ 的结构（$x=1\sim4$）[186]

作用对 $[Zn_3MnGa_{14}Sn_2S_{35}]^{12-}$ 纳米团簇发射的影响是红移，而对 $[Mn_4Ga_{14}Sn_2S_{35}]^{12-}$ 团簇的发射的影响可以忽略不计，这与实验结果相似。该研究为探索其他掺杂 Mn^{2+} 的纳米材料的位置-性能关系开辟了新的视角，提供了一种可行的方法。

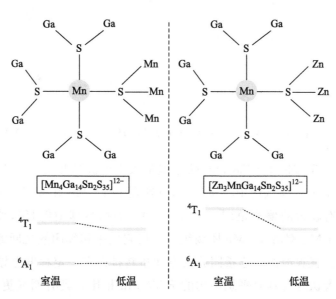

图 1-88　Mn^{2+} 在 $[Mn_4Ga_{14}Sn_2S_{35}]^{12-}$ 和 $[Zn_3MnGa_{14}Sn_2S_{35}]^{12-}$ 中的配位环境[186]

与具有橙光发射的典型 Mn^{2+} 掺杂的 Ⅱ-Ⅵ 纳米晶体相比，具有原子精确结构的 Mn^{2+} 掺杂 Ⅱ-Ⅲ-Ⅵ 金属硫族化物超四面体纳米簇已被证明由于固有的簇内扭转应力而表现出与 Mn^{2+} 相关的红光发射。但由于缺乏合适的结构模型，如何探索和确定簇间扭转应力对 Mn^{2+} 相关发射的影响仍然是一个挑战。2018 年，吴涛等开发了两种基于纳米簇的特殊层状金属硫属化物，分别为 (H-DMP)(H$_3$-AEP)$_3$[Zn$_4$In$_{16}$S$_{33}$](AEP)$_{2.54}$ (用 **114** 或者 F-T4-Zn 表示) 和 (H-DMP)$_{5.36}$(NH$_4$)$_{4.54}$[Zn$_4$In$_{16}$S$_{33}$](DMP)$_{3.2}$ (用 **115** 或 T-T4-Zn 表示)，DMP＝3,5-二甲基哌啶，AEP＝N-（2-氨基乙基）哌嗪[267]。化合物 **114** 和 **115** 都由超四面体 T4-ZnInS 团簇组成，分子式为 [Zn$_4$In$_{16}$S$_{35}$]$^{14-}$。然而，化合物 **114** 表现出平坦的（4,4）网络，而 **115** 具有扭转的（4,5）网络（图 1-89）。

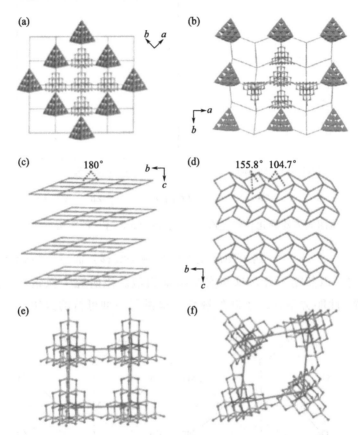

图 1-89　化合物 **114** [(a)、(c) 和 (e)] 和 **115** [(b)、(d) 和 (f)] 的结构[267]

非真空处理 T-T4-Mn(628 nm) 的室温最大发射波长相对于非真空处理 F-T4-Mn (618 nm) 有明显的红移（约 10 nm），真空处理 F-T4-Mn 在 63 K 和 298 K 的最大发射波长之间也有较大的偏移范围（约 30 nm）。如何合理地解释这种趋势的变化？F-T4-Mn 和 T-T4-Mn 都由 T4-Mn 团簇组成，但它们中相邻团簇之间的空间取向或连接结构完全不同。直观地说，连接团簇的空间扭转排列在一定程度上导致了簇间晶格扭转应力。研究者认为与具有平坦结构的 F-T4-Mn 相比，具有明显更大扭转结构的 T-T4-Mn 可以在相邻团簇之间产生更高强度的扭转应力（图 1-90）。

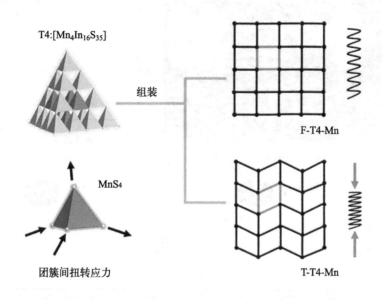

图 1-90　F-T4-Mn 和 T-T4-Mn 的簇间扭转应力差异[267]

随后吴涛课题组继续以 MCCs 基开放框架为模型对该类材料的 Mn^{2+} 相关发射进行深入研究，并在 2020 年首次揭示了在调控掺杂 Mn^{2+} 的硫族半导体的 PL 猝灭行为中，Mn-Mn 距离导向的偶极-偶极相互作用比对称导向的自选交换作用具有更重要的影响（图 1-91）[268]。在这一工作中，三个由 T4-MnInS 团簇构成的结构明确的开放框架化合物 MOCF-X（$X = 5, 6, 7$）表现出了不同的发光性能；其中，MOCF-5 和 MOCF-6 结构中含有较长的 Mn-Mn 距离和对称的［Mn_4S］构型，表现出明显的红光发射；而 MCOF-7 中的 Mn-Mn 距离较短且［Mn_4S］构型不对称，其展现出异常的荧光猝灭现象。通过电子顺磁共振，飞秒瞬态 PL 和直流变温磁化率实验等手段证实 Mn-Mn 距离导向的偶极-偶极相互作用在材料的局部区域对 Mn^{2+} 相关发射起主导作用。这一工作为研究 Mn^{2+} 重度掺杂的传统半导体纳米材料中 Mn^{2+} 掺杂剂的相关发射机制提供了新的思路。

除了 Mn 掺杂的 MCCs 化合物，掺铜半导体纳米晶体的发光长期以来在照明和显示技术的进步中也起着举足轻重的作用。在胶体铜基Ⅰ-Ⅲ-Ⅵ纳米晶体中观察到的发光归因于受激发载流子的供体-受体对重组产生的缺陷发射。然而，对不同化学成分如何精确影响缺陷位置的详细原子水平探索仍然具有挑战性，主要是由于传统的Ⅰ-Ⅲ-Ⅵ纳米晶体固有的局部结构不精确。2024 年吴涛课题组制备了一组含铜的Ⅰ-Ⅲ-Ⅵ金属硫族化物纳米簇，即 1-CuInS、1-CuGaS 和 2-CuGaS，作为解决上述问题的独特模型[269]。有趣的是，尽管具有相同的晶体结构，1-CuInS 和 1-CuGaS 表现出明显不同的光致发光行为。相比之下，1-CuGaS 和 2-CuGaS 具有相同的第二建筑单元，但构型不同，其发光性能相似（图 1-92）。

针对 1-CuInS、1-CuGaS 和 1/2-CuGaS 系列化合物的系列实验及结果结合前期工

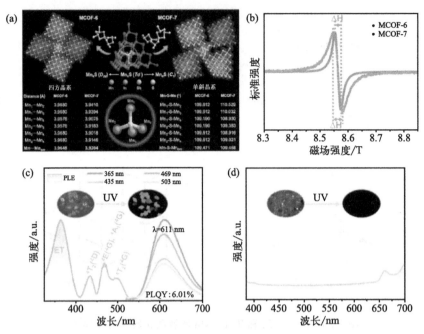

图 1-91 化合物 MCOF-6 和 MCOF-7 中 Mn 的配位环境（a）；MCOF-6 和 MCOF-7 的 ESR 谱（b）；不同激发波长下 MCOF-6 的 PL 谱图（c）；365 nm 激发波长下 MCOF-7 的 PL 谱图（d）[268]

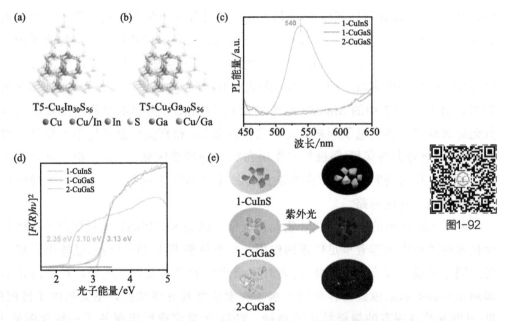

图1-92

图 1-92 1-CuInS 中的超四面体 [Cu$_5$In$_{30}$S$_{56}$] 团簇（a）；1-CuGaS 中的超四面体 [Cu$_5$Ga$_{30}$S$_{56}$] 团簇（b）；1-CuInS、1-CuGaS 和 2-CuGaS 的 RT-PL 光谱（c）；UV-Vis DRS 得到的 1-CuInS、1-CuGaS 和 2-CuGaS 的曲线图（d）；原始晶体在紫外灯照射和不照射下的光学图像（e）[269]

作报道，吴涛等提出了可能的激子复合机制，如图 1-93 所示。光吸收后，光生电子和光生空穴分别分布在导带（CB）和价带（VB）中。辐射跃迁的过程最初包括从

VB捕获一个空穴填充到高电位Cu(I)d态，形成一个瞬态Cu^{2+}，在d壳层中包含一个空穴。瞬态Cu^{2+}具有2种不同的能态，即T_2和E，并且都能接受激发电子，这可能与相应的发射光谱的展宽有关。随后，在1-CuInS中观察到的绿光发射可能是由于浅局部缺陷中的电子与铜d态中的空穴发生了重组。在1-CuGaS和2-CuGaS中，红光发射可能是由于激子从深定位缺陷态跃迁到Cu d态，这可以从最大发射波长随温度升高而蓝移以及相对较长的发光寿命中得到证实。而且，在1-CuInGaS中，两个阱点同时存在，绿光和红光双发射的存在证实了这一点。此外，当在1-CuInS中引入镉离子时，由于导带能量降低，镉离子导致浅缺陷下移，从而导致1-CuInCdS@n的发射峰红移。该研究揭示了含铜I-III-VI纳米团簇中化学成分和缺陷状态的复杂相互作用，为铜基半导体纳米晶体的光电特性提供了有价值的见解。

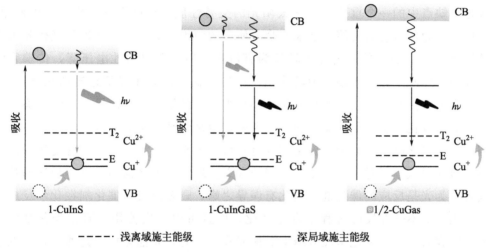

图1-93   1-CuInS、1-CuInGaS和1/2-CuGaS能级图[269]

Mn掺杂硫属化合物的发射波长通常是在585 nm(2.12 eV)，但该类化合物的发射波长红移至650 nm(1.9 eV)。这种发射波长的红移归因于邻近元素或表面配体的相互作用，这影响了Mn配体场的分裂，从而降低了Mnd-d态之间的能量。这些掺杂锰的纳米晶体具有高激发能，因此各种各样的基质都是合适的。因此，这种效果也可以从宿主中获得，而不需要Cd和Pb等有毒元素。此外，这些掺杂锰的纳米晶体大多具有较大的斯托克斯位移，这使得它们能够用作器件的高效发光材料。具有更长的激发态寿命的掺杂锰的纳米晶体也可用于生物成像，也可用于激发、诱导、变化、分离等至关重要的其他应用。

总之，目前基于Mn掺杂的MCCs及其开放框架的发光性能研究已取得一些进展。这些已报道的研究中相关化合物不仅展现出优异的发光性能，更重要的是得益于材料自身精确的结构和组成信息，其结构变化与发光性能之间建立了明确的构-效关系，使得研究者可以从原子精确角度深入分析其发光机制，对于全面了解和改进金属硫化物发光性能起到了很好的研究模型作用。

1.9 MCCs 及其开放框架在催化领域研究进展

1.9.1 光催化反应

当今人类社会对能源的日益增长的需求，以及化石燃料的有限储备预示着不久的将来将出现重大的能源危机。因此，为这一迫在眉睫的人类威胁找到可持续的解决方案至关重要。阳光被认为是替代能源的最佳候选者之一。大约一小时到达地球的阳光能量可满足人类一年的总能量消耗。另外，太阳能的利用也有问题有待解决。太阳光的这些显著缺点中的一个重要例子是太阳光的交替性质，这使得它只能在白天使用。因此，这就是为什么它需要储存起来在晚上使用的原因。此外，尽管现代光伏技术能够成功地将 $34\% \sim 41\%$ 的入射光子转换为直流电，但由于电阻性电压降，传输直流电并不经济。因此，将从太阳光中转换出来的电能储存成易于经济运输的化学产品，或者将太阳能直接转换成化学产品或化学燃料被认为是解决这一问题的最终答案。这就是科学界对以化学键的形式储存和转换太阳能越来越感兴趣的原因。

当前，光催化已经成为全世界化学或材料科研工作者广泛关注的一种能源应用手段和热点研究领域。但对"光催化"一词的含义在理解上失之偏颇，这一说法易让非专业读者认为光是反应的催化剂，因此有误导之嫌。顾名思义，催化剂在化学反应后可回收，理论上不会在反应过程中发生变化，而且可以多次使用。而在光化学反应中，光被吸收后，无法在化学反应结束后被回收。因此，光催化指的是通过催化剂加速光反应，而不是光催化反应[270]。如果使用的光催化剂便宜且稳定，并且可以高效利用太阳光作为能源，那么光催化过程在环保应用方面就会变得非常有趣。鉴于当今社会面临的挑战，该领域的研究，特别是应用太阳能光催化技术生产燃料一直备受关注，如 H_2 或甲醇等高附加值化学品，H_2O 光分解或 CO_2 光还原以及降解有机污染物等[271]。

光催化这一过程始于光催化剂受到阳光照射。当太阳辐射的光子能量高于光催化剂的带隙时，就会产生电子和空穴。随后，部分电荷载流子被传送到光催化剂的表面，在那里电子可能参与还原反应（见图 1-94 中的路径 A），而空穴则参与氧化过程（见图 1-94 中的路径 B）[272]。除了参与氧化还原反应外，电荷载流子还可以进行复合（见图 1-94 中的路径 C 和 D）。电荷复合与光催化剂表面发生的氧化还原反应直接竞争，成为导致该过程产率低的主要因素之一[273]。为了确保所需的反应过程尽可能有效地进行，必须最大限度地实现电荷分离，并且必须在电荷的平均寿命内发生表面的氧化还原反应[16]。为了降低电荷复合率，应使用高结晶度的半导体，因为晶体骨架中的缺陷和边界可以充当缺陷，从而促进电子-空穴复合[273]。对于用作光催化剂的半导体，要求它具有一系列特性使其适合这种应用。半导体导带的底部必须位于比受体

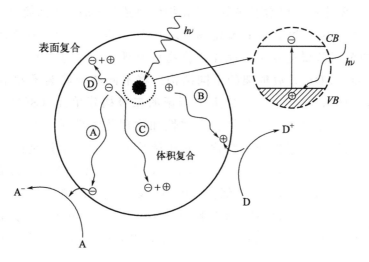

图 1-94   通过光催化的氧化还原过程示意图,其中 A 是电子受体物种,D 是电子供体[272]

物种的还原电势更负的电势,价带的顶部必须位于比供体物种的氧化电势更正的电势[274,275]。总的来说,为了获得高的光催化性能,光催化剂应具有优异的光收集、产生和电荷分离性能。

众所周知,大多数金属氧化物的光学带隙通常很宽,这导致它们只能吸收紫外光区范围内的光。而在到达地球的太阳光的能量分布光谱中,紫外光仅占5%,而可见光高达43%。因此,开发能够满足未来高效环境治理和其他能源技术要求的可见光驱动光催化剂是十分必要和重要的。光催化剂的性能在很大程度上取决于能带结构和带隙值。在光催化过程中要实现有效利用太阳辐射,应该将催化剂的光吸收范围扩展到可见光区域,即光催化剂的带隙应小于 3 eV。在调节化合物的带隙时,将过渡金属阳离子或氮阴离子掺杂到化合物中是一种常用的策略,可以在价带和导带之间产生能级,从而使光催化剂在可见光区具有活性。然而,如果半导体的导带水平低于反应的还原电势,则掺杂的半导体通常在该还原领域的光催化不活跃,例如光催化裂解水。为了克服上述限制并创造新一代光催化剂,有必要开发一种能够系统地调节电子带隙和每个单独能级的合成策略。此外,为了提高量子效率,迫切需要具有大量活性位点的光催化剂。金属硫族团簇材料是实现这些目标的有力候选者。

相比于离散型的金属硫族分子团簇,基于团簇的多孔半导体光催化剂具有几个独特优势。首先,通过调节框架结构,可以在给定的合成区域内调整开放框架固体的能带结构(能带位置和间隙)。其次,开放框架结构具有高的表面积,这有助于增加反应活性位点的数量。最后,由于与致密固体不同,开放框架结构中电子或空穴不需要一直移动到催化剂颗粒的外表面才能发生反应,电子-空穴对的电荷复合速率可能会降低。除了基于其骨架组成和结构作为高效的光催化剂外,多孔晶体半导体还可以作为将金属配合物、染料或其他光学活性物质掺入其腔中的宿主。这种混合材料中的协同效应对于提高光催化效率通常是非常理想的。这些材料集成了可调带隙和开放框架结构,是高效光催化剂的潜在候选者,特别是在可见光区域。

实际上，文献中已经探索了许多硫属化物作为光催化剂，包括简单的硫化物（如 Sb_2S_3、In_2S_3 和 ZnS_5）和复杂的硫化物（$ZnIn_2S_4$、$Zn_xCd_{1-x}S_7$ 和 $AgIn_5S_8$）[276-279]。在所有报道的金属硫属化物中，晶体化合物更有趣，因为这些材料显示出从零维（0D）簇到三维（3D）开放框架的不同结构。将不同的金属离子和结构导向剂整合到硫族化合物中，将有助于构建更多新颖的二级构建单元（SBUs），从而丰富所制备的金属硫族化合物晶体的结构多样性和物理化学性质。此外，可以通过改变化学计量比来调节光学性能最终化合物中硫族元素的化学计量比，如硫族锑酸铟 $[Me_2NH_2]_2In_2Sb_2S_{7-x}Se_x$（$x = 0, 2.20, 4.20, 7$）。通常，结晶金属硫属化物不仅在空气和水溶液中稳定，而且在光催化过程中表现出良好的电子/空穴电导率和良好的抗氧化性能。尽管对结晶金属硫属化物的研究已经进行了几十年，但它们作为光催化剂的开发仍处于早期阶段。在过去的几年里，也先后报道了一些令人兴奋的研究工作。

（1）光催化产氢

煤炭、石油产品等化石能源已接近枯竭[280]。化石燃料储量的减少促使大量研究工作努力将氢（H_2）作为替代化石燃料的环保能源载体。目前，人们普遍认为氢气可能是解决能源枯竭、污染和气候变化影响三重问题的最佳选择。光催化分解水是制备氢气的主要技术之一，因为它可以利用地球上丰富的光子能量[281]。先前的研究表明，通过太阳能光催化制氢几乎不会影响全球变暖和空气污染，并且其易于储存。而且，氢气无毒，具有清洁、持久和可再生的特点，因此，氢气被认为是人类社会未来的重要能源之一。Fujishima 和 Honda 早在 1972 年就报道了 TiO_2 半导体上的水裂解制氢反应[282]。从那时起，对用于光催化 H_2 生产的各种类型的半导体开始了火热的研究。

高硅沸石，如 ZSM-5，具有优异的化学稳定性和热稳定性，在工业催化方面产生了一场革命。相比之下，即使经过几十年的研究，基于锗/锡的高硅沸石类硫属化合物也仍然未知。2015 年，冯萍云及其合作者报道了六个具有四种不同拓扑结构的高锗或高锡沸石型硫化物和硒化物晶体（图 1-95）[283]。它们前所未有的框架成分使这些材料的热稳定性和化学稳定性大大提高，具有高表面积（Langmuir 表面积为 782 m^2/g），与沸石相当或更好。通过离子交换，这些化合物中的结构导向剂与 Au^{3+} 或 Pd^{2+} 交换，以评估骨架外阳离子对材料带隙的影响及对材料光催化性能的影响。其中，高度稳定的 CPM-120-ZnGeS 可以与各种金属或复合阳离子进行离子交换，从而实现孔隙度、快速离子电导率和光电响应的微调。作为最多孔的晶体硫属化合物之一，交换 Cs^+ 后的 CPM-120-ZnGeS 也显示出对 CO_2 的高吸附容量与亲和力的可逆吸附（在 273 K 和 298 K 下分别为 98 cm^3/g 和 73 cm^3/g，等量吸附热为 40.05 kJ/mol）。此外，CPM-120-ZnGeS 还可以作为一种强大的光催化剂用于将水还原生成 H_2。Na_2S-Na_2SO_3 作为孔洞清除剂存在时，水中产氢速率为 200 $\mu mol \cdot h^{-1}/0.10$ g。这种催化活性在紫外光照射下保持不变（200 小时），即使在强烈的紫外光辐射下 CPM-120-ZnGeS 也表现出优异的抗光腐蚀能力。

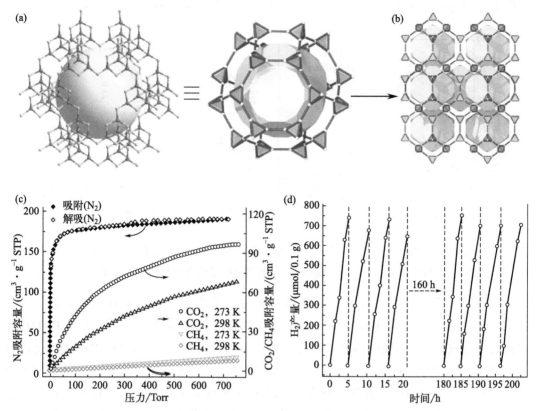

图 1-95　Supersodalite 笼 (a)；CPM-120-ZnGeS 的三维网的平铺表示 (b)；Cs@CPM-120-ZnGeS 的
N_2 (77 K) 和 CO_2/CH_4 (273K, 298 K) 的吸附等温线 (c)；光催化制氢，0.1 mol/L Na_2SO_3 和
0.25 mol/L Na_2S，CPM-120-ZnGeS 催化剂用量为 0.10 g，无负载助催化剂 (d)[283]

具有半导体和贵金属异质结的杂化纳米结构在催化和光学领域引起了广泛的关注，因为在金属-半导体界面处形成的肖特基势垒可以显著地改善电子-空穴对的分离，从而提高太阳能的利用效率。作为经典的等离子体贵金属之一，银被选为金属模块，特别是银纳米线，因为它具有快速和长距离的电子转移。优异的电子导电性和迁移率、光捕获效率。为了增强这种杂化材料的功能性，金属硫化物因其高效的吸收能力和快速的电荷交换特性而进入了研究人员的视野。2018 年，吴涛等选择银纳米线（Ag-NWs）作为贵金属衬底，并选择一系列半导体前体，即含有预集成的多金属成分的超四面体金属硫化物纳米团簇作为金属源，开发了一种简便的刻蚀生长方法，将多金属硫化物纳米颗粒（MMSNPs）均匀地涂覆在 Ag-NWs 表面，构建明确的 0D/1D/1D 异质结[201]，并研究了一系列制备的 MMSNPs/Ag_2S/Ag-NWs 异质结作为可见光催化制氢催化剂的性能。图 1-96(a)显示了硫属化物团簇微晶及其异质结的析氢速率［加载量约为 10%（质量分数）］，硫属化物团簇微晶催化剂、Ag-NWs 和 Ag_2S 纳米颗粒的 H_2 析出速率都很低微。相比之下，硫属化物团簇负载 Ag-NWs 的异质结均表现出增强的光催化活性。值得注意的是，这种异质结的光催化活性可以通过改变多金属组分的比例来调节。当 Mn 和 Zn 的质量比在 1∶1 左右时 ［图 1-96(b)］，H_2

的析出速率达到最大值，即 35.68 $\mu mol/(g \cdot h)$，但是量子效率相对较低。

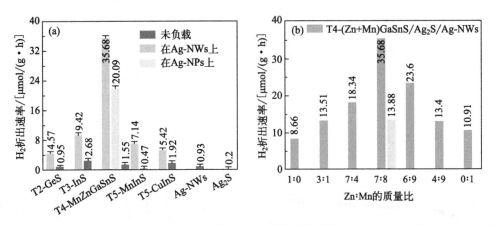

图 1-96　不同 Tn 的 MSNCs 微晶及其相应的 Ag-NWs 异质结的析氢速率（a）；不同 Zn∶Mn 质量比的 T4-MnZnGaSnS/Ag$_2$S/Ag-NWs 异质结和机械混合样品的析氢速率（b）[201]

2019 年，黄小荣通过离子液体辅助前驱体法获得了一种硫属化合物，即（BM-Mim）$_9$（Cd$_3$In$_{17}$S$_{31}$Cl$_4$）（**116**，BMMim＝1-丁基-2,3-二甲基咪唑）[202]。化合物 **116** 具有离散型阴离子 T4 团簇的特征，不溶于普通溶剂。将 Se 引入到结构中得到的化合物（BMMim）$_9$（Cd$_3$In$_{17}$S$_{13}$Se$_{18}$Cl$_4$）（**117**）和（BMMim）$_9$（Cd$_3$In$_{17}$Se$_{31}$Cl$_4$）（4,4'-bpy）（**118**）具有更窄的带隙。此外，化合物 **117** 和 **118** 可溶于二甲亚砜（DMSO）中，这可能是由于团簇中引入部分 Se 后，团簇阴离子和抗衡阴离子之间的相互作用弱于 **116**。这些团簇的溶液稳定性已被质谱法证实。光催化反应过程中分散的 T4 团簇中的后续电荷转移过程可以通过发光光谱来进行分析。如图 1-97（a）所示，有两个发射峰分别位于 450 nm 和 510 nm。在助催化剂 Pt 的存在下，团簇的发射峰迅速猝灭，表明电荷复合被极大地抑制。此外，在没有助催化剂的情况下，光催化反应前后溶液的颜色没有发生明显的变化。电荷转移的可能过程［图 1-97（b）］：吸收光后，化合物 **118** 中的电子从 VB 转移到 CB，激发电子转移并被 Pt 捕获，同时 Pt 吸收光电子有利于促进电荷分离；最后，H$^+$ 在 Pt 上被还原为 H$_2$。三乙醇胺（TEOA）是一种广泛使用的电子给体[60-64]，可能在复杂的化学反应后失去电子，最终生成羧酸和 HO—CH$_2$—CHO。连续运行五次后，T4 团簇的 H$_2$ 产率几乎保持不变［图 1-97（c）］，也就是离散的 T4 团簇在水裂解制 H$_2$ 的整个过程中保持稳定。这一工作首次将高度分散的 Tn 团簇应用于光催化制氢。进一步的表征表明，高度分散的 T4 团簇在溶液中暴露出更多的活性位点，因此它们的相关 H$_2$ 产率提高到固体状态下的 5 倍。

2020 年，李建荣及其合作者报道了采用离子液体（IL）辅助前驱体路线合成的 6 个新的硫属化合物 M-In-Q（M＝Cu 或 Cd；Q＝Se 或 Se/S），即 ［Bmmim］$_{12}$Cu$_5$In$_{30}$Q$_{52}$Cl$_3$ (Im) ［Q＝Se（**119**），Se$_{48.5}$S$_{3.5}$（**120**）；Bmmim＝1-丁基-2,3-二甲基咪唑，Im＝咪唑］、［Bmmim］$_{11}$Cd$_6$In$_{28}$Q$_{52}$Cl$_3$（MIm）［Q＝Se（**121**），Se$_{28.5}$S$_{23.5}$（**122**），Se$_{16}$S$_{36}$（**123**）；MIm＝1-甲基咪唑］和 ［Bmmim］$_9$Cd$_6$In$_{28}$Se$_8$S$_{44}$Cl（MIm）$_3$（**124**）[196]。团簇化合物 **119** 和 **121** 代表了此前最大的超四面体硒化物分子团簇。在可见光照射下，而 Cd-In-Q 化合物则

表现出良好的光催化析氢活性。如图 1-98 所示，在 M-In-Q 团簇存在的情况下，H_2 的产生几乎随辐照时间线性增加。**121**、**122**、**123** 和 **124** 存在时的 H_2 产量估计分别为 8.1 mmol/L、17.3 mmol/L、44.5 mmol/L 和 59.3 mmol/L。因此，T5 团簇的析氢活性随着掺杂硫含量的增加而明显增加。基于 T5 簇合物的 Cd-In-Q 化合物具有更优异的氢气生产性能，这可能是由于化合物中 S/Se 共掺杂的影响。

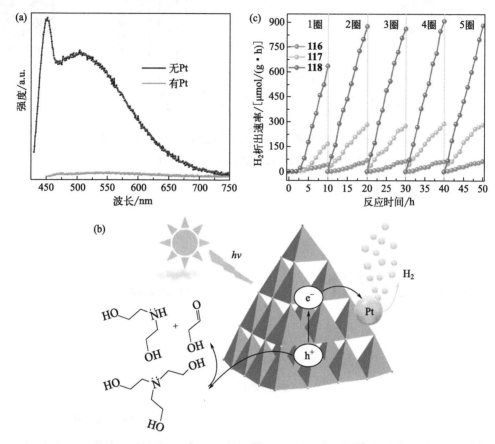

图 1-97 5 mg T4-3 分散在 20 mL DMSO 中的光致发光光谱（a）；T4 团簇在溶液中分散的可能电荷转移过程（b）；在可见光照射下，对分散在 DMSO 中的 T4 团簇进行循环水裂解制 H_2 试验（c）[202]

2021 年，吴涛等成功地将一系列超小的 T4-$Cd_{4-x}Zn_xIn_{16}S_{35}$（$x = 0 \sim 4$）金属硫族超四面体纳米簇（MCSNs）聚集而成超小硫化物纳米粒子负载在 g-C_3N_4 上，构建了用于光催化析氢的 0D/2D 异质结（图 1-99）[284]。由于 MCSNs 可以在亚纳米水平上进行定制，Cd∶Zn 的比例可以微调，因此这种模型的能带结构具有高度的可调性，并且由于合适的能带架构、增强的光生电子-空穴分离效率和降低的异质结界面电荷转移电阻，T4-Cd_1Zn_3/g-C_3N_4 异质结的最佳产氢速率为 288 μmol/(g·h)，约为原始 g-C_3N_4 的 7 倍。

通过配体部分保护的 Tn 和 Pn 簇合物的系列开发工作发现，团簇表面的少量配体有助于改善它们与溶液分子的接触，降低它们的负电荷密度，从而提高结构的稳定

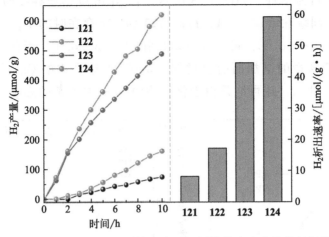

图1-98　在121~124团簇存在下，用带截止滤光片的氙灯照射时光催化产生 H_2 能力的比较（$\lambda \geqslant 420$ nm）[196]

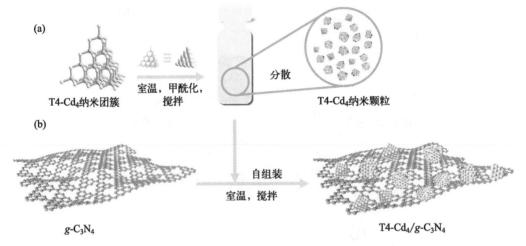

图1-99　T4-Cd_4NPs 的制备示意图（a）和 T4-Cd_4/g-C_3N_4 复合材料的制备示意图（b）[284]

性和分散性，这一特点非常适合 MCCs 的功能扩展。而 MCCs 通常导电性较差，因此最好将 MCCs 与合适的导电基底相结合，以促进光生电子和空穴的分离，从而有效提高光催化性能。在光催化析氢领域，$Ti_3C_2T_x$ 是研究最多的 MXenes 之一，原因如下：①良好的亲水性支持其在水溶液中进行化学反应；②优异的导电性促进了半导体中光诱导电荷载流子的分离和转移；③适当的功函数使其能够与大多数半导体形成肖特基异质结。因此，超薄的 $Ti_3C_2T_x$ 基底被认为是一种合适且前景广阔的基底，其中丰富的表面 O/F 位点也可作为锚定离散型 MCCs 的潜在氢键受体。2023 年，吴涛课题组提出了一种通过一步溶解热反应合成不同官能团装饰的离散型 MCCs 的简便方法，与不含配体的 MCCs 相比，其具有更好的溶剂分散性[285]。此外，还将不含配体的团簇（或配体部分保护或氨基修饰的团簇）与二维 MXenes 纳米片结合制备了复合材料，旨在通过控制团簇表面环境来改善团簇与导电基板之间的相互作用，并最终提高光催化析氢（PHE）的性能。在部分受配体保护的 Pn 团簇的合成路线的基础上，提出了一种二硫键裂解策略，以制备具有多个活性/非活性修饰官能团的离散型 MCCs（图 1-100）。此外，还测试了三种不同结构模型的分散性、与 MXenes 纳米片的结合强度以及光催化制氢性能。结果表明，氨基修饰的团簇比不含配体的团簇具有更好的性能。这项工作为后续设计和合成其他类型的具有活性官能团的离散型 MCCs 提供了启示，并有望对金属硫族团簇纳米材料的功能拓展产生长远影响。

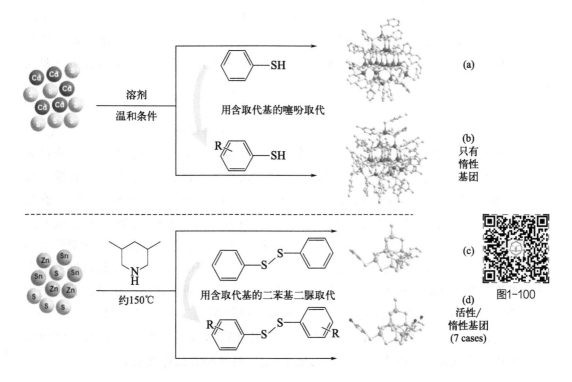

图 1-100　离散型 MCCs 的表面官能化示意图

（a）和（b）使用改性的硫酚；（c）和（d）使用改质的联苯二硫化物[285]

（2）光催化降解

由于空气和废水中有机污染物的增加，开发能够降解这些化合物的绿色技术已成为当务之急。为此，先进的氧化工艺已经发展起来，由于存在高效的强氧化自由基，能破坏各种各样的有机污染物。在可用的不同工艺中，多相光催化是突出的，因为它可以有效地处理液体和气体流。在室温下，该过程可以将多种有机化合物降解为 CO_2 和 H_2O，而不需要高能量输入。有机组分降解的光催化过程与任何光催化过程的开始方式相同：吸收具有匹配半导体带隙能量的辐射，导致电子被激发到导带，并在价带形成空穴。当载流子到达表面时，它们可以参与氧化还原反应。在含水气的悬浮液中，电子可以还原氧气，产生超氧阴离子 $O_2^{\cdot-}$ 及其质子化形式 $HO_2^{\cdot}$ [见方程（1-1）和（1-2）]，空穴氧化吸附的水分子，形成羟基自由基 $HO^{\cdot}$ [见方程式（1-3）]。通过获得 H_2O_2 可以进一步减少 $HO_2^{\cdot}$ [见方程式（1-4）和（1-5）]。氧的还原是一个重要步骤，因为它消耗了形成的电子，避免了电荷的复合，从而延长了空穴的寿命。

$$O_2 + e^- \longrightarrow O_2{}^{\cdot -} \tag{1-1}$$

$$O_2{}^{\cdot -} + H^+ \longrightarrow HO_2{}^{\cdot} \tag{1-2}$$

$$H_2O + h^+ \longrightarrow HO^{\cdot} + H^+ \tag{1-3}$$

$$HO_2{}^{\cdot} + e^- \longrightarrow HO_2{}^- \tag{1-4}$$

$$HO_2{}^- + H^+ \longrightarrow H_2O_2 \tag{1-5}$$

关于主要的氧化种类，目前还存在一些问题。虽然生成的空穴有可能直接氧化有机物［见式(1-6)］，但在水溶液中，羟基自由基更有可能是主要的氧化物［见式(1-7)］。

$$R + h^+ \longrightarrow R^{\cdot +} \longrightarrow 降解产物 \tag{1-6}$$

$$R + HO^{\cdot} + O_2 \longrightarrow R^{\cdot +} \longrightarrow 降解产物 \tag{1-7}$$

与传统的金属氧化物相比，金属硫族化合物具有与可见光吸收相对应的更窄的光学带隙。实际上，文献中已经探索了许多硫化物用作光催化剂，包括简单硫化物（如 Sb_2S_3、In_2S_3 和 ZnS）和复杂硫化物（$ZnIn_2S_4$、$Zn_xCd_{1-x}S$ 和 $AgIn_5S_8$）[286-288]。在所有已报道的金属硫族化合物中，晶体化合物更有趣，因为这些材料表现出从零维（0D）簇到三维（3D）开放框架的多种结构。将不同的金属离子和结构导向剂整合到硫族化合物中，有助于构建更多新颖的二级构建单元（SBUs），从而丰富所制备的金属硫族化合物晶体的结构多样性和物理化学性质。此外，可以通过改变最终化合物中硫原子的化学计量比来调整光学性质，如铟硫原锑酸盐 $[Me_2NH_2]_2In_2Sb_2S_{7-x}Se_x$（$x=0$，2.20，4.20，7）[55]。通常，金属硫族化合物晶体不仅在空气和水溶液中稳定，而且在光催化过程中表现出良好的电子/空穴电导率和良好的抗氧化性能。

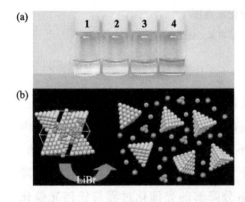 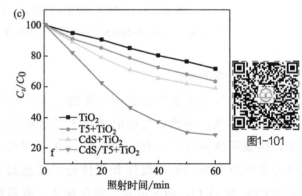

图 1-101　包含 0.2 mol/L LiBr 的 CH_3CH_2OH（**1**）、CH_3CN（**2**）、DMSO（**3**）和 DMF（**4**）的溶液中的 CuInS 团簇（a）；LiBr 盐对 CuInS 溶解性的影响示意图（b）；不同电极对 RhB 降解的光催化性能（c）[171]

2017 年，戴洁等利用溶剂热合成开发了离散型 T5 团簇 CuInS——$(HTEA)_{13}[Cu_5In_{30}S_{56}H_4]$[171]。与其他离散型团簇一样，由于强的阴阳离子静电作用，CuInS 分子簇在常用溶剂中的溶解度很不理想。该课题组尝试利用含有 LiBr 的 DMF 溶液作为高离子强度的反应介质，使团簇 CuInS 完全溶解（图 1-101）；并通过 HRTEM 和 ESI-MS 确认了溶液中分散的 T5 团簇，这使得该类团簇可以真正作为纳米点而得到应用。随后，利用分散后的 CuInS 团簇溶液修饰 TiO₂ 电极，并且进行光电流和光催化测试，这些团簇显示出优异的光敏性能。随后为了进一步提高光电流转换效率，在电极中引入了 CdS 层，该复合材料电极表现出最佳的 RhB 光催化降解性能。这一工作为大尺寸的 Tn 分子团簇的应用提供了新的途径。

提升 MCCs 的水溶液分散性，对于实现团簇的均一小粒径的量子点分布是非常重要的。2020 年，吴涛课题组报道了两例离散的 T4 分子团簇 ISC-16-MInS，其分子式为 [M$_4$In$_{16}$S$_{35}$]$^{14-}$（M＝Zn 和 Fe，**65**）[203]。值得注意的是，这两例团簇在晶格内采用方钠石网状的松散堆积模式，这使得 **65** 团簇相比同类团簇展现出优异的溶剂分散性。此外，相比 ISC-16-FeInS，ISC-16-ZnInS 在罗丹明 B（RhB）染料的光降解应用中展现出更加优异的光催化性能，这可能归因于二价金属对化合物的光生电子和空穴的分离效率的调节能力差异（图 1-102）。这项工作为均匀分散的半导体纳米团簇的潜在功能应用带来了希望，例如基于团簇的薄膜器件、光电极和光催化应用。

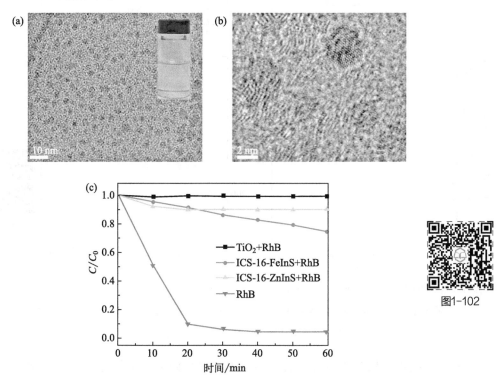

图 1-102　T4-ZnInS 团簇在哌啶中分散的 TEM 图（a）和 HRTEM 图（b）；Xe 灯全光谱照射下 **65** 与商用 TiO₂ 对 RhB 的光降解性能对比（c）[203]

随后，该课题组又开发了一种独特的轮状 Ga-S 分子环——[Ga$_{24}$S$_{40}$(CPA)$_8$][(H$^+$-CPA)$_8$(CPA)$_8$]（**125**，CPA＝环戊胺）[289]。**125** 由 8 个 CPA 分子装饰，由 24 个 Ga 和 40 个 S 原子组成，形成规则的双层环结构，外径约为 1.6 nm。值得注意的

是，已经报道了由 Ga 原子和桥接有机 OMe 和 OAc 配体构建的镓基分子轮，这是第一次获得了一个硫化镓分子环，它代表了主基团为金属硫化物基纳米结构的第一个例子。此外，**125** 是迄今为止纯金属硫族化合物中最大的圆环簇。为了调整 **125** 的能带结构以获得更好的光催化活性，首次将铟成功引入硫化物基分子环中（**126**），使这个第一个异核主族金属硫族化物分子环对亚甲基蓝（MB）的光降解性能增强，并表现出与调制合适的能带结构和增强的光生载流子分离效率相关的可比的光催化 H_2 释放（图 1-103）。

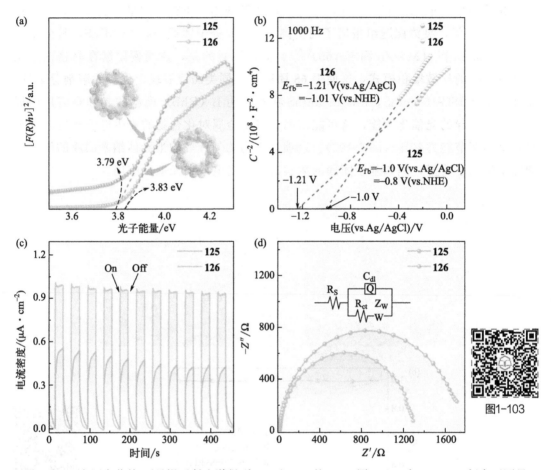

图 1-103　由固态紫外-可见漫反射光谱得到 **125** 和 **126** 的 Tauc 图（a）；在 1000 Hz 频率下测量的 **125** 和 **126** 的莫特-肖特基曲线（b）；**125** 和 **126** 在 0.4 V 偏压下的光电流响应曲线（c）；测得的 **125** 和 **126** 的阻抗的 Nyquist 图（d）[289]

金属硫族团簇化合物不仅对有机染料表现出良好的降解性能，而且在水体中抗生素污染治理领域表现出潜在的应用价值。李艳玲及其合作者在 2024 年利用反式-1,2-双（4-吡啶基）乙烯（BPE）双齿配体，采用传统的慢溶剂蒸发法，将 $Cd(SPh)_2$、$AgNO_3$、TPPA[三（4-吡啶基苯基）胺]和 BPE 在 DMF（N,N-二甲基甲酰胺）中一步反应合成，成功构建了基于 T3-$Cd_6Ag_4(SPh)_{16}$ 为节点的通过 μ-3-TPPA 和 μ-2-BPE 连接组装而成的 2D 双层网络[（$Cd_6Ag_4(SPh)_{16}$（TPPA）（BPE）$_{0.5}$）·2DMF]$_n$

（**127**），如图 1-104 所示[290]。

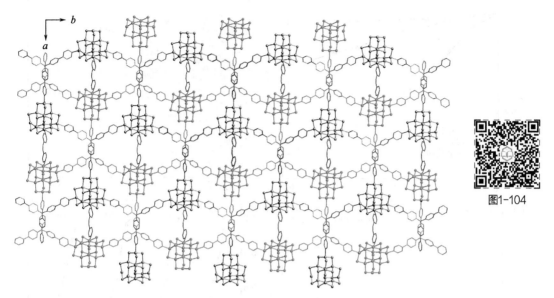

图1-104

图 1-104　**127** 中由 BPE 组装的二维双层（绿色和粉色）网络沿 *c* 轴观察[290]

　　利用降解四环素（TC）评价 **127** 的光催化性能。如图 1-105（a）所示，**127** 在可见光下降解 90 min 后四环素（TC）降解效率约为 85.8％。相比之下，在相同的光催化条件下，分离的 T3 团簇只降低了 30.6％ 的 TC 浓度。正如预期的那样，T3 团簇较低的光催化性能可能是由于其弱的可见光吸收。而 **127** 高的光催化效率可能归因于骨架结构的高效电荷载流子输运与可见光吸收相对应的合适带隙。随后通过加入系列自由基和空穴清除剂检测 TC 光降解反应过程中的主要活性物质。如图 1-105（b）所示，添加异丙醇（IPA）后，**127** 的光催化效率没有受到明显的影响，说明·OH 不是主要的活性物质。在体系中加入草酸铵（AO）后，降解效率受到的影响较小，说明光生空穴 h^+ 对 TC 光降解的作用较小。相反，氯化硝基四氮唑蓝（NBT）的加入对 TC 光降解有明显的抑制作用，**127** 的催化效率下降了 40.9％，表明光催化降解 TC 的优势物质是·O_2^-，而不是·OH 和 h^+。ESR 信号显示，在可见光照射下，**127** 的水相分散体中存在 6 个 DMPO－·O_2^- 特征峰，在黑暗中无法检测到这些信号 ［图 1-105（c）］。结果充分表明，·O_2^- 在光催化过程中起着关键作用。如图 1-105（d）所示，在 4 次循环内，催化性能没有明显损失，表明其具有良好的长期稳定性。

　　利用光催化进行有机合成是实现绿色有机化学的重要手段，相比于已经被广泛应用于有机合成光催化领域的 MOFs 材料，金属硫族团簇材料在该领域一直未能实现应用突破。将硝基芳烃还原为胺的方法在工业生产中具有很大的实际需求，但如何实现该过程中多电子的高效光还原仍然具有挑战性。二维共价有机纳米片（CONs）因其独特的性能，包括结构可调性和独特的光电性能，为此类反应提供了有前景的平台。尽管如此，基于 CONs 的复合材料催化有机反应的探索仍处于起步阶段，CONs 作为固有催化剂的例子相对较少。2024 年，吴涛等采用 2D 阳离子 COFs 纳米片

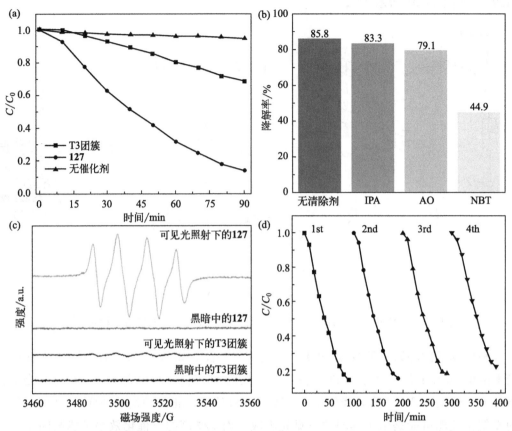

图 1-105　**127**、T3 团簇和无催化剂的光降解效率比较，通过 357 nm 处的紫外/可见吸光度计算 TC 的浓度 (a)；不同清除剂对 **127** 光降解 TC 的影响 (b)；可见光照射和黑暗条件下 **127** 和 T3 团簇 DMPO—·O$_2^-$ 的 ESR 信号 (c)；对 TC 进行了连续 4 次光催化降解 (d) (1 G＝10^{-4} T)[290]

(QA-CONs；QA＝季铵) 作为基质，通过静电自组装策略在其上修饰半导体阴离子簇 [T4-Mn$_4$In$_{16}$S$_{35}$]$^{14-}$ (T4-Mn)，以制备混合催化剂，称为 T4-Mn/QA-CONs (图 1-106)[291]。有趣的是，T4-Mn/QA-CONs 将可见光驱动的硝基化合物还原为胺的过程中表现出卓越的性能，实现了 99% 的转化率和 100% 的选择性，转换频率 (TOF) 为 2.68 h^{-1}。重要的是，与之前报道的异质光催化剂相比，T4-Mn/QA-CONs 的 TOF 将其定位为硝基芳烃还原的最先进的光催化剂之一。在这种情况下，iCONs (即 QAT-CONs) 不仅充当支撑材料，还充当光催化剂。通过原位 X 射线光电子能谱 (XPS) 和飞秒瞬态吸收光谱 (fs-TAS) 的综合分析，T4-Mn/QA-CONs 的光催化活性增强归因于内部电场的建立，这有助于 Ⅱ 型异质结后光生载流子的转移和分离。在这种情况下，T4-Mn 价带 (VB) 内的空穴被水合肼捕获，转化为 H$^+$，与 QA-CONs 导带 (CB) 上积累的电子结合，推动硝基芳烃光催化还原为苯胺。

　　总之，MCCs 所具有的精确结构，使得其在研究相关金属掺杂及配体效应对团簇催化性能的影响时可以获得更加明确的构-效关系；此外，利用高离子强度介质或获

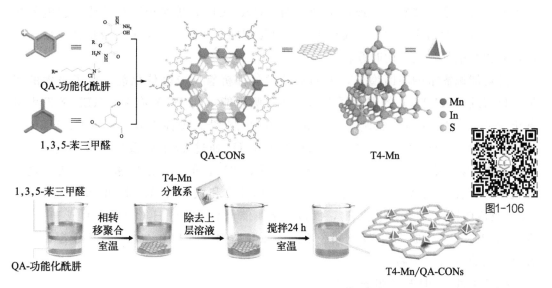

图 1-106　T4 Mn/QA-CONs 合成示意图（QA 代表季铵）[291]

得松散堆积模式的 MCCs，均可以显著改善其在反应介质中的分散性，这对于提升其催化性能、开发新的应用形式具有重要作用。同时，兼具多孔性与半导体特性的 MCCs 基开放框架由于其大的孔隙以及多变的拓扑结构在改善自身催化性能方面表现出更大的调节空间。利用 MCCs 或其开放框架与其他材料，如 $g\text{-}C_3N_4$、$BiVO_4$ 和 TiO_2 等，构筑的复合材料常常能够表现出更加优异的催化性能。

1.9.2　电催化析氢反应

寻找可持续、低成本的能源已成为全球深入研究的重点领域，对现代社会的可持续发展至关重要。燃料电池、水电解等新能源产业技术受到高度重视，它们的性能在很大程度上取决于电化学转化过程：通过电化学催化反应破坏或形成化学键，进而产生和储存化学能[292]。近些年，电催化水解析氢反应（HER）、析氧反应（OER）、氧还原反应（ORR）和二氧化碳还原反应（CO_2RR）作为解决全球能源和环境问题的重要手段受到了研究人员的关注。然而，这些能量转换过程受到电催化效率低和耐久性低的限制。对催化活性位点和反应机理的认识不足也制约了高效电催化剂的开发[293]。因此，设计高性能电催化剂，探索电催化反应机理，对进一步优化电催化反应性能具有重要的指导意义。

基于电催化反应的环境处理技术具有以下优点：

① 无须额外试剂，可避免二次污染；

② 反应条件温和，常温常压下均可发生反应；

③ 可同时实现净水和废水资源化利用的目的。

电催化包括电催化氧化和电催化还原。①电催化氧化：物质（如有机分子）在阳极表面失去电子并被氧化,或电解产生的·OH、Cl_2 等活性物质被氧化。②电催化还原:阴极表面物质(如重金属离子)的直接或间接还原。在电催化反应体系中,电催化氧化和电催化还原同时存在。

随着能源需求的不断增长,人们对开发各种析氢反应电催化剂产生了极大的兴趣。析氢反应(HER)的催化活性与氢的无吸附能(DGH*)有关。HER 的发生可基于 Volmer-Heyrovsky 机制或 Volmer-Tafel 机制[294]。碱性或酸性介质中,HER 的步骤是相似的。HER 的第一步是在酸性介质中 H^+ 通过 Volmer 反应生成 H_{ads},在碱性介质中 H_2O 反应生成 H_{ads} [见式(1-8)和式(1-9)]。第二步是决速步,取决于这些催化剂的活性(见式(1-9)、式(1-10)、式(1-12)和式(1-13)。例如 Pt 基催化剂,Tafel 反应吸附 2 个 H_{ads} 生成 H_2,而过渡金属催化剂通常与 H_2O(碱性)或 H^+(酸性)和 H_{ads} 反应生成 H_2。反应路径不同的原因是铂金属上的 $\Delta G_{H_{ads}}$ 接近于零,而过渡金属上的 $\Delta G_{H_{ads}}$ 很高。

碱性条件下 HER 的步骤如下:

$$H_2O + e^- \longrightarrow OH^- + H_{ads} \quad \text{(Volmer)} \tag{1-8}$$

$$H_{ads} + H_2O + e^- \longrightarrow OH^- + H_2 \quad \text{(Heyrovsky)} \tag{1-9}$$

$$\text{或 } 2H_{ads} \longrightarrow H_2 \quad \text{(Tafel)} \tag{1-10}$$

酸性条件下 HER 的步骤如下:

$$H^+ + e^- + * \longrightarrow H_{ads} \quad \text{(Volmer)} \tag{1-11}$$

$$H_{ads} + H^+ + e^- \longrightarrow H_2 \quad \text{(Heyrovsky)} \tag{1-12}$$

$$\text{或 } 2H_{ads} \longrightarrow H_2 \quad \text{(Tafel)} \tag{1-13}$$

式中 * 表示催化剂表面的活性位点,ads 表示中间产物吸附状态(H_{ads})。

考虑到电化学分解水可以实现大规模的工业应用,以及为了取代高成本的基于 Pt 的电催化剂,科学家们付出了巨大的努力来寻求基于金属氧化物、氮化物、磷化物和硫化物等成分的高效、低成本电催化剂[295-297]。除了关注与组成相关的活性位点外,另一种策略是通过结构工程将催化剂的尺寸从纳米级调节到亚纳米级甚至孤立的单原子水平,更有效地利用表面活性位点的尺寸控制。考虑到所有这些策略,研究人员越来越多地转向纳米级过渡金属硫化物(TMS),包括半导体纳米晶体、超小 2D 过渡金属二硫化物甚至分子纳米簇(NCs),由于它们的结构与氢化酶中的 M—S 键相似,因此可作为可行和有前景的替代品[298-302]。然而,利用湿化学合成方法在亚纳米水平上实现多金属离子(特别是超过三种类型)的可定制性仍然是一个挑战,因为在基于 TMS 的多金属纳米晶体中,很难实现多金属离子在原子尺度上的均匀和精确分布。缺乏此类材料也阻碍了对 HER 过程中结构-性质相关性的理解。金属硫族团簇材料不仅具有与金属硫化物相同的组成,而且其晶态特征可以利用 X 射线衍射分析,进而在原子尺度上明确其结构特点,是全面理解金属硫化物在 HER 中结构-性能关系的理想模型。

2019 年,吴涛和冯萍云等利用多金属离子提前限制和位点精确的 MCCs 作为结构模型开发了一种负载于 N 掺杂的还原石墨烯氧化物(NRGO)上的 Tn 分子团簇基电催化剂，利用该催化剂对基于多金属（种类≥3）硫化物材料的电催化性能调节机制进行研究，这一研究工作此前很少进行[303]。通过对一系列基于 M-Ga-Sn-S（M＝Mn、Co 和 Zn）纳米团簇的实验和理论计算研究发现，结构中多金属离子共存可以对其析氢反应产生协同促进作用；此外，最高效的金属组合是 Mn、Co 和 Zn 的共掺杂，这一金属组合的团簇在 10 mA/cm² 下实现了 176 mV 的低过电势，并且其 Tafel 斜率仅为 43 mV/dec（图 1-107）。这种独特的结构模型可以在明确的化学环境中对低配位硫原子（μ_1-S，μ_2-S）的催化活性进行系统研究，这是含有有限活性边缘位点和大量非活性 μ_3-S 基面的二维金属硫化物材料不具有的研究优势。这一研究结果为开发新的硫化物基电催化剂提供了有价值的指导作用。

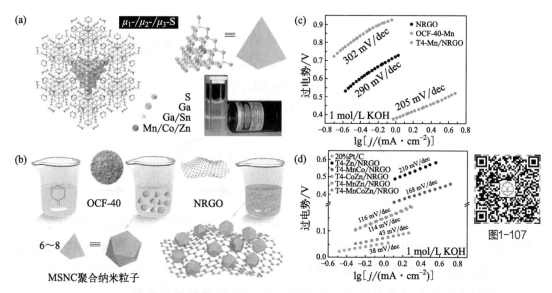

图 1-107　由四面体表面具有不同 S 位点的 T4 MCCs 组成的 OCF-40-MGaSnS
（M＝Mn/Zn/Co）(a)；NRGO 负载的 MSC 纳米材料制备示意图 (b)；
合成材料相应 HER 的 Tafel 斜率 (c) 和 (d)[303]

1.9.3　电催化析氧反应

氢作为一种高能量、零碳排放的能源载体，被认为是一种很有前途的绿色能源。电催化水解是一种高效的制氢技术。析氧反应（OER）是制约整个水电解装置效率的关键因素（多电子传递过程和动力学反应）。OER 吸附演化的机理涉及中间体的吸附和解吸过程，即

$$OH_{ads} \longrightarrow O_{ads} \longrightarrow OOH_{ads} \longrightarrow O_{2ads}$$

在碱性和酸性介质中，OER 机制包括四个步骤（每个步骤与一个电子耦合），并涉及多个中间体（OH_{ads}、O_{ads}、OOH_{ads} 和 O_{2ads}）。在碱性和酸性介质中，OER 所需的吉布斯自由能为 4.92 eV [式(1-19)或式(1-25)]，两个中间步骤所需的吉布斯自由

能为 3.2 eV［式(1-15)和式(1-16)或式(1-22)和式(1-23)］。具有高吉布斯自由能的步骤是 OER 速率决定步骤（RDS）。

碱性条件下 OER 的步骤如下：

$$OH^- + * \longrightarrow OH_{ads} + e^- \tag{1-14}$$

$$OH_{ads} + OH^- \longrightarrow O_{ads} + H_2O + e^- \tag{1-15}$$

$$O_{ads} + OH^- \longrightarrow OOH_{ads} + e^- \tag{1-16}$$

$$OOH_{ads} + OH^- \longrightarrow O_{2ads} + H_2O + e^- \tag{1-17}$$

$$O_{2ads} \longrightarrow O_2 + * \tag{1-18}$$

$$总反应: 4OH^- \longrightarrow 2H_2O + O_2 + 4e^- \tag{1-19}$$

酸性条件下 OER 的步骤如下：

$$H_2O + * \longrightarrow OH_{ads} + H^+ + e^- \tag{1-20}$$

$$OH_{ads} \longrightarrow O_{ads} + H^+ + e^- \tag{1-21}$$

$$O_{ads} + H_2O \longrightarrow OOH_{ads} + H^+ + e^- \tag{1-22}$$

$$OOH_{ads} \longrightarrow O_{2ads} + H^+ + e^- \tag{1-23}$$

$$O_{2ads} \longrightarrow O_2 + * \tag{1-24}$$

$$总反应: 2H_2O \longrightarrow 4H^+ + O_2 + 4e^- \tag{1-25}$$

其中 * 表示催化剂表面的活性位点，"ads" 表示中间产物（OH_{ads}、O_{ads}、OOH_{ads}、O_{2ads}）的吸附状态。

在标准条件下，OER 的热力学平衡电势为 1.23 V，但在实际反应过程中存在阻碍反应的不利动力学因素，需要额外的电势，即过电势。通常，在金属（M）催化剂（包括贵金属和过渡金属）催化的 OER 过程中，M—O 键合相互作用在稳定催化剂表面上的中间体方面起着重要作用，这对整体电催化效率有显著影响。

具有明确定义的金属硫族化合物分子纳米团簇可以在分子水平上完美地预先集成多种金属。不同于几种单一掺杂剂的简单混合，金属硫族化合物纳米团簇作为掺杂剂可以一步实现原位多金属掺杂。在这方面，它可以被认为是一种用于半导体改性的多金属单源掺杂剂。而 $BiVO_4$ 相对较差的载流子分离能力、界面处缓慢的析氧反应（OER）动力学以及表面载流子较差的输运效率，使得其整体光电化学（PEC）性能具有很大缺陷。近年来，掺杂被认为是一种有效改善等离子体性能的策略，因为掺杂可以通过抑制复合和提高载体浓度来有效地促进电荷分离。2020 年，吴涛等成功合成一种新的 Cu-Ga-Sn 硫系分子纳米团簇，其阴离子骨架为 $[Cu_8Ga_{17.5}Sn_{9.5}S_{56}]$，化合物标记为 ISC-21-CuGaSnS[176]，并有目的地将其作为单源掺杂剂构建采用电沉积法和焙烧工艺制备的 Cu-Ga-Sn 三掺杂 $BiVO_4$ 薄膜。Cu-Ga-Sn 三掺杂 $BiVO_4$ 中具有最佳掺杂量的记为 $BiVO_4$-CGS，由于多金属掺杂增加了载流子密度，提高了电荷分离效率，加速了光电极的表面 OER 动力学，因此其光电化学性能得到了极大的提高。与可逆氢电极相比，它具有 220 mV 的起始阴极电势和 $2.5\ mA/cm^2$ 的光电流密度，比原始 $BiVO_4$ 高 2.8 倍。同年，该课题组以 T2-GaGeS 构筑的沸石型开放框架 CSZ 为基体，通过氟辅助阳离子溶出及原位生成法获得了一种 Ni(OH)$_2$ NPs@CSZ 纳米复合材料（图 1-108）[304]。与其他基体材料相比，CSZ 表面部分带电的富硫特性增加了 Ni(OH)$_2$ NPs 与基体之间的相互作用，改变了周围活性中心的电子结构，有利于快速的界面电子、电荷转移，同时也避免了 Ni(OH)$_2$ NPs 的聚集。该复合材料表现出优异的 OER 性能，在氧气饱和的 1 mol/L KOH 溶液中，电流密度为 10 mA/cm^2，超电势低至 212 mV 时，Tafel 斜率达到 64.2 mV/dec，这一表现优于 IrO$_2$ 和大多数已经报道的 Ni(OH)$_2$ 基复合材料。通过理论计算表明，该复合材料中嵌入的 Ni(OH)$_2$ NPs 与硫位点之间的相互作用是提升 OER 活性的关键。这一工作表明，以 MCCs 基开放框架构筑复合材料在电催化方面的巨大潜力。

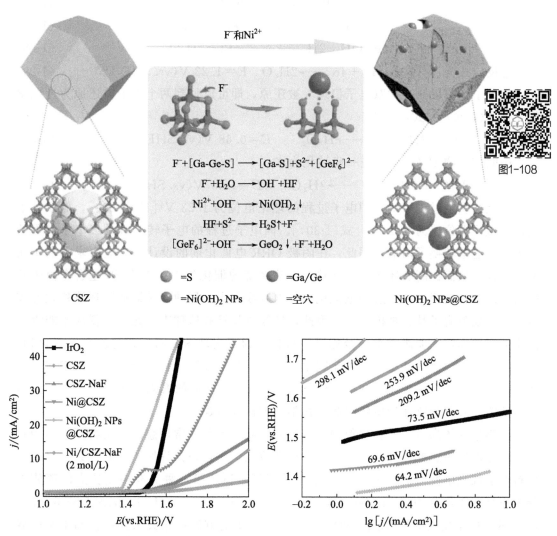

图 1-108　F$^-$ 和 Ni^{2+} 存在下连续的阳离子剥离和原位生成 Ni(OH)$_2$ NPs@CSZ 的过程，氧气饱和的 1 mol/L KOH 溶液中 5 mV/s 扫描速率下 CSZ、CSZ-NaF、Ni@CSZ、Ni(OH)$_2$ NPs@CSZ 和 Ni/CSZ-NaF 的线性扫描曲线，相应的 Tafel 斜率[304]

1.9.4　电催化氧还原反应

氧还原反应（ORR）缓慢的动力学，通常被认为是许多可再生能源转换和存储过程（如燃料电池和金属-空气电池）的主要瓶颈。为了加速 ORR 动力学，需要在阴极上修饰具有高活性和稳定性的催化剂。ORR 遵循多电子反应机理，其中氧分子通过直接的四电子或双电子途径被还原为 H_2O。

氧分子可以通过直接的"四电子机理"被还原成水（以金属 Pt 为例）：

$$2Pt + O_2 \longrightarrow 2Pt\text{-}O \qquad\qquad (1\text{-}26)$$

$$2Pt\text{-}O + 2H^+ + 2e^- \longrightarrow 2Pt\text{-}OH \qquad\qquad (1\text{-}27)$$

$$2Pt\text{-}OH + 2H^+ + 2e^- \longrightarrow Pt + 2H_2O \qquad\qquad (1\text{-}28)$$

总反应式为：$O_2 + 4H^+ + 4e^- \longrightarrow 2H_2O \quad E = 1.23\ V(vs.\ SHE, 25℃) \quad (1\text{-}29)$

氧分子也可以通过"双电子机理"被还原，即可以得到两个电子被还原为过氧化氢 [见式(1-30) 和式(1-31)]

$$O_2 + 2H^+ + 2e^- \longrightarrow H_2O_2 \quad E = 0.68\ V(vs.\ SHE, 25℃) \qquad (1\text{-}30)$$

中间体产物 H_2O_2 可以进一步转化为水：

$$H_2O_2 + 2H^+ + 2e^- \longrightarrow 2H_2O \quad E = 1.77\ V(vs.\ SHE, 25℃) \qquad (1\text{-}31)$$

由上述反应过程可知，四电子过程的理论电位为 1.23 V [式(1-29)]，而双电子过程的理论电位仅为 0.68 V [式(1-30)]。四电子过程的电子转移数是二电子过程的两倍，即能量转换了两倍。因此，在阴极 ORR 电催化剂的设计中，应力求有利于四电子过程，从而提高氧还原过程和整个电池系统的催化效率。Pt 和 Pt 基合金由于其高活性而常常被用作最先进的电催化剂。但其成本高、稀缺、长期运行环境稳定性较差，极大地阻碍了其大规模应用。因此，持续寻找具有地球丰富元素的低成本非贵重催化剂将提高清洁能源技术的全球可扩展性。为了实现这一目标，过渡金属氧化物、氮化物、氮氧化物、碳氮化物、硫族化物、无碳基贵金属材料和金属有机框架在过去几十年中引起了广泛关注，并被广泛研究为 ORR 催化剂的有效候选者[305-311]。其中，金属硫族团簇化合物在近些年引起了科学家的极大兴趣。

硫族半导体沸石型多孔材料中，有序的中断位点是非常理想的结构特征，因为它们不仅可以作为选择性催化反应的独特活性位点，而且还允许原子精确掺杂，以实现材料电学或光电性质的调整。2015 年，吴涛等报道了第一种具有中断位点的硫族类分子筛半导体化合物（$[In_{28}Se_{54}(H_2O)_4]_{24} \cdot 24(H^+\text{-}PR \cdot nH_2O$，记为 CSZ-5-InSe，$H^+$-PR＝质子化哌啶）（图 1-109）[312] 它具有全新的方硼石相关拓扑结构和中断区域的特殊位点。这些嵌入开放式框架 n 型半导体沸石材料中的中断铟位点被证明是活性中心，在电催化氧还原反应中表现良好。同时，这些特定的位置可以被铋（Ⅲ）离子精确地取代，从而使其电化学/光电化学性质易于操纵。

CSZ-5-InSe 材料对 ORR 表现出较高的电催化活性，电催化实验表明中断的特定

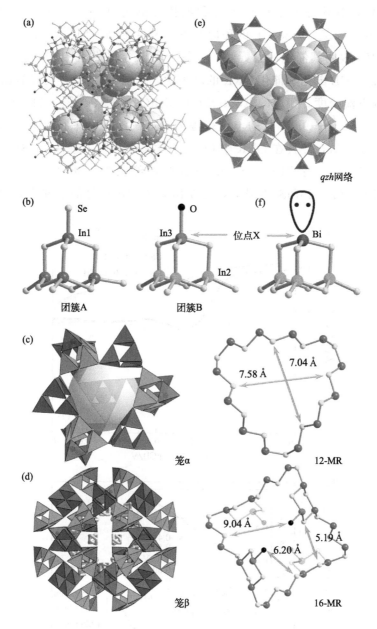

图 1-109　CSZ-5-InSe 的三维沸石骨架（a）；超四面体团簇 A[In₄Se₁₀] 和团簇 B[In₄Se₉O]（b）；带有

12-MR 窗孔径的金刚烷笼（c）；16-MR 窗孔径的大笼 b，填充 24(H⁺-PR)（d）；(3,4) 连接对的 *qzh*

网络（e）；特定位点 X 上掺杂铋的团簇 B(f)[312]

绿球：In1；蓝球：In2；红球：In3；黑球：来自水分子的 O；黄色的球：Se；灰色大球体：

a 笼内孔；大的绿色球体：b 笼中的孔；橙色小球体：笼 b 中心的簇状空位

铟位点 X 在氧还原过程中起着至关重要的作用。虽然含贵金属离子（如 Ru、Ir）的硒化物作为电催化剂在 ORR 中得到了广泛的研究，但硒化铟作为不含贵金属的 ORR 电催化剂从未被研究过。In₂Se₃/CB（炭黑）和 CSZ-5-InSe/CB 修饰的玻碳（GC）电极的 ORR 循环伏安（CV）图如图 1-110（a）所示。In₂Se₃/CB 电极表现出较差的

ORR 催化活性，其还原峰的电流密度和电势分别为 0.59 mA/cm² 和 0.32 V。与 In₂Se₃/CB 相比，CSZ-5-InSe/CB 的还原峰电流密度更高，即 1.56 mA/cm²；电位略低，即 0.29 V，表明其催化性能更好。采用旋转圆盘电极（RDE）伏安法进一步研究了 CSZ-5-InSe/CB 电化学催化 ORR 的动力学。从图 1-110(b) 可以看出，增加旋转速率可以增强电流密度。相应的 Koutecky-Levich(K-L) 图 [图 1-110(b) 中的插图] 显示了在 −0.65 V 到 −0.45 V 的电位范围内良好的线性和平行性，表明每个 O₂ 分子的电子转移数相似，并且在 ORR 中 O₂ 动力学具有一阶依赖性。CSZ-5-InSe/CB 的电子转移数约为 2.2，表明 CSZ-5-InSe/CB 接近经典的双电子过程。与商业化的 In₂Se₃ 和铋掺杂 CSZ-5-InBiSe 相比，CSZ-5-InSe 表现出更好的电催化 ORR 活性。

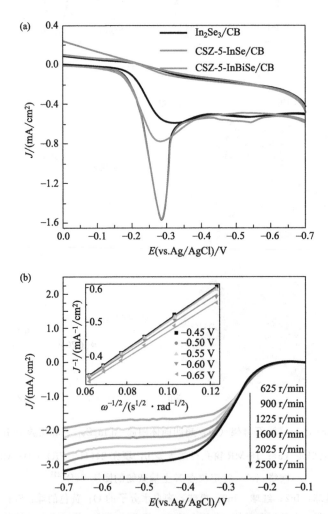

图 1-110　In₂Se₃/CB、CSZ-5-InSe/CB 和 CSZ-5-InBiSe/CB 在 O₂ 饱和的 0.1mol/L KOH 溶液中的
循环伏安图，扫描速率：50 mV/s（a）；CSZ-5-InSe/CB 在 RDE 不同转速下的伏安图，
插图：CSZ-5-InSe/CB 在不同电位下对应的 Koutecky-Levich 图（b）[312]

　　与纯无机/有机框架相比，含有过渡金属配合物的多金属硫族金属化合物往往表现出更好的电子、光学性能和磁性。2018 年，吴涛课题组采用溶剂热法合成了一种

新的三维中性硫族化合物骨架 $[Mn_2Ga_4Sn_4S_{20}][Mn(dach)_2]_4$，记为 NCF-4（NCF 为中性硫族化合物骨架，dach 为 1,2-二氨基环己烷）[313]。有趣的是，NCF-4 中的 $[Mn(dach)_2]^{2+}$ 配合物作为连接剂，通过 S—Mn—S 键连接邻近的超四面体 T3 簇（$[Mn_2Ga_4Sn_4S_{20}]^{8-}$），形成中性框架。需要注意的是，硫化锰（MnS）通常被认为是有效的 ORR 电催化剂。NCF-4 中还含有 Mn—S 和 S—Mn—N—C 键，这意味着它可能具有潜在的 ORR 活性。因此，在室温 0.1 mol/L KOH 溶液中评价了 NCF-4 的 ORR 性能。在 O_2 饱和的 0.1 mol/L KOH 溶液中，NCF-4 在 0.794 V 处出现了明显的阴极还原峰。而在 N_2 饱和的溶液中，相同电位下的阴极还原峰在 CV 曲线中消失，如图 1-111(a) 所示。说明 NCF-4 具有明显的 ORR 催化活性。线性扫描伏安（LSV）曲线如图 1-111(b) 所示，与商用 Pt/C（10%，质量分数）（$E_{onset} = 0.90$ V，$E_{1/2} = 0.71$ V）相比，NCF-4 在 0.90 V 和 0.76 V 时分别表现出更高的起始电位（E_{onset}）和半波电位（$E_{1/2}$）。这种现象可能是由于 Mn-N-C 的特殊配位类型导致了更多 Mn 的活性位点暴露。如图 1-111(c) 所示，除了高的起始电位和半波电位，与商业 Pt/C（10%，质量分数）相比，NCF-4 在一个宽电位范围内（0.2~0.8 V vs. RHE）还表现出低过氧化物产率（低于 16%）和低塔菲尔斜率（51 mV/dec）。从线性良好的 K-L

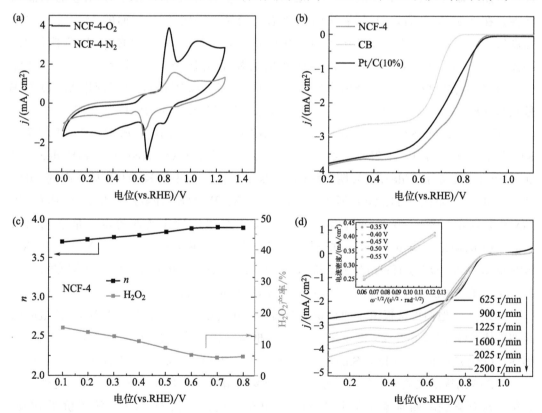

图 1-111　NCF-4 在 N_2 和 O_2 饱和的 0.1 mol/L KOH 溶液中的 CV 曲线（a）；NCF-4、Pt/C（10%，质量分数）和 CB 的 LSV 曲线（b）；NCF-4 在 O_2 饱和的 0.1 mol/L KOH 溶液中电子转移数（n）和 H_2O_2 产率（c）；扫描速率为 5 mV/s 时，转速为 625~2500 r/min 的 LSV 曲线，插图为不同电位下的 K-L（j^{-1} vs. $\omega^{-1/2}$）图（d）[313]

图 [图 1-111(d)] 中各线斜率估计 NCF-4 的电子转移数为 3.74，这与 RDE 测量计算的结果接近。总的来说，NCF-4 的电催化 ORR 性能优于商用 Pt/C（10%，质量分数）。

2018 年，又开发了一种简单的自上而下的策略来获得单分散的超小锰掺杂多金属材料（ZnGe）氧化硫化物 NPs 作为新型高效电催化剂，以 Mn 掺杂的 P1 型硫族金属盐晶体为前驱体，在 H_2O/EtOH（4∶1，体积比）中室温下超声 1 h，在 1 mol/L KOH 中进行电催化 ORR 反应[314]。通过超声处理块状 P1 型硫族金属盐晶体前驱体获得的约 3 nm 的单分散 NPs，显示出与通过 $4e^-$ 转移还原途径获得的商用 Pt/C 催化剂相当的 ORR 活性，以及在碱性介质中的长期稳定性和良好的甲醇耐受性。此外，与其他 Mn 基化合物相比，Mn 掺杂的多金属（ZnGe）氧化硫化物 NPs 具有较高的金属质量比活性（MMA）和超低的 Mn 含量（3.92%，质量分数）。这种优异的催化活性可能与纳米粒子的超小尺寸、均匀分布、表面存在大量 Mn（Ⅲ）以及多金属（ZnGe）阳离子的掺杂作用有关，这些阳离子来源于硫族金属化物的组成。如图 1-112（a）所示，P1-Mn NPs/KB（KB=科琴黑）复合材料的 CV 曲线显示，在 O_2 饱和的 1 mol/L KOH 中，在约 0.83 V 处阴极峰显著增强。而在相同电位下，在 N_2 饱和的电解质溶液中，还原峰要小得多，这表明 P1-Mn NPs/KB 复合材料对 ORR 具有明显的电催化活性。在 0.85 V 左右，Mn^{3+} 氧化的峰值电流较高，表明 NPs 表面的 Mn（Ⅲ）物质密度较高，根据文献报道的 MnO_x 的 ORR 机制，表明存在大量的 ORR 活性位点。如图 1-112（b）所示，P1-Mn NPs/KB 催化剂显示出显著的 ORR 活性，起始电位（E_{onset}）和半波电位（$E_{1/2}$）分别约为 0.92V 和 0.86 V(vs. RHE)，优于商用 Mn_2O_3/KB 催化剂（E_{onset}=0.91 V 和 $E_{1/2}$=0.82 V），而仅比商用 20% Pt/C 催化剂（E_{onset}=0.97 V 和 $E_{1/2}$=0.87 V）低 50～60 mV。此外，如图 1-112（c）所示，P1-Mn NPs/KB 动力学电流的 Tafel 斜率（40.5 mV/dec）小于 Mn_2O_3/KB（70.0 mV/dec）和 20% Pt/C(64.5 mV/dec)，表明 P1-Mn NPs/KB 在 1 mol/L KOH 下具有高的 ORR 活性。此外，如图 1-112（d）所示，Mn_2O_3/KB、P1-Mn NPs/KB 和 20% Pt/C 的 MMA 分别在 0.8 V、0.85 V 和 0.9 V 下测量，金属质量比活性的定义是电流除以 Mn 或 Pt 的质量（由 ICP-MS 或根据材料成分确定）。在 0.8 V 和 0.85 V 下，P1-Mn NPs 的 MMA 分别为 189 mA/mg 和 130 mA/mg，是相同电位下 20% Pt/C 的 2.2～2.5 倍，进一步证实了 P1-Mn NPs/KB 的高 ORR 催化活性。

2019 年，他们再次报道了两种新的金属硫族化合物的开放框架，由 In-Sn-S 组成的超四面体 TO_2 团簇 SOF-25 和 SOF-28[91]。其框架结构中的节点为 TO_n 团簇（T 代表四面体，O 代表八面体）$[In_{34.5}Sn_{3.5}S_{65}(H_2O)_6]^{12.5-}$ 和 $[In_{35.4}Sn_{2.6}S_{65}(H_2O)_6]^{13.4-}$，这种 TO_2-InSnS 团簇的聚集分别导致双重和三重互穿的 *dia* 拓扑网络（图 1-113）。此外，这是第一次观察到超四面体 TO_2 团簇的三维共聚。用循环伏安（CV）法评价了 SOF-25/CB 和 SOF-28/CB 改性玻碳电极在 0.1 mol/L KOH 溶液中的 ORR 催化性能。CV 曲线显示样品修饰电极在 O_2 饱和溶液中有一个明显的还原峰，而在氩气存在时没有观察到明显的伏安电流。采用旋转圆盘电极（RDE）伏安法研究了 SOF-25/CB 和 SOF-28/CB 的电催化 ORR 动力学。

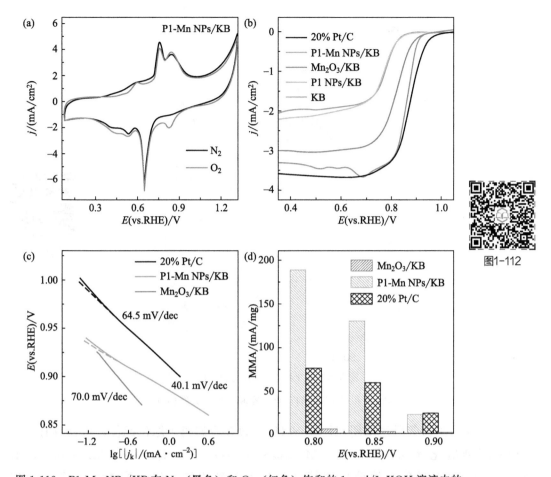

图1-112

图 1-112 P1-Mn NPs/KB 在 N_2（黑色）和 O_2（红色）饱和的 1 mol/L KOH 溶液中的
循环伏安（CV）图，扫描速率为 50 mV/s(a)；在 O_2 饱和的 1mol/L KOH 溶液中，
以 1600 r/min 的转速在 RDE 电极上获得的 KB、P1 NPs/KB、Mn_2O_3/KB、
P1-Mn NPs/KB 和 20％Pt/C 的 LSV 曲线，扫描速率为 2 mV/s（b）；通过
（b）中 Mn_2O_3/KB、P1-Mn-NPs/KB 和 20％Pt/c 的相应 RDE 数据的
质量输运校正得出的低过电位区域的塔菲尔斜率值（c）；在 0.90 V、
0.85 V 和 0.80 V(vs.RHE) 的电位下，Mn_2O_3/KB、P1-Mn
NPs/KB 和 20％Pt/C 的金属质量比活性（MMA）[314]

　　对比了两种具有不同开放性的材料与已报道的部分材料的 ORR 催化性能。SOF-25/CB 和 SOF-28/CB 的起始电位均为 0.81 V，与半导体层状 MOF 材料 $[Ni_3(HITP)_2]$ 的起始电位相同，与 Cu(28％，质量分数)/HKUST-1 和 ε-MnO_2/MIL-100(Fe) 的起始电位相比更具有竞争力。此外，SOF-25/CB 和 SOF-28/CB 的半波电位 $E_{1/2}$ 均为 0.67 V，与 $[Ni_3(HITP)_2]$ 相同，且大于 ε-MnO_2/MIL-100(Fe)。结果表明，SOF-25/CB 和 SOF-28/CB 是良好的 ORR 电催化剂，可将氧还原为过氧化氢。且 SOF-28/CB（约 50％）的过氧化物产率低于 SOF-25/CB（约 60％）。此外，SOF-28/CB 的电子转移数（2.6）高于 SOF-25/CB 的电子转移数（2.2）。

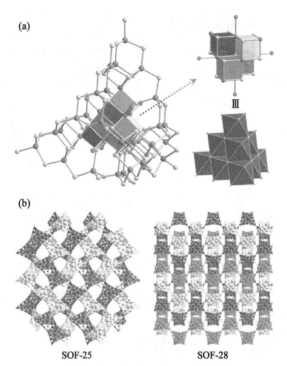

图1-113

(a)

Ⅲ

(b)

SOF-25   SOF-28

图 1-113　具有类 NaCl 核心的超四面体 TO_2 团簇 （a）;
SOF-25 和 SOF-28 的双重互穿和三重互穿结构 （b）

　　2021 年，吴涛等通过采用双齿胺 N_2H_4 与过渡金属离子原位配位，得到具有三维结构的新型硫化锰锑，即得到 $[Mn_5Sb_6S_{15}(N_2H_4)_6](H_2en) \cdot DMF \cdot 0.5N_2H_4$ （**126**），与已经报道的金属硫族团簇开放框架材料不同，化合物 **128** 是柱-层状的 MCOFs，它由 $[Mn_5S_{12}(N_2H_4)_6]_n$ 层和 $[Sb_2S_5]$ 无机柱组成[315]。晶体结构分析表明，在化合物 **128** 的不对称单元中有两种晶体学上独立的 Mn（Ⅱ）原子和一个 Sb（Ⅲ）原子，线性 $[Sb_2S_5]$ 无机柱通过 Mn—S 配位键将具有 $Mn_{12}S_{12}$ 圆的无限层 $[Mn_5S_{12}(N_2H_4)_6]_n$ 相互连接。化合物 **128** 的结构为一维纳米隧道，有 32.5% 的额外框架空间。采用循环伏安（CV）法研究了 **128**/炭黑（CB）玻碳电极用于 ORR 的电催化性能。图 1-114（a）为 **128**/CB 电极在饱和 O_2 或 N_2 0.1 mol/L KOH 溶液中的 CV 曲线。在 O_2 饱和溶液中，当电流密度为 1.50 mA/cm^2 时，它在 0.76 V（vs. RHE）处表现出显著增强的还原峰，而在饱和 N_2 环境中，在相同电位下没有检测到明显的还原峰。采用旋转圆盘电极（RDE）研究了催化剂的 ORR 动力学测量。图 1-114（b）和（c）显示了 **128**/CB 电极的线性扫描伏安（LSV）图。其中，图 1-114（c）为采用不同旋转速率，分别在 0.06～0.54 V 和 0.54～0.9 V 下对 **128**/CB 电极进行扩散和反应动力学控制。根据 LSV 曲线，利用 Koutecky-Levich 曲线斜率计算了催化过程的电子转移数 n[图 1-114（d）]。计算得到的电子转移数为 3.3，表明 ORR 主要通过四电子途径发生。总体而言，化合物 **128** 表现出良好的电催化 ORR 性能。此外，化学稳定性试验表明，该化合物具有良好的酸碱稳定性。

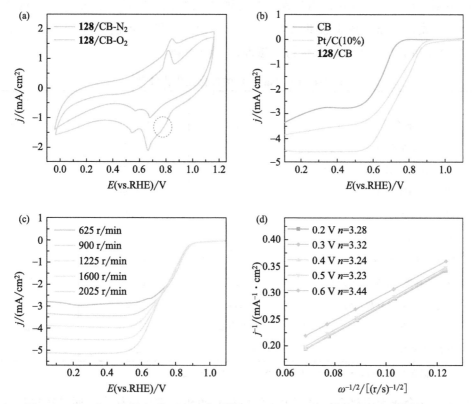

图 1-114　**128**/CB 电极在 N_2 和 O_2 饱和的 0.1 mol/L KOH 溶液中的 CV 曲线（a）；
CB、Pt/C(10%，质量分数) 和 **128**/CB 的 LSV 曲线（b）；**128**/CB 电极在
625～2025 r/min 转速范围内的 LSV 曲线（c）；不同电位下的 K-L 图（d）[315]

1.10　MCCs 及其开放框架在离子传导领域的研究进展

　　随着全球能源需求的快速增长，有限化石燃料的高消耗以及由此引发的环境问题激发了人们对开发清洁和可持续能源的可再生能源转换和储存系统的研究兴趣[316]。太阳能和风能等绿色能源转换技术正在发展，这些绿色能源被认为是未来一次能源供应最有前景的替代品之一。然而，由于这些可再生能源的间歇性，需要高效的储能装置。解决当今世界对可持续能源解决方案的需求问题至关重要。电动汽车、便携式电子设备与太阳能和风能等可再生能源集成的固定式电力存储系统的广泛使用需要具有高能量容量、长使用寿命、高效率、可负担性等特定属性的先进电池[317,318]。铅酸、镍镉和镍氢等传统电池类型达不到这些规格。锂离子电池（LIB）已成为最有效的电化学储能装置之一，与其他电池相比，由于其高能量密度、高工作电压和长循环寿命，被广泛应用于电子设备、储能设施和电动汽车[318,319]。因此，全球对 LIBs 的需求不断增加，导致锂资源价格上涨。尽管锂可以在地壳和海洋中找到，但其在地壳中

的丰度不到 2×10^{-5}。另外，钠和钾具有与锂相似的化学特性，分布广泛，被认为是地球上最丰富的元素，成本较低（表 1-4）[320]。因此，研究者们对以 Li 为代表的碱金属（Li、Na 和 K）离子电池都保持了浓厚的研究兴趣。

表 1-4 Li、Na 和 K 的理化性质比较[320]

	Li	Na	K
原子量	6.941	22.989	39.098
金属熔点/℃	180.5	97.7	63.4
E_0(vs. SHE)/V	−3.04	−2.71	−2.93
E_0(vs. SHE 在 PC)/V	−2.79	−2.56	2.88
Shannon 离子半径/Å	0.76	1.02	1.38
PC 的斯托克斯半径/Å	4.8	4.6	3.6
PC 中的脱溶能/(kJ/mol)	215.8	158.2	119.2
石墨理论容量/[mA/(h·g)]	372	111.7	279
地壳丰度(质量分数)/%	0.0017	2.3	1.5
分布	70%在南非	全世界	全世界
碳酸盐成本/(美元/吨)	6500	200	1000

注：E_0 为标准电极电位，SHE 为标准氢电极，PC 为丙烯酸酯。

目前，含金属无机材料的可充电电池的潜在负极已被广泛研究。通过转化和合金化反应所得含锑（Sb）和铟（In）的材料，特别是它们的硫族化物和复合材料，与商业化的石墨负极相比，性能得到了极大的改善。然而，Sb/In 基材料的存储稳定性往往在数十次循环后变得更差，这与高能量密度正极合金材料（如硅和锗）相似。这种常见的现象，在传统的无机材料中经常观察到，被认为是由于这些电极材料的机械降解造成的大体积膨胀和粉碎，特别是在高电流密度下尤为显著。为了获得更稳定和更高能量密度的可充电电池，必须设计和开发新的负极材料。2017 年，张其春课题组以铵离子和 1,10-菲啰啉（phen）分子为结构导向剂，利用表面活性剂热法开发了一种新型的结晶金属硫族化物 $(NH_4)InSb_2S_5 \cdot phen$（**129**）[63]。单晶 X 射线衍射（SXRD）数据表明，**129** 在单斜空间群 $P2_1/m$ 中结晶，包含二维阴离子层 $[InSb_2S_5]_n^{n-}$，其中 phen 分子和 NH_4^+ 位于层间（图 1-115）。由于其独特的结构和组成，**129** 已被开发为锂/钠离子电池（LIBs/SIBs）的有效负极材料。**129** 提供 1107 mA/(h·g) 的高比容量，高达 3.57 A/g 的电流密度，良好速率稳定性和超长稳定性，作为锂离子电池的优越负极。即使在 2.85 A/g 下测试 1000 次后，容量保持率也可以达到 98% 的高值。若利用 IAS 作为负极，SIBs 提供的比容量为 542 mA/(h·g)，在第 50 次循环时库仑效率（CE）高达 96.35%。这些结果表明，**129** 具有作为未来高性能 LIBs/SIBs 具有良好可逆性的负极的潜力。

尽管在提高锂离子电导率方面取得了巨大成功，但硫化物基固体电解质仍然面临着对空气和水分极度敏感的巨大挑战。当它们暴露在环境中时，即使是很短的时间，

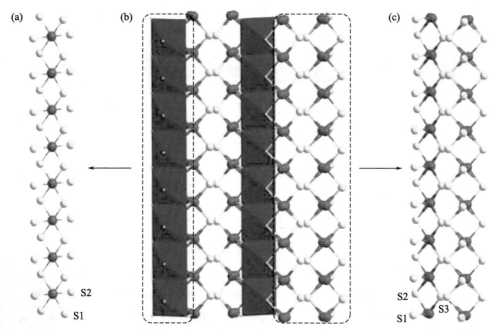

图 1-115　1D 带 $[InS_4]_n^{5n}$（a），**129** 的 2D 层 $[InSb_2S_5]_n^{n-}$（b）和双层 $[Sb_2S_5]_n^{4n-}$（c）[63]

它们也会迅速水解，导致有毒的 H_2S 气体释放，并且它们的锂离子电导率会大大降低。这种不稳定性问题增加了处理成本，使其不适合一些新的电池配置，如水电池和氧化还原液流电池。迄今为止，能够耐受水的硫化物电解质的成功案例还很少见。此外，大多数报道的硫化物基快离子导体中的移动阳离子采用四面体或八面体位，通常具有强键相互作用。因此，有必要探索其他配位结构，其中锂离子具有弱键相互作用，从而可以带来高离子电导率。基于硬/软酸碱（HSAB）理论，Ge（Ⅳ）和 Cu（Ⅰ）等相对软的酸更喜欢 S^{2-} 等软碱，形成强共价键和刚性骨架。通过进一步引入离子迁移的开放通道，这种结构可以成为超离子导体的有前景的候选者之一。2019年，黄富强等设计了一种新的化合物 $Li_4Cu_8Ge_3S_{12}$（**130**），具有稳定和开放的 Cu-Ge-S框架，其中 Li^+ 所成化学键较弱。**130** 结晶于 *Fm3c*（226）的空间群，其中 Cu、Ge、S构成阴离子骨架，锂离子占据开放骨架的空间 [图 1-116(a)][62]。整体三维（3D）结构可以看作是二十面体 $[Cu_8S_{12}]^{16-}$ 簇 [图 1-116(b)] 通过边共享与 $[GeS_4]^{4-}$ 四面体连接的原始立方堆积 [图 1-116(c)]。得到的三维开放框架具有直径为 6.8 Å 的空腔和隧道尺寸为 2.0 Å 的三维通道 [图 1-116(e)、(f)]，这均大于 Li^+ 的离子直径 1.5 Å。

采用阻抗谱法研究 **130** 的离子电导率，结果如图 1-117（a）所示。光谱在高频和低频区域呈半圆形和尖峰状，分别对应于块体/晶体界面和电极的贡献。在室温下，由晶界和体积电阻之和计算得到的 **130** 离子电导率为 $0.9×10^{-4}$ S·cm。**130** 的 E_a 为0.33 eV，与目前最先进的硫化物基超离子导体相当 [图 1-117(b)]。相对较高的离子电导率和较低的活化能是由于该结构的空位和 Li^+ 与三维通道形成弱的化学键。为了检查 **130** 的结构稳定性，分别设定了两种实验条件：①在湿度约为 15% 的干燥器中暴

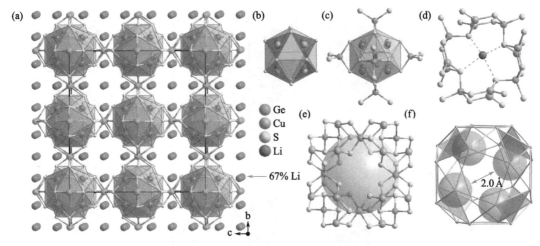

图 1-116 $Li_4Cu_8Ge_3S_{12}$（**130**）的晶体结构

（a）沿［100］方向观察的结构；（b）［Cu_8S_{12}］$^{16-}$二十面体簇的模型；（c）与
［GeS_4］$^{4-}$四面体的连通性；（d）Li^+在负离子框架空腔内的方锥体配位，
占有率为 66.7%；（e）［$Cu_8Ge_6S_{24}$］$^{16-}$簇形成 6.8 Å 直径的
空腔；（f）考虑 S^{2-}半径的隧道尺寸为 2.0 Å 的三维通道[62]

图1-116

露于空气中，②暴露于 2 mol/L 的 LiOH 水溶液中。暴露 24 h 后，用无水乙醇洗涤
所有样品，然后在 60℃下真空干燥 4 h 以去除残留水分。图 1-117（c）显示了原始
130、分别暴露于空气和 LiOH 溶液后的样品的 XRD 图谱。正如预期的那样，处理后
的所有峰都与原始样品保持相同，这表明设计的晶体结构在大多数硫化物基电解质无
法生存的条件下高度稳定。

总之，硫化物簇基框架材料，不仅拥有丰富的结构类型，而且具有由阴离子骨架
提供的在空气中具有优异化学稳定性的刚性通道；更重要的是其骨架中蕴含的大量
S^{2-}与金属离子之间基于软硬酸碱理论的静电差异作用，使得该类材料在离子传导领
域拥有了广阔的性能调节范围，展现出在该领域极具价值的应用潜力。

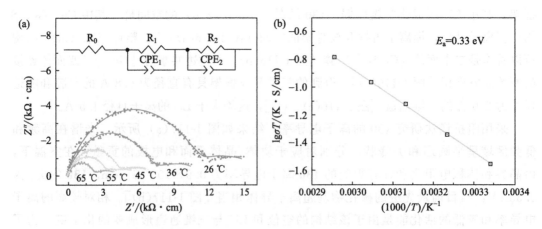

金属硫族团簇晶态材料的合成、结构及性能研究

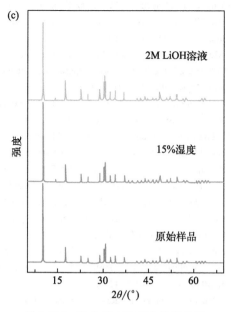

图 1-117　化合物 **130** 的电化学性质

（a）从低温到高温交流阻抗数据的 Nyquist 图，插入图显示了等效电路；（b）Arrhenius 电导率图给出活化能 $E_a=0.33$ eV；（c）在 15％潮湿空气和 2mol/L LiOH 水溶液中暴露前后的 XRD 图谱[62]

参考文献

［1］Ghidan，A. Y. ；Al-Antary，T. M. ；Salem，N. M. ；et al. Facile green synthetic route to the zinc oxide（znonps）nanoparticles：Effect on green peach aphid and antibacterial activity. J. Agric. Sci. **2017**，9（2），131-138.

［2］Bruno，I. ；Frey，J. G. Connecting chemistry with global challenges through data standards. Chem. Int. **2017**，39（3），5-8.

［3］Shi，E. ；Gao，Y. ；Finkenauer，B. P. ；et al. Two-dimensional halide perovskite nanomaterials and heterostructures. Chem. Soc. Rev. **2018**，47（16），6046-6072.

［4］Alivisatos，A. P. Semiconductor clusters，nanocrystals，and quantum dots. Science **1996**，271（5251），933-937.

［5］Lv，J. ；Wang，W. ；Zhang，L. ；et al. Assembly of oxygen-stuffed supertetrahedral T3-SnOS clusters into open frameworks with single Sn^{2+} ion as linker. Cryst. Growth Des. **2018**，18（9），4834-4837.

［6］Lai，C. -H. ；Lu，M. -Y. ；Chen，L. -J. Metal sulfide nanostructures：Synthesis，properties and applications in energy conversion and storage. J. Mater. Chem. **2012**，22（1），19-30.

［7］Fang，X. ；Bando，Y. ；Gautam，U. K. ；et al. Heterostructures and superlattices in one-dimensional nanoscale semiconductors. J. Mater. Chem. **2009**，19（32），5683-5689.

［8］Wang，Z. L. ；Song，J. Piezoelectric nanogenerators based on zinc oxide nanowire arrays. Science **2006**，312（5771），242-246.

［9］Ma，D. D. ；Lee，C. S. ；Au，F. C. ；et al. Small-diameter silicon nanowire surfaces. Science **2003**，299（5614），1874-1877.

[10]Aziz,M. I. ;Mughal,F. ;Naeem,H. M. ; et al. Evolution of photovoltaic and photocatalytic activity in anatase-TiO$_2$ under visible light via simplistic deposition of cds and pbs quantum-dots. Mater Chem Phys **2019**,229,508-513.

[11]Mughal,F. ;Muhyuddin,M. ;Rashid,M. ; et al. Multiple energy applications of quantum-dot sensitized TiO$_2$/PbS/CdS and TiO$_2$/CdS/PbS hierarchical nanocomposites synthesized via p-silar technique. Chem. Phys. Lett. **2019**,717,69-76.

[12]Naeem, H. M. ; Muhyuddin, M. ; Rasheed, R. ; et al. Simplistic wet-chemical coalescence of ZnO with Al$_2$O$_3$ and SnO$_2$ for enhanced photocatalytic and electrochemical performance. J. Mater. Sci. Mater. Electron. **2019**,30(15),14508-14518.

[13]Butt, S. ;Farooq,M. U. ;Mahmood,W. ; et al. One-step rapid synthesis of Cu$_2$Se with enhanced thermoelectric properties. J. Alloys Compd. **2019**,786,557-564.

[14]Genovese M. P. ;Lightcap Ia. V. ,Kamat P. V. Sun-believable solar paint. A transformative one-step approach for designing danocrystalline solar cells. ACS Nano. **2012**,6(1),865-872.

[15]Fajrina,N. ;Tahir,M. A critical review in strategies to improve photocatalytic water splitting towards hydrogen production. Int. J. Hydrogen Energy **2019**,44(2),540-577.

[16]Chandrasekaran, S. ; Yao, L. ; Deng, L. ; et al. Recent advances in metal sulfides:From controlled fabrication to electrocatalytic,photocatalytic and photoelectrochemical water splitting and beyond. Chem. **2019**,48(15),4178-4280.

[17]Hubisz, J. L. Transition metal oxides:An introduction to their electronic structure and properties. Phys. Teach. **2014**,52(9),574-574.

[18]Burton,B. P. ;Singh,A. K. Prediction of entropy stabilized incommensurate phases in the system MoS$_2$-MoTe$_2$. J. Appl. Phys. **2016**,120(15),155101.

[19]Shannon,R. D. Revised effective ionic radii and systematic studies of interatomie distances in halides and chaleogenides. Acta Cryst. **1976**, A32,751-767.

[20]Miller, T. M. ; Bederson, B. Atomic and molecular polarizabilities-a review ofrecent advances. Advances in atomic and molecular physics,1978,13,1-55.

[21]Haynes,W. M. Crc handbook of chemistry and physics. Boca Raton:CRC Press,2016.

[22]Weber,T. ;Prins,R. ;Santen,R. A. Transition metal sulphides chemistry and catalysis.Springer-Science+Business Media,B. V. ,1998.

[23]Sarker,J. C. ;Hogarth,G. Dithiocarbamate complexes as single source precursors to nanoscale binary,ternary and quaternary metal sulfides. Chem. Rev. **2021**,121(10),6057-6123.

[24]Rui,X. ;Tan,H. ;Yan,Q. Nanostructured metal sulfides for energy storage. Nanoscale **2014**,6(17),9889-9924.

[25]Huang,X. ;Zeng,Z. ;Zhang,H. Metal dichalcogenide nanosheets:Preparation,properties and applications. Chem. Soc. Rev. **2013**,42(5),1934-1946.

[26]Zhu,W. ;Yue,X. ;Zhang,W. ;et al. Nickel sulfide microsphere film on ni foam as an efficient bifunctional electrocatalyst for overall water splitting. Chem. Commun. **2016**, 52 (7), 1486-1489.

[27]Corrigan,J. F. ;Fuhr,O. ;Fenske,D. Metal chalcogenide clusters on the border between molecules and materials. Adv. Mater. **2009**,21(18),1867-1871.

[28]Soloviev,V. N. ;Eichholfer,A. ;Fenske,D. ;et al. Size-dependent optical spectroscopy of a homologous series of cdse cluster molecules. J. Am. Chem. Soc. **2001**,123,2354-2364.

[29]Friedfeld, M. R. ;Stein, J. L. ;Ritchhart, A. ;et al. Conversion reactions of atomically precise semiconductor clusters. Acc. Chem. Res. **2018**,51(11),2803-2810.

[30]Fuhr, O. ;Dehnen, S. ;Fenske, D. Chalcogenide clusters of copper and silver from silylated chalcogenide sources. Chem. Soc. Rev. **2013**,42(4),1871-1906.

[31]Wu, Q. ;Ding,S. ;Sun, A. ;et al. Recent progress on non-fullerene acceptor materials for organic solar cells. Mater. Today Chem. **2024**,41,102290.

[32]Srivastava,V. ;Sinha,S. ;Kanaujia,S. ;et al. Fullerene-based photocatalysis as an eco-compatible approach to photochemical reactions. Synth. Commun. **2024**,1-18.

[33]Kausar,A. Breakthroughs of fullerene in optoelectronic devices-an overview. Hybrid Adv.**2024**,

6,100233.

[34]Wang,Q. M. ;Lin,Y. M. ;Liu,K. G. Role of anions associated with the formation and properties of silver clusters. Acc. Chem. Res. **2015**,48(6),1570-1579.

[35]Wang,Z. Y. ;Wang,M. Q. ;Li,Y. L. ;et al. Atomically precise site-specific tailoring and directional assembly of superatomic silver nanoclusters. J. Am. Chem. Soc. **2018**, 140 (3), 1069-1076.

[36]Jin,Y. ;Zhang,C. ;Dong,X. Y. ;et al. Shell engineering to achieve modification and assembly of atomically-precise silver clusters. Chem. Soc. Rev. **2021**,50(4),2297-2319.

[37]Yang,D. ;Gates,B. C. Characterization,structure,and reactivity of hydroxyl groups on metal-oxide cluster nodes of metal-organic frameworks:Structural diversity and keys to reactivity and catalysis. Adv. Mater. **2024**,36(5),e2305611.

[38]Weinstock,I. A. ;Schreiber,R. E. ;Neumann,R. Dioxygen in polyoxometalate mediated reactions. Chem. Rev. **2018**,118(5),2680-2717.

[39]Yin,P. ;Li,D. ;Liu,T. Counterion interaction and association in metal-oxide cluster macroanionic solutions and the consequent self-assembly. Isr. J. Chem. **2011**,51(2),191-204.

[40]Bu,X. ; Zheng,N. ; Feng,P. Tetrahedral chalcogenide clusters and open frameworks. Chem. Eur. J. **2004**,10(14),3356-3362.

[41]Feng,P. ;Bu,X. ;Zheng,N. The interface chemistry between chalcogenide clusters and open framework chalcogenides. Acc. Chem. Res. **2005**,38(4),293-303.

[42]Luo, Z. ; Lin, S. Advances in cluster superatoms for a 3D periodic table of elements. Coord. Chem. Rev. **2024**,500,215505.

[43]Imaoka, T. ; Kuzume, A. ; Tanabe, M. ; et al. Atom hybridization of metallic elements:Emergence of subnano metallurgy for the post-nanotechnology. Coord. Chem. Rev. **2023**, 474, 214826.

[44]Hirai,H. ;Ito,S. ;Takano,S. ;et al. Ligand-protected gold/silver superatoms:Current status and emerging trends. Chem. Sci. **2020**,11(45),12233-12248.

[45]Flanigen,E. M. Zeolites and molecular sieves. An historical perspective. In introduction to zeolite science and practice. Studies in Surface Science and Catalysis,2001,137,11-35.

[46]Cheetham, A. K. ;FeÂrey,G. ;Loiseau, T. Open-framework inorganic materials. Angew Chem. Int. Ed. **1999**,3(8),3268-3292.

[47]Yaghi,O. M. ;O'Keeffe,M. ;Ockwig,N. W. ;et al. Reticular synthesis and the design of new materials. Nature **2003**,423(6941),705-714.

[48]Bedard,R. L. ;Wilson,S. T. ;Vail,L. D. ;et al. The next generation:Synthesis, characterization,and structure of metal sulfide-based microporous solids. In Zeolites:Facts,figures,future part a-proceedings of the 8th international zeolite conference. Studies in Surface Science and Catalysis,1989,49,375-387.

[49]Feng,P. ;Bu,X. ;Stucky,G. D. Hydrothermal syntheses and structural characterization of zeolite analogue compounds based on cobalt phosphate. Nature **1997**,388,735-741.

[50]Bowes, C. L. ; Ozin, G. A. Self-assembling frameworks:Beyond microporous oxides. Adv. Mater. **1996**,8(1),13-28.

[51]Scott,R. W. J. ;MacLachlan,M. J. ;Ozin,G. A. Synthesis of metal sulfide materials with controlled architecture. Curr. Opin. Solid State Mater. Sci. **1999**,4,113-121.

[52]Cahill,C. L. ;Parise,J. On the formation of framework indium sulfides. Dalton Trans. **2000**, (9),1475-1482.

[53]Li,H. ;Laine,A. ;O'keeffe,M. ;et al. Supertetrahedral sulfide crystals with giant cavities and channels. Science **1999**,283(5405),1145-1147.

[54]Li,H. ;Eddaoudi,M. ;O'Keeffe,M. ;et al. Design and synthesis of an exceptionally stable and highly porous metal-organic framework. Nature **1999**,402,276-279.

[55]Nie,L. ;Zhang,Q. Recent progress in crystalline metal chalcogenides as efficient photocatalysts for organic pollutant degradation. Inorg. Chem. Front. **2017**,4(12),1953-1962.

[56]Zhang,J. ;Feng,P. ;Bu,X. ;et al. Atomically precise metal chalcogenide supertetrahedral clus-

ters: Frameworks to molecules, and structure to function. Natl. Sci. Rev. **2022**, 9, nwab076.

[57] Xue, C. ; Fan, X. ; Zhang, J. ; et al. Direct observation of charge transfer between molecular heterojunctions based on inorganic semiconductor clusters. Chem. Sci. **2020**, 11(11), 4085-4096.

[58] Wang, Z. ; Liu, J. -X. ; Ma, H. ; et al. Atomic-and molecular-level modulation of Mn^{2+}-related emission using atomically-precise metal chalcogenide semiconductor nanoclusters. Coordination Chemistry Reviews, **2024**, 510, 215844.

[59] Wang, Z. ; Liu, Y. ; Zhang, J. ; et al. Unveiling the impurity-modulated photoluminescence from Mn^{2+}-containing metal chalcogenide semiconductors via Fe^{2+} doping. J. Mater. Chem. C. **2021**, 9 (39), 13680-13686.

[60] Chen, X. ; Bu, X. ; Wang, Y. ; et al. Charge-and size-complementary multimetal-induced morphology and phase control in zeolite-type metal chalcogenides. Chem. Eur. J. **2018**, 24(42), 10812-10819.

[61] Sundaramoorthy, S. ; Balijapelly, S. ; Mohapatra, S. ; et al. Interpenetrated lattices of quaternary chalcogenides displaying magnetic frustration, high na-ion conductivity, and cation redox in na-ion batteries. Inorg. Chem. **2024**, 63(25), 11628-11638.

[62] Wang, Y. ; Lv, X. ; Zheng, C. ; et al. Chemistry design towards a stable sulfide-based superionic conductor $Li_4Cu_8Ge_3S_{12}$. Angew Chem. Int. Ed. **2019**, 58(23), 7673-7677.

[63] Nie, L. ; Xie, J. ; Liu, G. ; et al. Crystalline In-Sb-S framework for highly-performed lithium/sodium storage. J. Mater. Chem. A. **2017**, 5(27), 14198-14205.

[64] Manos, M. J. ; Kanatzidis, M. G. Metal sulfide ion exchangers: Superior sorbents for the capture of toxic and nuclear waste-related metal ions. Chem. Sci. **2016**, 7(8), 4804-4824.

[65] Wang, K. -Y. ; Feng, M. -L. ; Huang, X. -Y. ; et al. Organically directed heterometallic chalcogenidometalates containing group 12(Ⅱ)/13(Ⅲ)/14(Ⅳ) metal ions and antimony (Ⅲ). Coord. Chem. Rev. **2016**, 322, 41-68.

[66] Feng, M. L. ; Wang, K. Y. ; Huang, X. Y. Combination of metal coordination tetrahedra and asymmetric coordination geometries of Sb(ⅲ) in the organically directed chalcogenidometalates: Structural diversity and ion-exchange properties. Chem. Rec. **2016**, 16(2), 582-600.

[67] Tazibt, S. ; Chikhaoui, A. ; Bouarab, S. ; et al. Structural, electronic, and magnetic properties of iron disulfide $Fe_n S_2^{0/\pm}$ ($n = 1 \sim 6$)clusters. J. Phys. Chem. A. 2017, 121, 3768-3780.

[68] Sheldrick, W. S. ; Wachhold, M. Chalcogenidometalates of the heavier group 14 and 15 elements. Coord. Chem. Rev. **1998**, 176(1), 211-322.

[69] Schiwy, V. W. ; Blutau, C. ; Gathje D. ; et al. Darstellung und struktur von $K_2SnS_3 \cdot 2H_2O$. Z. Anorg. Allg. Chem. **1975**, 412(1), 1-10.

[70] Lee, G. S. H. ; Craig, D. C. ; Ma, I. ; et al. $[S_4 Cd_{17}(Sph)_{2s}]^{2-}$, the first member of a third series of tetrahedral $[S_w M_x(SR)_y]^{z-}$ clusters. J. Am. Chem. Soc. **1988**, 110(14), 4862-4864.

[71] Yaghi, O. ; Sun, Z. ; Richardson, D. A. ; et al. Directed transformation of molecules to solids: Synthesis of a microporous sulfide from molecular germanium sulfide cages. J. Am. Chem. Soc. **1994**, 116(2), 807-808.

[72] Ahari, H. ; Garcia, A. ; Kirkby, S. ; et al. Self-assembling iron and manganese metal-germanium-selenide frameworks: $[NMe_4]_2 MGe_4 Se_{10}$, where M = Fe or Mn. Dalton Trans. **1988**, 2023-2028.

[73] Pirani, A. M. ; Mercier, H. P. A. ; Dixon, D. A. ; et al. Syntheses, vibrational spectra, and theoretical studies of the adamantanoid $Sn_4 Ch_{10}^{4-}$ (Ch= Se, Te) anions: X-ray crystal structures of $[18\text{-crown-}6\text{-K}]_4 [Sn_4 Se_{10}] \cdot 5en$ and $[18\text{-crown-}6\text{-K}]_4 [Sn_4 Te_{10}] \cdot 3en \cdot 2THF$. Inorg. Chem. **2001**, 40(19), 4823-4829.

[74] Dance, I. ; Fisher, K. Metal chalcogenide cluster chemistry. Progress in inorganic chemistry, 1994, 41, 637-803.

[75] Zheng, N. ; Bu, X. ; Feng, P. Nonaqueous synthesis and selective crystallization of gallium sulfide clusters into three-dimensional photoluminescent superlattices. J. Am. Chem. Soc. **2003**, 125(5), 1138-1139.

[76] Li, H. ; Kim, J. ; Groy, T. ; et al. 20 Å $Cd_4 In_{16} S_{35}^{14-}$ supertetrahedral T4 clusters as building units

金属硫族团簇晶态材料的合成、结构及性能研究

in decorated cristobalite frameworks. J. Am. Chem. Soc. **2001**,123(20),4867-4868.

[77]Wang,C.;Li,Y.;Bu,X.;et al. Three-dimensional superlattices built from($M_4In_{16}S_{33}$)$^{10-}$ (M= Mn, Co,Zn,Cd)supertetrahedral clusters. J. Am. Chem. Soc. **2001**,123(46),11506-11507.

[78]Bu,X.;Zheng,N.;Li,Y.;et al. Pushing up the size limit of chalcogenide supertetrahedral clusters:Two-and three-dimensional photoluminescent open frameworks from ($Cu_5In_{30}S_{54}$)$^{13-}$ clusters. J. Am. Chem. Soc. **2002**,124(43),12646-12647.

[79]Zheng,N.;Bu,X.;Feng,P. Synthetic design of crystalline inorganic chalcogenides exhibiting fast-ion conductivity. Nature **2003**,426(6965),428-432.

[80]Xu,X.;Wang,W.;Liu,D.;et al. Pushing up the size limit of metal chalcogenide supertetrahedral nanocluster. J. Am. Chem. Soc. **2018**,140(3),888-891.

[81]Zhou,J.;Zhang,Y.;Bian,G.-Q.;et al. Structural study of organic-inorganic hybrid thiogallates and selenidogallates in view of effects of the chelate amines. Cryst. Growth Des. **2008**,8(7),2235-2240.

[82]Wang,Y.-H.;Zhang,M.-H.;Yan,Y.-M.;et al. Transition metal complexes as linkages for assembly of supertetrahedral T4 clusters. Inorg. Chem. **2010**,49(21),9731-9733.

[83]Zhao,X.-W.;Qian,L.-W.;Su,H.-C.;et al. Co-assembled T4-$Cu_4In_{16}S_{35}$ and cubic $Cu_{12}S_8$ clusters:A crystal precursor for near-infrared absorption material. Cryst. Growth Des. **2015**,15(12),5749-5753.

[84]Wang,C.;Bu,X.;Zheng,N.;et al. Indium selenide superlattices from($In_{10}Se_{18}$)$^{6-}$ supertetrahedral clusters. Chem. Commun. **2002**,2,1344-1345.

[85]Schiwy,W.;Krebs,B. $Sn_{10}O_4S_{20}^{8-}$:A new type of polyanion. Angew Chem. Int. Ed. **1975**,14,436-436.

[86]Ahari,H.;Lough,A.;Petrov,S.;et al. Modular assembly and phase study of two-and three-dimensional porous tin(Ⅳ)selenides. J. Mater. Chem. **1999**,9(6),1263-1274.

[87]Parise,J. B.;Ko,Y. Material consisting of two interwoven 4-connected networks:Hydrothermal synthesis and structure of $[Sn_5S_9O_2][HN(CH_3)_3]_2$. Chem. Mater. **1994**,6(6),718-720.

[88]Zhang,X. M.;Sarma,D.;Wu,Y. Q.;et al. Open-framework oxysulfide based on the supertetrahedral $[In_4Sn_{16}O_{10}S_{34}]^{12-}$ cluster and efficient sequestration of heavy metals. J. Am. Chem. Soc. **2016**,138(17),5543-5546.

[89]Yang,H.;Zhang,J.;Luo,M.;et al. The largest supertetrahedral oxychalcogenide nanocluster and its unique assembly. J. Am. Chem. Soc. **2018**,140(36),11189-11192.

[90]Huang,S.-L.;He,L.;Chen,E.-X.;et al. Wide-pH-range stable crystalline framework based on the largest tin-oxysulfide cluster $[Sn_{20}O_{10}S_{34}]$. Chem. Commun. **2019**,55,11083-11086.

[91]Wang,W.;Wang,X.;Zhang,J.;et al. Three-dimensional superlattices based on unusual chalcogenide supertetrahedral In-Sn-S nanoclusters. Inorg. Chem. **2019**,58(1),31-34.

[92]Luo,M.-B.;Chen,L.-J.;Huang,S.-L.;et al. Zeolite analogues based on oxysulfidometalate supertetrahedral clusters via coulombic interactions. Inorg. Chem. Front. **2023**, 10 (11), 3224-3229.

[93]Palchik,O.;Iyer,R. G.;Liao,J.;et al. $K_{10}M_4Sn_4S_{17}$(M= Mn,Fe,Co,Zn):Soluble quaternary sulfides with the discrete $[M_4Sn_4S_{17}]^{10-}$ supertetrahedral clusters. Inorg. Chem. **2003**,42(17),5052-5054.

[94]Dehnen,S.;Brandmayer,M. K. Reactivity of chalcogenostannate compounds:Syntheses,crystal structures,and electronic properties of novel compounds containing discrete ternary anions $[M_4^{II}(\mu_4-Se)(SnSe_4)_4]^{10-}$ (M^{II} = Zn,Mn)J. Am. Chem. Soc. **2003**,125(22),6618-6619.

[95]Zimmermann,C.;Melullis,M.;Dehnen,S. Reactivity of chalcogenostannate salts:Unusual synthesis and structure of a compound containing ternary cluster anions $[Co_4(\mu_4-Se)(SnSe_4)_4]^{10-}$. Angew. Chem. Int. Ed. **2002**,41(22),4269-4272.

[96]Zheng,N.;Bu,X.;Feng,P. Pentasupertetrahedral clusters as building blocks for a three-dimensional sulfide superlattice. Angew. Chem. Int. Ed. **2004**,43(36),4753-4755.

[97]Eichhöfer,A.;Fenske,D. Syntheses and structures of new copper(Ⅰ)-indium(Ⅲ)-selenide clusters. Dalton Trans. **2000**,(6),941-944.

[98] Zhang, J.; Bu, X.; Feng, P.; et al. Metal chalcogenide supertetrahedral clusters: Synthetic control over assembly, dispersibility, and their functional applications. Acc. Chem. Res. **2020**, 53 (10), 2261-2272.

[99] Vossmeyer, T.; Reck, G.; Katsikas, L.; et al. A "double-diamond superlattice" built up of $Cd_{17}S_4(SCH_2CH_2OH)_{26}$ clusters. Science **1995**, 267(5203), 1476-1479.

[100] Jin, X.; Tang, K.; Jia, S.; et al. Synthesis and crystal structure of a polymeric complex $[S_4Cd_{17}(SPh)_{24}(CH_3OCs_2)_{4/2}]_n$ · NCH$_3$OH. Polyhedron**1996**, 15(15), 2617-2622.

[101] Herron, N.; Calabrese, J. C.; Farneth, W. E.; et al. Crystal structure and optical properties of $Cd_{32}S_{14}(SC_6H_5)_{36}$ · DMF$_4$, a cluster with a 15 angstrom CdS core. Science **1993**, 259 (5100), 1426-1428.

[102] Vossmeyer, T.; Reck, G.; Schulz, B.; et al. Double-layer superlattice structure built up of $Cd_{32}S_{14}(SCH_2CH(OH)CH_3)_{36}$ · 4H$_2$O clusters. J. Am. Chem. Soc. **1995**, 117 (51), 12881-12882.

[103] Behrens, S.; Bettenhausen, M.; Deveson, A. C.; et al. Synthesis and structure of the nanoclusters[$Hg_{32}Se_{14}(SePh)_{36}$], [$Cd_{32}Se_{14}(SePh)_{36}$-(PPh$_3$)$_4$], [$P(Et)_2(Ph)C_4H_8OSiMe_3$]$^{5-}$ [$Cd_{18}I_{17}(PSiMe_3)_{12}$], and [$N(Et)_4C_4H_8OSiMe_3$]$_5$[$Cd_{18}I_{17}(PSiMe_3)_{12}$]. Angew Chem. Int. Ed. **2003**, 35 (19), 2215-2218.

[104] Wang, C.; Bu, X.; Zheng, N.; et al. Nanocluster with one missing core atom: A three-dimensional hybrid superlattice built from dual-sized supertetrahedral clusters. J. Am. Chem. Soc. **2002**, 124(35), 10268-10269.

[105] Li, H.; Kim, J.; O'Keeffe, M.; et al. [$Cd_{16}In_{64}S_{134}$]$^{44-}$: 31-Å tetrahedron with a large cavity. Angew Chem. Int. Ed. **2003**, 42(16), 1819-1821.

[106] Zheng, N.; Bu, X.; Wang, B.; et al. Microporous and photoluminescent chalcogenide zeolite analogs. Science **2002**, 298(5602), 2366-2369.

[107] Lin, Q.; Bu, X.; Feng, P. An infinite square lattice of super-supertetrahedral T6-like tin oxyselenide clusters. Chem. Commun. **2014**, 50(31), 4044-4046.

[108] Wang, L.; Wu, T.; Zuo, F.; et al. Assembly of supertetrahedral T5 copper-indium sulfide clusters into a super-supertetrahedron of infinite order. J. Am. Chem. Soc. **2010**, 132 (10), 3283-3285.

[109] Zheng, N.; Bu, X.; Wang, B.; et al. Microporous and photoluminescent chalcogenide zeolite analogs. Science. **2002**, 298(5602), 2366-2369.

[110] Greenwood, N. N.; Earnshaw, A. Chemistry of the elements; Butterworth-Heinemann, 1997.

[111] Holloway, C. E.; Melnik, M. C. Heterometallic mercury compounds: classification and analysis of crystallographical and structural data. Main Group Met. Chem. **1994**, 17(11-12), 799.

[112] Morsali, A.; Masoomi, M. Y. Structures and properties of mercury (Ⅱ) coordination polymers. Coord. Chem. Rev. **2009**, 253(13-14), 1882-1905.

[113] Pitt, M. A.; Johnson, D. W. Main group supramolecular chemistry. Chem. Soc. Rev. **2007**, 36 (9), 1441-1453.

[114] Krebs, B. Thio-and seleno-compounds of main group elements-novel inorganic oligomers and polymers. Angew. Chem. Int. Ed. **1983**, 22(2), 113-134.

[115] Kanatzidis, M. G.; Huang, S. -P. Coordination chemistry of heavy polychalcogenide ligands. Coordination Chemistry Reviews, **1994**, 130(1-2), 509-621.

[116] Sheldrick, W. S.; Wachhold, M. Solventothermal synthesis of solid-state chalcogenidometalates. Angew. Chem. Int. Ed. **1997**, 36(3), 206-224.

[117] Krebs, B.; Henkel, G. Transition-metal thiolates: From molecular fragments of sulfidic solids to models for active centers in biomolecules. Angew. Chem. Int. Ed. **1991**, 30(7), 769-788.

[118] Li, H.; Eddaoudi, M.; Laine, A.; et al. Noninterpenetrating indium sulfide supertetrahedral cristobalite framework. Journal of the American Chemical Society **1999**, 121(25), 6096-6097.

[119] Zhang, Q.; Bu, X.; Zhang, J.; et al. Chiral semiconductor frameworks from cadmium sulfide clusters. J. Am. Chem. Soc. **2007**, 129(27), 8412-8413.

[120] Wu, T.; Wang, X.; Bu, X.; et al. Synthetic control of selenide supertetrahedral clusters and

three-dimensional co-assembly by charge-complementary metal cations. Angew Chem.Int.Ed. **2009**,48(39),7204-7207.

[121]Zhou,J. ;Dai,J. ;Bian,G. -Q. ;et al. Solvothermal synthesis of group 13-15 chalcogenidometalates with chelating organic amines. Coord. Chem. Rev. **2009**,253(9-10),1221-1247.

[122]Seidlhofer,B. ; Pienack,N. ; Bensch,W. Synthesis of inorganic-organic hybrid thiometallate materials with a special focus on thioantimonates and thiostannates and in situ X-ray scattering studies of their formation. Zeitschriftfür Naturforschung B. **2010**,65(8),937-975.

[123]Qin,X. ;Wang,X. ;Xiang,H. ;et al. Mechanism for hydrothermal synthesis of LiFePO$_4$ platelets as cathode material for lithium-ion batteries. J. Phys. Chem. C **2010**,114,16806-16812.

[124]Walton,R. I. Subcritical solvothermal synthesis of condensed inorganic materials.Chem.Soc. Rev. **2002**,31(4),230-238.

[125]Demazeau,G. Solvothermal reactions:An original route for the synthesis of novel materials. J. Mater. Sci. **2007**,43(7),2104-2114.

[126]Lai,J. ;Niu,W. ;Luque,R. ;et al. Solvothermal synthesis of metal nanocrystals and their applications. Nano Today **2015**,10(2),240-267.

[127]Chauhan,V. ;Gupta,D. ;Upadhyay,S. ;et al. Advancement of high-K ZrO$_2$ for potential applications:A review. Indian J. Pure Appl. Phys. **2021**,59,811-826.

[128]Anandan,K. ; Rajesh,K. ; Rajendran, V. Enhanced optical properties of spherical zirconia (ZrO$_2$) nanoparticles synthesized via the facile various solvents mediated solvothermal process. J Mater SCI-mater EL. **2017**,28(22),17321-17330.

[129]Ye,N. ;Yan,T. ;Jiang,Z. ;et al. A review:Conventional and supercritical hydro/solvothermal synthesis of ultrafine particles as cathode in lithium battery. Ceram. Int. **2018**, 44 (5), 4521-4537.

[130]Ndlwana,L. ; Raleie,N. ; Dimpe,K. M. ; et al. Sustainable hydrothermal and solvothermal synthesis of advanced carbon materials in multidimensional applications:A review. Materials **2021**,14(17),5094.

[131]Santner,S. ;Heine,J. ;Dehnen,S. Synthesis of crystalline chalcogenides in ionic liquids.Angew Chem. Int. Ed. **2016**,55(3),876-893.

[132]Li,J. R. ;Xie,Z. L. ;He,X. W. ;et al. Crystalline open-framework selenidostannates synthesized in ionic liquids. Angew Chem. Int. Ed. **2011**,50(48),11395-11399.

[133]Xiong,W. -W. ;Zhang,G. ;Zhang,Q. New strategies to prepare crystalline chalcogenides.Inorg. Chem. Front. **2014**,1(4),292-301.

[134]Biswas,K. ;Zhang,Q. ;Chung,I. ;et al. Synthesis in ionic liquids:[Bi$_2$Te$_2$Br](AlCl$_4$),a direct gap semiconductor with a cationic framework. J. Am. Chem. Soc. **2010**,132,14760-14762.

[135]Freudenmann,D. ; Feldmann,C. [Bi$_3$GaS$_5$]$_2$[Ga$_3$Cl$_{10}$]$_2$[GaCl$_4$]$_2$ · S$_8$containing heterocubane-type [Bi$_3$GaS$_5$]$^{2+}$, star-shaped [Ga$_3$Cl$_{10}$]$^-$, monomeric [GaCl$_4$]$^-$ and crown-like S$_8$. Dalton Trans. **2011**, 40 (2), 452-456.

[136]Zhang,Q. ;Chung,I. ;Jang,J. I. ;et al. Chalcogenide chemistry in ionic liquids:Nonlinear optical wave-mixing properties of the double-cubane compound [Sb$_7$S$_8$Br$_2$](AlCl$_4$)$_3$.J. Am. Chem. Soc. **2009**,131,9896-9897.

[137]Peng,Y. ;Hu,Q. ;Liu,Y. ;et al. Discrete supertetrahedral tn chalcogenido clusters synthesized in ionic liquids:Crystal structures and photocatalytic activity. Chempluschem **2020**,85(11), 2487-2498.

[138]Romero,A. ; Santos,A. ; Tojo,J. ; et al. Toxicity and biodegradability of imidazolium ionic liquids. J. Hazard. Mater. **2008**,151(1),268-273.

[139]Plechkova, N. V. ; Seddon, K. R. Applications of ionic liquids in the chemical industry. Chem. Soc. Rev. **2008**,37(1),123-150.

[140]Yu,Y. ;Lu,X. ;Zhou,Q. ;et al. Biodegradable naphthenic acid ionic liquids:Synthesis,characterization,and quantitative structure-biodegradation relationship. Chemistry **2008**,14(35), 11174-11182.

[141]Weaver,K. D. ; Kim,H. J. ; Sun,J. ; et al. Cyto-toxicity and biocompatibility of a family of

choline phosphate ionic liquids designed for pharmaceutical applications. Green Chem. **2010**, 12(3), 507-513.

[142]Ilgen, F.; Ott, D.; Kralisch, D.; et al. Conversion of carbohydrates into 5-hydroxymethylfurfural in highly concentrated low melting mixtures. Green Chem. **2009**, 11(12), 1948-1954.

[143]Reinhardt, D.; Ilgen, F.; Kralisch, D.; et al. Evaluating the greenness of alternative reaction media. Green Chem. **2008**, 10(11), 1170-1181.

[144]Zhang, Q.; De Oliveira Vigier, K.; Royer, S.; et al. Deep eutectic solvents: Syntheses, properties and applications. Chem. Soc. Rev. **2012**, 41(21), 7108-7146.

[145]Wang, K. -Y.; Ding, D.; Zhang, S.; et al. Preparation of thermochromic selenidostannates in deep eutectic solvents. Chem. Commun. **2018**, 54(38), 4806-4809.

[146]Wang, K. -Y.; Liu, H. -W.; Zhang, S.; et al. Selenidostannates and a silver selenidostannate synthesized in deep eutectic solvents: Crystal structures and thermochromic study. Inorg. Chem. **2019**, 58(5), 2942-2953.

[147]Liu, H. -W.; Wang, K. -Y.; Ding, D.; et al. Deep eutectic solvothermal synthesis of an open framework copper selenidogermanate with ph-resistant Cs^+ ion exchange property. Chem. Commun. **2019**, 55, 13884-13887.

[148]Xia, Y.; Yang, P.; Sun, Y.; et al. One-dimensional nanostructures: Synthesis, characterization, and applications. Adv. Mater. **2003**, 15(6), 353-389.

[149]Cushing, B. L.; Kolesnichenko, V. L.; O'Connor, C. J. Recent advances in the liquid-phase syntheses of inorganic nanoparticles. Chem. Rev. **2004**, 104(9), 3893-3946.

[150]Yin, Y.; Alivisatos, A. P. Colloidal nanocrystal synthesis and the organic-inorganic interface. Nature **2005**, 437(7059), 664-670.

[151]Bonhomme, F.; Kanatzidis, M. G. Structurally characterized mesostructured hybrid surfactant-inorganic lamellar phases containing the adamantane $[Ge_4S_{10}]^{4-}$ anion: Synthesis and properties. Chem. Mater. **1998**, 10(4), 1153-1159.

[152]Li, J.; Marler, B.; Kessler, H.; et al. Synthesis, structure analysis, and characterization of a new thiostannate, $(C_{12}H_{25}NH_3)_4[Sn_2S_6] \cdot 2H_2O$. Inorg. Chem. **1997**, 36, 4697-4701.

[153]Wachhold, M.; Kanatzidis, M. G. Surfactant-templated inorganic lamellar and non-lamellar hybrid phases containing adamantane $[Ge_4Se_{10}]^{4-}$-anions. Chem. Mater. **2000**, 12, 2914-2923.

[154]Xiong, W. W.; Athresh, E. U.; Ng, Y. T.; et al. Growing crystalline chalcogenidoarsenates in surfactants: From zero-dimensional cluster to three-dimensional framework. J. Am. Chem. Soc. **2013**, 135(4), 1256-1259.

[155]Gao, J.; Tay, Q.; Li, P. Z.; et al. Surfactant-thermal method to synthesize a novel two-dimensional oxochalcogenide. Chem. Asian J. **2014**, 9(1), 131-134.

[156]Xiong, W. W.; Li, P. Z.; Zhou, T. H.; et al. Kinetically controlling phase transformations of crystalline mercury selenidostannates through surfactant media. Inorg. Chem. **2013**, 52(8), 4148-4150.

[157]Gao, J.; He, M.; Lee, Z. Y.; et al. A surfactant-thermal method to prepare four new three-dimensional heterometal-organic frameworks. Dalton Trans. **2013**, 42(32), 11367-11370.

[158]Gao, J.; Ye, K.; He, M.; et al. Tuning metal-carboxylate coordination in crystalline metal-organic frameworks through surfactant media. J. Solid State Chem. **2013**, 206, 27-31.

[159]Lin, H. Y.; Chin, C. Y.; Huang, H. L.; et al. Crystalline inorganic frameworks with 56-ring, 64-ring, and 72-ring channels. Science **2013**, 339(6121), 811-813.

[160]Yang, X.; Ren, T.; Zhang, J.; et al. Hydrazine-thermal syntheses, structures, and photocatalytic properties of tellurostannate hybrids with iron (II) complex unit. Polyhedron **2023**, 244, 116568.

[161]Nie, L.; Xiong, W. -W.; Li, P.; et al. Surfactant-thermal method to prepare two novel two-dimensional Mn-Sb-S compounds for photocatalytic applications. J. Solid State Chem. **2014**, 220, 118-123.

[162]Manos, M. J.; Kanatzidis, M. G. Use of hydrazine in the hydrothermal synthesis of chalcogenides: The neutral framework material $[Mn_2SnS_4(N_2H_4)_2]$. Inorg. Chem. **2009**, 48(11),

4658-4660.

[163]Santner, S. ; Heine, J. ; Dehnen, S. Synthesis of crystalline chalcogenides in ionic liquids. Angew Chem. Int. Ed. **2016**, 55(3), 876-893.

[164]Huang, X. ; Li, J. ; Zhang, Y. ; et al. From 1D chain to 3D network: Tuning hybrid Ⅱ-Ⅵ nanostructures and their optical properties. J. Am. Chem. Soc. **2003**, 125, 7049-7055.

[165]Mitzi, D. B. ; Kosbar, L. L. ; Murray, C. E. ; et al. High-mobility ultrathin semiconducting films prepared by spin coating. Nature **2004**, 428, 299-303.

[166]Mitzi, D. B. $N_4H_9Cu_7S_4$: A hydrazinium-based salt with a layered Cu_7S_4 framework. Inorg. Chem. **2007**, 46, 926-931.

[167]Mitzi, D. B. Synthesis, structure, and thermal properties of soluble hydrazinium germanium (Ⅳ) and tin(Ⅳ) selenide salts. Inorg. Chem. **2005**, 44, 3755-3761.

[168]Mitzi, D. B. Polymorphic one-dimensional $(N_2H_4)_2ZnTe$: Soluble precursors for the formation of hexagonal or cubic zinc telluride. Inorg. Chem. **2005**, 44, 7078-7086.

[169]Brown, I. D. Valence: A program for calculating bond valences. J. Appl. Crystallogr **1996**, 29 (4), 479-480.

[170]Zimmermann, C. ; Anson, C. E. ; Weigend, F. ; et al. Unusual syntheses, structures, and electronic properties of compounds containing ternary, T3-type supertetrahedral m/sn/s anions $[M_5Sn(\mu_3-S)_4(SnS_4)_4]^{10-}$ (M= Zn, Co). Inorg. Chem. **2005**, 44(16), 5686-5695.

[171]Li, Z. -Q. ; Mo, C. -J. ; Guo, Y. ; et al. Discrete supertetrahedral cuins nanoclusters and their application in fabrication of cluster-sensitized TiO_2 photoelectrodes. J. Mater. Chem. A **2017**, 5 (18), 8519-8525.

[172]Wang, Y. -H. ; Jiang, J. -B. ; Wang, P. ; et al. Polymeric supertetrahedral InS clusters assembled by new linkages. Crys. t Eng. Comm. **2013**, 15(30), 6040-6045.

[173]Wu, T. ; Zhang, Q. ; Hou, Y. ; et al. Monocopper doping in Cd-In-S supertetrahedral nanocluster via two-step strategy and enhanced photoelectric response. J. Am. Chem. Soc. **2013**, 135 (28), 10250-10253.

[174]S. , W. ; Sheldrick; Wachhold, M. Solventothermal synthesis of solid-state chalcogenidometalates. Angew Chem. Int. Ed. **1997**, 36, 206-224.

[175]Wu, T. ; Wang, L. ; Bu, X. ; et al. Largest molecular clusters in the supertetrahedral tn series. J. Am. Chem. Soc. **2010**, 132(31), 10823-10831.

[176]Hu, R. ; Wang, X. L. ; Zhang, J. ; et al. Multi-metal nanocluster assisted Cu-Ga-Sn tri-doping for enhanced photoelectrochemical water splitting of $BiVO_4$ film. Adv. Mater. Interfaces **2020**, 7(8), 2000016.

[177]Zhang, J. ; Qin, C. ; Zhong, Y. ; et al. Atomically precise metal-chalcogenide semiconductor molecular nanoclusters with high dispersibility: Designed synthesis and intracluster photocarrier dynamics. Nano Res. **2020**, 13(10), 2828-2836.

[178]Philippot E, Ribes M, Lindqvist O. Crystal structure of $Na_4Ge_4S_{10}$. Rev. Chim. Minér **1971**, 8 (3), 477-489.

[179]Krebs, B. ; Voelker, D. ; Stiller, K. -O. Novel adamantane-like thio-and selenoanions from aqueous solution: $Ga_4S_{10}^{8-}$, $In_4S_{10}^{8-}$, $In_4Se_{10}^{8-}$. Inorg. Chim. Acta **1982**, 65, L101-L102.

[180]Vaqueiro, P. ; Romero, M. L. $[Ga_{10}S_{16}(NC_7H_9)_4]^{2-}$: A hybrid supertetrahedral nanocluster. Chem. Commun. **2007**, (31), 3282-3284.

[181]Xu, G. ; Guo, P. ; Song, S. ; et al. Molecular nanocluster with a $[Sn_4Ga_4Zn_2Se_{20}]^{8-}$ T3 supertetrahedral core. Inor. Chem. **2009**, 48(11), 4628-4630.

[182]Zhang, Y. -P. ; Zhang, X. ; Mu, W. -Q. ; et al. Indium sulfide clusters integrated with 2, 2'-bipyridine complexes. Dalton Trans. **2011**, 40(38), 9746-9751.

[183]Wu, T. ; Bu, X. ; Liao, P. ; et al. Superbase route to supertetrahedral chalcogenide clusters. J. Am. Chem. Soc. **2012**, 134(8), 3619-3622.

[184]Xiong, W. -W. ; Li, J. -R. ; Hu, B. ; et al. Largest discrete supertetrahedral clusters synthesized in ionic liquids. Chem. Sci. **2012**, 3(4), 1200-1204.

[185]Lin, J. ; Zhang, Q. ; Wang, L. ; et al. Atomically precise doping of monomanganese ion into

coreless supertetrahedral chalcogenide nanocluster inducing unusual red shift in Mn^{2+} emission.J. Am. Chem. Soc. **2014**, 136(12), 4769-4779.

[186]Zhang, Q. ; Lin, J. ; Yang, Y. -T. ; et al. Exploring Mn^{2+}-location-dependent red emission from (Mn/Zn)-Ga-Sn-S supertetrahedral nanoclusters with relatively precise dopant positions.J.Mater. Chem. C **2016**, 4(44), 10435-10444.

[187]Wu, J. ; Jin, B. ; Wang, X. ; et al. Breakdown of valence shell electron pair repulsion theory in an H-bond-stabilized linear sp-hybridized sulfur. CCS Chemistry **2021**, 3(10), 2584-2590.

[188]Sun, L. ; Zhang, H. -Y. ; Zhang, J. ; et al. A quasi-D_3-symmetrical metal chalcogenide cluster constructed by the corner-sharing of two T3 supertetrahedra. Dalton Trans. **2020**, 49(40), 13958-13961.

[189]Wu, J. ; Chen, N. ; Wu, T. Two discrete dimeric metal-chalcogenide supertetrahedral clusters. Dalton Trans. **2023**, 52(16), 5019-5022.

[190]Parnham, E. R. ; Morris, R. E. The ionothermal synthesis of cobalt aluminophosphate zeolite frameworks. J. Am. Chem. Soc. **2006**, 128(7), 2204-2205.

[191]Lin, Z. ; Wragg, D. S. ; Warren, J. E. ; et al. Anion control in the ionothermal synthesis of coordination polymers. J. Am. Chem. Soc. **2007**, 129(34), 10334-10335.

[192]Parnham, E. R. ; Morris, R. E. Ionothermal synthesis of zeolites, metal-organic frameworks, and inorganic-organic hybrids. Acc. Chem. Res. **2008**, 40(10), 1005-1013.

[193]Lin, Y. ; Dehnen, S. [bmim]4[sn9se20]: Ionothermal synthesis of a selenidostannate with a 3D open-framework structure. Inorg. Chem. Commun. **2011**, 50(17), 7913-7915.

[194]Shen, N. -N. ; Hu, B. ; Cheng, C. -C. ; et al. Discrete supertetrahedral T3 InQ clusters(Q= S, S/ Se, Se, Se/Te): Ionothermal syntheses and tunable optical and photodegradation properties. Cryst. Growth Des. **2018**, 18(2), 962-968.

[195]Yang, D. -D. ; Li, W. ; Xiong, W. -W. ; et al. Ionothermal synthesis of discrete supertetrahedral Tn(n= 4,5) clusters with tunable components, band gaps, and fluorescence properties. Dalton Trans. **2018**, 47(17), 5977-5984.

[196]Wang, Y. ; Zhu, Z. ; Sun, Z. ; et al. Discrete supertetrahedral T5 selenide clusters and their Se/S solid solutions: Ionic-liquid-assisted precursor route syntheses and photocatalytic properties. Chem. Eur. J. **2020**, 26(7), 1624-1632.

[197]Wu, Z. ; Weigend, F. ; Fenske, D. ; et al. Ion-selective assembly of supertetrahedral selenido germanate clusters for alkali metal ion capture and separation. J. Am. Chem. Soc. **2023**, 145(6), 3802-3811.

[198]Luo, M. B. ; Lai, H. D. ; Huang, S. L. ; et al. Pseudotetrahedral organotin-capped chalcogenidometalate supermolecules with optical limiting performance. J. Am. Chem. Soc. **2024**, 146(11), 7690-7697.

[199]Peters, B. ; Santner, S. ; Donsbach, C. ; et al. Ionic liquid cations as methylation agent for extremely weak chalcogenido metalate nucleophiles. Chem. Sci. **2019**, 10(20), 5211-5217.

[200]Wu, Z. ; Nussbruch, I. ; Nier, S. ; et al. Ionothermal accessto defined oligomers of supertetrahedral selenido germanate clusters. JACS Au **2022**, 2(1), 204-213.

[201]Liu, D. ; Liu, Y. ; Huang, P. ; et al. Highly tunable heterojunctions from multimetallic sulfide nanoparticles and silver nanowires. Angew. Chem. Int. Ed. **2018**, 57(19), 5374-5378.

[202]Hao, M. ; Hu, Q. ; Zhang, Y. ; et al. Soluble supertetrahedral chalcogenido T4 clusters: High stability and enhanced hydrogen evolution activities. Inorg. Chem. **2019**, 58(8), 5126-5133.

[203]Xue, C. ; Zhang, L. ; Wang, X. ; et al. Enhanced water dispersibility of discrete chalcogenide nanoclusterswith a sodalite-net loose-packing pattern in a crystal lattice. Inorg. Chem. **2020**, 59, 15587-15594.

[204]Pitzschke, D. ; Näther, C. ; Bensch, W. $(DEA-H)_7^+ In_{11}S_{21}H_2$: A new layered open framework indium sulfide based on the interconnection of $[In_{10}S_{20}]^{10-}$ supertetrahedra. Solid State Sci. **2002**, 4(9), 1167-1171.

[205]Bu, X. ; Zheng, N. ; Li, Y. ; et al. Templated assembly of sulfide nanoclusters into cubic-C_3N_4 type framework. J. Am. Chem. Soc. **2003**, 125(20), 6024-6025.

[206]Zhang,L.；Xue,C.；Wang,W.；et al. Stable supersupertetrahedron with infinite order via the assembly of supertetrahedral T4 zinc-indium sulfide clusters. Inorg. Chem. **2018**，57(17)，10485-10488.

[207]Xue,C.；Lin,J.；Yang,H.；et al. Supertetrahedral cluster-based In-Se open frameworks with unique polyselenide ion as linker. Cryst. Growth Des. **2018**，18(5)，2690-2693.

[208]Lee,J. M.；Cooper,A. I. Advances in conjugated microporous polymers. Chem. Rev. **2020**，120(4)，2171-2214.

[209]Kang,X.；Zhu,M. Tailoring the photoluminescence of atomically precise nanoclusters.Chem. Soc. Rev. **2019**,48(8)，2422-2457.

[210]Hu,L.；Sheng,M. M.；Qin,S. S.；et al. Molecular surface modification of silver chalcogenolate clusters. Dalton Trans. **2022**,51(8)，3241-3247.

[211]Wu,Z.；Zhang,Q. -F.；Xu,C. Construction of metal chalcogenolate cluster linked organic frameworks. CJSC **2023**,42(8)，100117.

[212]Vaqueiro,P.；Romero,M. L. Gallium-sulfide supertetrahedral clusters as building blocks of covalent organic-inorganic networks. J. Am. Chem. Soc. **2008**,130(30)，9630-9631.

[213]Zhang,Q.；Bu,X.；Lin,Z.；et al. Organization of tetrahedral chalcogenide clusters using a tetrahedral quadridentate linker. Inorg. Chem. **2008**,47(21)，9724-9726.

[214]Wu,T.；Khazhakyan,R.；Wang,L.；et al. Three-dimensional covalent co-assembly between inorganic supertetrahedral clusters and imidazolates. Angew. Chem. Int. Ed. **2011**，50(11)，2536-2539.

[215]Vaqueiro,P.；Makin,S.；Tong,Y.；et al. A new class of hybrid super-supertetrahedral cluster and its assembly into a five-fold interpenetrating network. Dalton Trans. **2017**，46(12)，3816-3819.

[216]Zhang,J.；Wang,W.；Xue,C.；et al. Metal chalcogenide imidazolate frameworks with hybrid intercluster bridging mode and unique interrupted topological structure. Inorg. Chem. **2018**，57(16)，9790-9793.

[217]Li,Y. -L.；Sheng,P. -T.；Li,F. -A.；et al. Bifunctional supertetrahedral chalcogenolate cluster-based assembly materials constructed by a photoactive ligand. Inorg. Chem. **2023**,62(10)，4043-4047.

[218]Yaghi,O. M.；Sun,Z.；Richardson,D. A.；et al. Directed transformation of molecules to solids: Synthesis of a microporous sulfide from molecular germanium sulfide cages. J. Am. Chem. Soc. **1994**,116(2)，807-808.

[219]Tan,K.；Darovsky,A.；Parise,J. B. Synthesis of a novel open-framework sulfide, CuGeS$_5$ (C$_2$H$_5$)$_4$N, and its structure solution using synchrotron imaging plate data. J. Am. Chem. Soc. **1995**,117,7039-7040.

[220]Bowes,C. L.；Huynh,W. U.；Kirkby,S. J.；et al. Dimetal linked open frameworks:[(CH$_3$)$_4$N]$_2$ (Ag$_2$，Cu$_2$) Ge$_4$S$_{10}$. Chem. Mater. **1996**，8，2147-2152.

[221]Kemin Tan；Younghee Ko；John B. Parise；et al. Hydrothermal growth of single crystals of TMA-CuGS-2,[C$_4$H$_{12}$N]$_6$[(Cu$_{0.44}$Ge$_{0.56}$S$_{2.23}$)$_4$(Ge4S$_8$)$_3$]and their characterization using synchrotron/imaging plate data. Chem. Mater. **1996**,8,448-453.

[222]Wang,Z.；Xu,G.；Bi,Y.；et al. Preparation of one dimensional group 14 metal sulfides:Different roles of metal-amino complexes. CrystEngComm **2010**,12(11)，3703-3707.

[223]Yue,C. -Y.；Lei,X. -W.；Feng,L. -J.；et al. [Mn$_2$Ga$_4$Sn$_4$S$_{20}$]$^{8-}$ T3 supertetrahedral nanocluster directed by a series of transition metal complexes. Dalton Trans. **2015**,44(5)，2416-2424.

[224]Zhang,J.；Wang,X.；Lv,J.；et al. A multivalent mixed-metal strategy for single-Cu(+)-ion-bridged cluster-based chalcogenide open frameworks for sensitive nonenzymatic detection of glucose. Chem. Commun. **2019**,55(45)，6357-6360.

[225]Ding,Y.；Zhang,J.；Liu,C.；et al. Antimony-assisted assembly of basic supertetrahedral clusters into heterometallic chalcogenide supraclusters. Inorg. Chem. **2020**,59,13000-13004.

[226]Kumar,V.；Sharma,A.；Cerdà,A. Heavy metals in the environment impact, assessment, and remediation. Elsevier,2020.

[227]Fan,Q. ;Li,Z. ;Zhao,H. ;et al. Adsorption of Pb(Ⅱ)on palygorskite from aqueous solution: Effects of pH,ionic strength and temperature. Appl. Clay Sci. **2009**,45(3),111-116.

[228]Benhammou,A. ; Yaacoubi,A. ; Nibou,L. ; et al. Adsorption of metal ions onto moroccan stevensite:Kinetic and isotherm studies. J. Colloid Interface Sci. **2005**,282(2),320-326.

[229]Feng,Q. ;Miyai,Y. ;Kanoh,H. ;et al. Li$^+$ extraction/insertion with spinel-type lithium manganese oxides. Characterization of redox-type and ion-exchange-type sites. Langmuir **1992**,8, 1861-1867.

[230]Feng,X. ; Fryxell,G. E. ; Wang,L. -Q. ; et al. Functionalized monolayers on ordered meso porous supports. Science **1997**,276(5314),923-926.

[231]Howarth,A. J. ; Katz,M. J. ; Wang,T. C. ; et al. High efficiency adsorption and removal of selenate and selenite from water using metal-organic frameworks. J. Am. Chem. Soc. **2015**,137 (23),7488-7494.

[232]Feng,M. L. ;Kong,D. N. ;Xie,Z. L. ;et al. Three-dimensional chiral microporous germanium antimony sulfide with ion-exchange properties. Angew. Chem. Int. Ed. **2008**, 47 (45), 8623-8626.

[233]Manos, M. J. ; Kanatzidis, M. G. Layered metal sulfides capture uranium from seawater. J. Am. Chem. Soc. **2012**,134(39),16441-16446.

[234]Hassanzadeh Fard,Z. ; Islam,S. M. ; Kanatzidis,M. G. Porous amorphous chalcogenides as selective adsorbents for heavy metals. Chem. Mater. **2015**,27(18),6189-6192.

[235]Oh,Y. ;Collin D. Morris;Kanatzidis,M. G. Polysulfide chalcogels with ion-exchange properties and highly efficient mercury vapor sorption. J. Am. Chem. Soc. **2012**, 134 (35), 14604-14608.

[236]Subrahmanyam,K. S. ;Malliakas,C. D. ;Sarma,D. ;et al. Ion-exchangeable molybdenum sulfide porous chalcogel:Gas adsorption and capture of iodine and mercury.J.Am.Chem.Soc. **2015**,137(43),13943-13948.

[237]Schöollhorn,R. ; Roer,W. ; Wagner,K. Topotactic formation and exchange reactions of hydrated layered tin sulfides A$_x$(H$_2$O)$_y$SnS$_2$. Monatsh. Chem. **1979**,110,1147-1152.

[238]Manos,M. J. ; Ding,N. ; Kanatzidis,M. G. Layered metal sulfides:Exceptionally selective agents for radioactive strontium removal. PNAS **2008**,105(10),3696-3699.

[239]Manos,M. J. ;Kanatzidis,M. G. Highly efficient and rapid Cs$^+$ uptake by the layered metal sulfide K$_{2x}$Mn$_x$Sn$_{3-x}$S$_6$(KMS-1).J. Am. Chem. Soc. **2009**,131(18),6599-6607.

[240]Manos,M. J. ;Kanatzidis,M. G. Sequestration of heavy metals from water with layered metal sulfides. Chem. Eur. J. **2009**,15(19),4779-4784.

[241]Manos,M. J. ; Petkov,V. G. ; Kanatzidis,M. G. H$_{2x}$Mn$_x$Sn$_{3-x}$S$_6$(x= 0. 11~0. 25):A novel reusable sorbent for highly specific mercury capture under extreme ph conditions.Adv.Funct. Mater. **2009**,19(7),1087-1092.

[242]Mertz,J. L. ;Fard,Z. H. ;Malliakas,C. D. ;et al. Selective removal of Cs$^+$,Sr^{2+},and Ni^{2+} by K$_{2x}$Mg$_x$Sn$_{3-x}$S$_6$(x= 0. 5~1)(KMS-2)relevant to nuclear waste remediation. Chem. Mater. **2013**,25(10),2116-2127.

[243]Parise,J. B. ;Ko,Y. ;Rijssenbeek,J. ;et al. Novel layered sulfides of tin:Synthesis,structural characterization and ion exchange properties of TMA-SnS-1, Sn$_3$S$_7$ • (NMe$_4$)$_2$ • H$_2$O. Chem. Commun. **1994**,527.

[244]Qi,X. -H. ;Du,K. -Z. ;Feng,M. -L. ;et al. A two-dimensionally microporous thiostannate with superior Cs$^+$ and Sr^{2+} ion-exchange property. J. Mater. Chem. A **2015**,3(10),5665-5673.

[245]Qi,X. -H. ;Du,K. -Z. ;Feng,M. -L. ;et al. Layered A$_2$Sn$_3$S$_7$ • 1. 25H$_2$O(A= organic cation) as efficient ion-exchanger for rare earth element recovery. J. Am. Chem. Soc. **2017**,139(12), 4314-4317.

[246]Ding,N. ;Kanatzidis,M. G. Selective incarceration of caesium ions by venus flytrap action of a flexible framework sulfide. Nat. Chem. **2010**,2(3),187-191.

[247]Wang,K. -Y. ;Feng,M. -L. ;Li,J. -R. ;et al. [NH$_3$CH$_3$]$_4$[In$_4$SbS$_9$SH]:A novel methylamine-directed indium thioantimonate with Rb$^+$ ion-exchange property.J.Mater.Chem. A **2013**,

1(5),1709-1715.

[248]Wang,K.-Y.;Sun,M.;Ding,D.;et al. Di-lacunary $[In_6S_{15}]^{12-}$ cluster: The building block of a highly negatively charged framework for superior Sr^{2+} adsorption capacities.Chem.Commun. **2020**,56,3409-3412.

[249]Li,W.-A.;Peng,Y.-C.;Ma,W.;et al. Rapid and selective removal of Cs^+ and Sr^{2+} ions by two zeolite-type sulfides via ion exchange method. Chem. Eng. J **2022**,442,136377.

[250]Tang,J.-H.;Jin,J.-C.;Li,W.-A.;et al. Highly selective cesium(Ⅰ)capture under acidic conditions by a layered sulfide. Nat. Commun. **2022**,13(1),658.

[251]Wang,L.;Pei,H.;Sarma,D.;et al. Highly selective radioactive[137]Cs^+ capture in an open-framework oxysulfide based on supertetrahedral cluster. Chem. Mater. **2019**,31(5),1628-1634.

[252]Pradhan,N.;Goorskey,D.;Thessing,J.;et al. An alternative of cdse nanocrystal emitters: Pure and tunable impurity emissions in znse nanocrystals. J. Am. Chem. Soc. **2005**,127,17586-17587.

[253]Chin,P. T. K.;Stouwdam,J. W.;Janssen,R. A. J. Highly luminescent ultranarrow mn doped znse nanowires. Nano Lett. **2009**,9(2),745-750.

[254]Bhargava,R. N.;Gallagher,D.;Hong,X.;et al. Optical properties of manganese-doped nanocrystals of zns. Phys. Rev. Lett. **1994**,72(3),416-419.

[255]Zhao,C. X.;Liu,J. N.;Li,B. Q.;et al. Multiscale construction of bifunctional electrocatalysts for long-lifespan rechargeable zinc-air batteries. Adv. Funct. Mater. **2020**,30(36),2003619.

[256]Kamat,P. V. Semiconductor nanocrystals: To dope or not to dope. J. Phys. Chem. Lett. **2011**,2(21),2832-2833.

[257]Sharma,V. K.;Gokyar,S.;Kelestemur,Y.;et al. Manganese doped fluorescent paramagnetic nanocrystals for dual-modal imaging. Small **2014**,10(23),4961-4966.

[258]Beaulac,R.;Archer,P. I.;Ochsenbein,S. T.;et al. Mn^{2+}-doped cdse quantum dots: New inorganic materials for spin-electronics and spin-photonics. Adv. Funct. Mater. **2008**,18(24),3873-3891.

[259]Pradhan,N. Mn-doped semiconductor nanocrystals: 25 years and beyond.J.Phys.Chem.Lett. **2019**,10(10),2574-2577.

[260]Pu,C.;Zhou,J.;Lai,R.;et al. Highly reactive,flexible yet green se precursor for metal selenide nanocrystals: Se-octadecene suspension(Se-SuS).Nano Res. **2013**,6,652-670.

[261]Pradhan,N. Red-tuned Mn d-d emission in doped semiconductor nanocrystals.ChemPhysChem **2016**,17(8),1087-1094.

[262]Hu,D.-D.;Lin,J.;Zhang,Q.;et al. Multi-step host-guest energy transfer between inorganic chalcogenide-based semiconductor zeolite material and organic dye molecules.Chem.Mater. **2015**,27(11),4099-4104.

[263]Lin,J.;Zhang,Q.;Wang,L.;et al. Atomically precise doping of monomanganese ion into coreless supertetrahedral chalcogenide nanocluster inducing unusual red shift in Mn^{2+} emission. J. Am. Chem. Soc. **2014**,136(12),4769-4779.

[264]Wang,F.;Lin,J.;Zhao,T.;et al. Intrinsic "vacancy point defect" induced electrochemiluminescence from coreless supertetrahedral chalcogenide nanocluster. J. Am. Chem. Soc. **2016**,138(24),7718-7724.

[265]Lin,J.;Hu,D.-D.;Zhang,Q.;et al. Improving photoluminescence emission efficiency of nanocluster-based materials by in situ doping synthetic strategy. J. Phys. Chem. C **2016**,120(51),29390-29396.

[266]Lin,J.;Wang,L.;Zhang,Q.;et al. Highly effective nanosegregation of dual dopants in a micron-sized nanocluster-based semiconductor molecular single crystal for targeting white-light emission. J. Mater. Chem. C **2016**,4(8),1645-1650.

[267]Xu,X.;Hu,D.;Xue,C.;et al. Exploring the effects of intercluster torsion stress on Mn^{2+}-related red emission from cluster-based layered metal chalcogenides. J. Mater. Chem. C **2018**,6

(39),10480-10485.

[268]Liu,Y. ;Zhang,J. ;Han,B. ;et al. New insights into mn-mn coupling interaction-directed photoluminescence quenching mechanism in Mn^{2+}-doped semiconductors.J.Am.Chem.Soc. **2020**, 142(14),6649-6660.

[269]Xu,Y. -L. ;Ding,Y. ;Zhang,L. -M. ;et al. Molecular insight into intrinsic-trap-mediated emission from atomically precise copper-based chalcogenide models. Inorg. Chem. Front. **2024**, 11,409-416.

[270]Suppan,P. Chemistry and light. The Royal Society of Chemistry,1994.

[271]Zhang,G. ;Li,P. ;Ding,J. ;et al. Surfactant-thermal syntheses,structures,and magnetic properties of Mn-Ge-sulfides/selenides. Inorg. Chem. **2014**,53(19),10248-10256.

[272]Usubharatana,P. ;McMartin,D. ;Veawab,A. ;et al. Photocatalytic process for CO_2 emission reduction from industrial flue gas streams. Ind. Eng. Chem. Res. **2006**,45,2558-2568.

[273]Kong,D. ;Zheng,Y. ;Kobielusz,M. ;et al. Recent advances in visible light-driven water oxidation and reduction in suspension systems. Mater. Today **2018**,21(8),897-924.

[274]Laursen,A. B. ;Kegnæs,S. ;Dahla,S. ;et al. Molybdenum sulfides-efficient and viable materials for electro-and photoelectrocatalytic hydrogen evolution. Energy Environ. Sci. **2012**, 5 (2),5577-5591.

[275]Maeda,K. ;Domen,K. New non-oxide photocatalysts designed for overall water splitting under visible light. J. Phys. Chem. C **2007**,111(22),7851-7861.

[276]Sun,M. ;Li,D. ;Li,W. ;et al. New photocatalyst,Sb_2S_3, for degradation of methyl orange under visible-light irradiation. J. Phys. Chem. C **2008**,112,18076-18081.

[277]He,Y. ;Li,D. ;Xiao,G. ;et al. A new application of nanocrystal In_2S_3 in efficient degradation of organic pollutants under visible light irradiation. J. Phys. Chem. C **2009**,113,5254-5262.

[278]Jiao,X. ;Chen,Z. ;Li,X. ;et al. Defect-mediated electron-hole separation in one-unit-cell $ZnIn_2S_4$ layers for boosted solar-driven CO_2 reduction. J. Am. Chem. Soc **2017**,139(22), 7586-7594.

[279]Chen,D. ;Ye,J. Photocatalytic H_2 evolution under visible light irradiation on $AgIn_5S_8$ photocatalyst. J. Phys. Chem. Solids **2007**,68(12),2317-2320.

[280]Ahmad,H. ;Kamarudin,S. K. ;Minggu,L. J. ;et al. Hydrogen from photo-catalytic water splitting process:A review. Sust. Enegr. Rev. **2015**,43,599-610.

[281]Tee,S. Y. ;Win,K. Y. ;Teo,W. S. ;et al. Recent progress in energy-driven water splitting. Adv. Sci. **2017**,4(5),1600337.

[282]Fujishima,A. ;Honda,K. Electrochemical photolysis of water at a semiconductor electrode. Nature **1972**,238(5358),37-38.

[283]Lin,Q. ;Bu,X. ;Mao,C. ;et al. Mimicking high-silica zeolites:Highly stable germanium-and tin-rich zeolite-type chalcogenides. J. Am. Chem. Soc. **2015**,137(19),6184-6187.

[284]Wu,Z. ;Wang,X. -L. ;Wang,X. ;et al. 0D/2D heterostructure constructed by ultra-small chalcogenide-cluster aggregated quaternary sulfides and $g-C_3N_4$ for enhanced photocatalytic H_2 evolution. Chem. Eng. J. **2021**,426,131216.

[285]Wu,J. ;Fu,Q. ;Wu,Z. ;et al. Surface functionalization of discrete metal-chalcogenide supertetrahedral clusters and the photocatalytic application. Inorg. Chem. Front. **2023**,10,7212-7221.

[286]Sun,M. ;Li,D. ;Li,W. ;et al. New photocatalyst,Sb_2S_3, for degradation of methyl orange under visible-light irradiation. J. Phys. Chem. C **2008**,112,18076-18081.

[287]Chen,Z. ;Li,D. ;Zhang,W. ;et al. Low-temperature and template-free synthesis of $ZnIn_2S_4$ microspheres. Inorg. Chem. **2008**,21,9766-9772.

[288]Chen,Z. ;Li,D. ;Xiao,G. ;et al. Microwave-assisted hydrothermal synthesis of marigold-like $ZnIn_2S_4$ microspheres and their visible light photocatalytic activity. J. Solid State Chem. **2012**, 186,247-254.

[289]Wu,T. ;Han,B. ;Liu,J. -X. ;et al. A wheel-shaped gallium-sulfide molecular ring with enhanced photocatalytic activity via indium alloying. Inorg. Chem. Front. **2023**, 10 (14), 4147-4156.

[290] Li, Y. -L. ; Liu, Y. -D. ; Li, W. -L. ; et al. Ligand engineering to achieve synergistic properties in a 2D bilayer supertetrahedral chalcogenide cluster-based assembled material. Chem. Commun. **2024**, 60(24), 3279-3282.

[291] Zhang, J. -N. ; Liu, J. -X. ; Ma, H. ; et al. Semiconductor-cluster-loaded ionic covalent organic nanosheets with enhanced photocatalytic reduction reactivity of nitroarenes. J. Mater. Chem. A **2024**, 12(24), 14398-14407.

[292] Fang, Z. ; Li, P. ; Yu, G. Gel electrocatalysts: An emerging material platform for electrochemical energy conversion. Adv. Mater. **2020**, 32(39), e2003191.

[293] Li, X. ; Wang, H. Y. ; Yang, H. ; et al. In situ/operando characterization techniques to probe the electrochemical reactions for energy conversion. Small Methods **2018**, 2(6), 1700395.

[294] Li, Z. ; Li, B. ; Yu, M. ; et al. Amorphous metallic ultrathin nanostructures: A latent ultra-high-density atomic-level catalyst for electrochemical energy conversion. Int. J. Hydrogen Energy **2022**, 47(63), 26956-26977.

[295] Li, R. ; Wang, D. Superiority of dual-atom catalysts in electrocatalysis: One step further than single-atom catalysts. Adv. Energy Mater. **2022**, 12(9), 2103564.

[296] Li, Z. ; Li, B. ; Hu, Y. ; et al. Highly-dispersed and high-metal-density electrocatalysts on carbon supports for the oxygen reduction reaction: From nanoparticles to atomic-level architectures. Mater. Adv. **2022**, 3(2), 779-809.

[297] Zhang, W. ; Hu, Y. ; Ma, L. ; et al. Progress and perspective of electrocatalytic CO_2 reduction for renewable carbonaceous fuels and chemicals. Adv. Sci. **2018**, 5(1), 1700275.

[298] Ali, S. ; Bakhtiar, S. U. H. ; Ismail, A. ; et al. Transition metal sulfides: From design strategies to environmental and energy-related applications. Coord. Chem. Rev. **2025**, 523(1), 216237.

[299] Mei, J. ; Deng, Y. ; Cheng, X. ; et al. Recent advances in iron-based sulfides electrocatalysts for oxygen and hydrogen evolution reaction. Chin. Chem. Lett. **2024**, 35(1), 108900.

[300] Berdimurodov, E. ; Berdimuradov, K. ; Kumar, A. ; et al. Catalysis and electrocatalysis application of nanofibers and their composites. Polymeric nanofibers and their composites, 2025, 405-421.

[301] Jamal, F. ; Rafique, A. ; Moeen, S. ; et al. Review of metal sulfide nanostructures and their applications. ACS Appl. Nano Mater. **2023**, 6(9), 7077-7106.

[302] Liu, S. ; Li, Y. ; Zhong, X. ; et al. Metal sulfide-based nanoarchitectures for energetic and environmental applications. Small Struct. **2024**, 5(6), 2300536.

[303] Liu, D. ; Fan, X. ; Wang, X. ; et al. Cooperativity by multi-metals confined in supertetrahedral sulfide nanoclusters to enhance electrocatalytic hydrogen evolution. Chem. Mater. **2018**, 31(2), 553-559.

[304] Hu, D. ; Wang, X. ; Chen, X. ; et al. S-doped $Ni(OH)_2$ nano-electrocatalyst confined in semiconductor zeolite with enhanced oxygen evolution activity. J. Mater. Chem. A **2020**, 8(22), 11255-11260.

[305] Shao, M. ; Chang, Q. ; Dodelet, J. -P. ; et al. Recent advances in electrocatalysts for oxygen reduction reaction. Chem. Rev. **2016**, 116(6), 3594-3657.

[306] Cheng, F. ; Shen, J. ; Peng, B. ; et al. Rapid room-temperature synthesis of nanocrystalline spinels as oxygen reduction and evolution electrocatalysts. Nat. Chem. **2011**, 3(1), 79-84.

[307] Liang, Y. ; Wang, H. ; Zhou, J. ; et al. Covalent hybrid of spinel manganese-cobalt oxide and graphene as advanced oxygen reduction electrocatalysts. J. Am. Chem. Soc. **2012**, 134(7), 3517-3523.

[308] Miura, A. ; Rosero-Navarro, C. ; Masubuchi, Y. ; et al. Nitrogen-rich manganese oxynitrides with enhanced catalytic activity in the oxygen reduction reaction. Angew. Chem. Int. Ed. **2016**, 55(28), 7963-7967.

[309] Hu, W. ; Yang, D. ; Chang, Y. ; et al. Electrocatalytic oxidation for organic wastewater: Recent progress in anode material, reactor, and process combination. Chem. Eng. J. **2024**, 496, 154120.

[310] Wang, Z. ; Cao, X. ; Ping, J. ; et al. Electrochemical doping of three-dimensional graphene networks used as efficient electrocatalysts for oxygen reduction reaction. Nanoscale **2015**, 7(21),

9394-9398.

[311] Luo, J. ; Tian, X. ; Zeng, J. ; et al. Limitations and improvement strategies for early-transition-metal nitrides as competitive catalysts toward the oxygen reduction reaction. ACS Catal. **2016**, 6(9), 6165-6174.

[312] Lin, J. ; Dong, Y. ; Zhang, Q. ; et al. Interrupted chalcogenide-based zeolite-analogue semiconductor: Atomically precise doping for tunable electro-/photoelectrochemical properties. Angew. Chem. Int. Ed. **2015**, 54(17), 5103-5107.

[313] Zhang, Y. ; Hu, D. ; Xue, C. ; et al. A 3D neutral chalcogenide framework built from a supertetrahedral T3 cluster and a metal complex for the electrocatalytic oxygen reduction reaction. Dalton Trans. **2018**, 47(10), 3227-3230.

[314] Zhang, Y. ; Wang, X. ; Hu, D. ; et al. Monodisperse ultrasmall manganese-doped multimetallic oxysulfide nanoparticles as highly efficient oxygen reduction electrocatalyst. ACS Appl. Mater. Inter. **2018**, 10(16), 13413-13424.

[315] Sun, P. ; Wu, J. ; Wang, Z. ; et al. A pillar-layered chalcogenide framework assembled by $[Mn_5S_{12}N_{12}]_n$ layers and $[Sb_2S_5]$ inorganic pillars. Dalton Trans. **2021**, 50, 16473-16477.

[316] Liu, X. -Y. ; Zhang, N. ; Wang, P. -F. ; et al. Ionic conductivity regulating strategies of sulfide solid-state electrolytes. Energy Stor. Mater. **2024**, 72, 103742.

[317] Dey, A. K. ; Selvasundarasekar, S. S. ; Kundu, S. ; et al. 2D organic nanosheets of self-assembled guanidinium derivative for efficient single sodium-ion conduction: Rationalizing morphology editing and ion conduction. Chem. Sci. **2024**, 15(39), 16321-16330.

[318] Zou, Z. ; Li, Y. ; Lu, Z. ; et al. Mobile ions in composite solids. Chem. Rev. **2020**, (120), 4169-4221.

[319] Park, M. ; Zhang, X. ; Chung, M. ; et al. A review of conduction phenomena in Li-ion batteries. J. Power Sources **2010**, 195(24), 7904-7929.

[320] Min X. ; Xiao J. ; Fang M. H. ; et al. Potassium-ion batteries: outlook on present and future technologies. Energy Environ. Sci. , **2021**, 14, 2186-2243.

第2章
基于准D_3对称性的新型离散型超四面体团簇的合成与结构研究

2.1 概述

2.2 基于具有准D_3对称性的新型离散型超四面体团簇的合成及结构测定

2.3 基于具有准D_3对称性的新型离散型超四面体团簇的结构分析

2.4 小结

2.1　概述

由金属元素 M 与硫属元素 Q（Q＝S，Se 和 Te）以四面体配位 $\{MQ_4\}$ 形式结合后，再以 $\{MQ_4\}$ 单元作为节点进一步组装成更大尺寸的四面体，称为金属硫族超四面体团簇（metal chalcogenide supertetrahedral clusters，MCSCs）。该类团簇由于其可调节的团簇尺寸，丰富的结构组成以及在光电领域的优异表现受到众多科研人员的广泛关注[1-6]。在由该类 Tn 团簇构筑的诸多材料类型中，离散型金属硫族超四面体团簇近年来吸引了研究者更大的研究兴趣。因为离散型 MCSCs 具有明确的空间构型、精确的原子组成和成分信息，可以作为探究金属硫化物构效关系的理想结构模型[7-11]；此外，该类化合物自身可以作为小尺寸的硫化物量子点，在量子限制效应下表现出独特新颖的理化性质[12,13]。然而，该类团簇由于其结构中原子配位形式单一，且缺乏空间维度上的多样性变化，已报道的离散型 MCSCs 结构变化较为单调，这不利于充分发挥其结构模型的作用，限制了研究者对其结构-性能关系进行全面而深入的理解，阻碍了该类材料在应用领域的快速发展。导致这一结果的原因，是 MCSCs 中 $\{MQ_4\}$ 配位模式使得团簇表面带有高的负电荷，这一结构特点使得其难以以离散的分子团簇形式稳定存在；团簇之间具有强烈的自组装趋势以降低阴离子骨架电荷，提升结构的稳定性。因此，在目前主要制备该类化合物的水热或溶剂热体系中，所得到的合成产物多数为 MCSCs 自组装后的一维链到三维开放框架化合物。当前，丰富离散型 MCSCs 的结构以提供更加全面的研究模型仍然是该类材料面临的一个巨大挑战。

目前，在研究者们的不懈努力下，对离散型 MCSCs 的研究在近几十年取得了一些可喜的进展。但相比其他金属氧化物分子团簇，离散型 MCSCs 无论在数量还是结构多样性上都较为稀有。我们基于剑桥晶体数据中心（the cambridge crystallographic data centre，CCDC）中关于 MCSCs 的收录数据统计，对由超四面体团簇（supertetrahedral，Tn）组成的离散型 MCSCs 的结构特点及类型分布进行了总结分析。如图 2-1 所示，根据 Tn 单元的组合方式，已经报道的离散型 Tn 簇可以分为两类：①由单个 Tn 团簇构成，如 T2、T3、T4 或 T5[14-21]；②由多个超四面体团簇组合成更大的超四面体簇，即超-超四面体团簇（Tp，q 团簇，Tp 的 Tq 超四面体），如 T4,2[22]。对于第 1 类离散型团簇，其由单个 Tn 团簇构成，端基硫原子容易与 H 结合，也可以被有机配体和卤素原子取代，对团簇形成封闭作用，阻止其进一步组装。此外，该类离散型团簇的空间环境较为简单均一，空间位阻效应弱，抗衡离子容易与阴离子骨架通过静电引力结合，保证分子团簇整体的电荷匹配。而第 2 类离散型团簇由多个超四面体簇组合而成，使得自身阴离子骨架呈现出很高的负电荷；同时其空间结构相对复杂，不利于大量抗衡离子克服彼此之间的静电斥力而稳定聚集，增大了实现团簇全局电荷匹配的难度，因而难以制备。由于目前报道的众多离散型 MCSCs 团簇，突破了由单一 Tn 团簇构筑的化合物仅仅报道了 T4,2 一例。

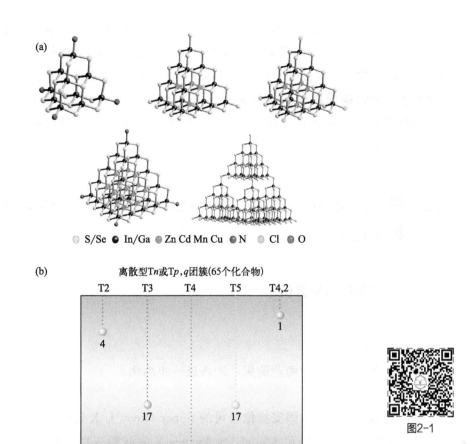

○ S/Se ● In/Ga ● Zn Cd Mn Cu ○ N ○ Cl ○ O

图2-1

图 2-1　已报道 Tn 和 Tp,q 类离散型团簇的代表性化合物

（注：省略了中性配体中除氮以外的其他原子，以使其显示得更加清晰）（a）；目前已报道的 65 个
具有超四面体单元的离散型 Tn 或 Tp,q 团簇的类型分布（b）

理论上来说，MCSCs 骨架的高负电荷会引起团簇间的强烈自组装趋势，MCSCs可以作为结构单元以多种方式连接，但是组装的最终状态主要取决于自身结构的全局电荷匹配。制备新颖结构的离散型团簇重点应满足其全局电荷匹配，这需要考虑两个方面的问题：①尽量降低团簇骨架的负电荷，以避免骨架周围大量抗衡离子的聚集，降低抗衡离子间的静电斥力；利用有机配体取代团簇端基硫原子是一种理想的选择[23-25]。②抗衡离子的大小在团簇内部全局电荷匹配中发挥重要作用[26-28]。有机胺由于其可调节的碱度和尺寸，在制备 MCSCs 中作为模板剂和抗衡离子被广泛使用。然而，胺在溶液体系中的质子化会产生强烈的溶剂化效应，形成体积较大的溶剂化产物，这不利于其克服离散型团簇有限空间内的位阻效应和抗衡离子间的静电排斥来平衡骨架负电荷。

1,5-二氮杂双环 [4.3.0]-5-壬烯（DBN）是一种在有机合成中被广泛使用的脒类化合物，相比脂肪族胺具有更强的碱性。其强碱性得益于自身质子化后形成二氨基的共振结构，这使得其 N 原子上具有较高的电荷密度，有利于与金属原子的配位；此外，DBN 自身的稠环结构也降低了 N 原子周围溶剂化作用的影响，其接近平面的结构也使得其容易与 MCSCs 阴离子骨架之间产生更加匹配的静电作用。在此，通过利用这种低溶剂化、强碱性的有机超碱 DBN 作为模板和抗衡离子通过调节反应条件成功制备了一类结构新颖的分子团簇 $[In_{20}S_{33}(DBN)_6](HDBN)_6$（**1**）。其结构由两个 T3-InS 团簇通过共顶点方式形成，其余六个端基硫均被 DBN 分子中断，整个阴离子骨架呈现准 D_3 对称性。

2.2 基于具有准 D_3 对称性的新型离散型超四面体团簇的合成及结构测定

2.2.1 实验试剂与实验仪器

（1）实验试剂

所有试剂和溶剂均为商业购买，未再进一步纯化。

（2）实验仪器

晶体数据采集采用美国安捷伦公司的 Super Nova Ⅰ X 射线单晶衍射仪；粉末衍射实验利用德国布鲁克公司 Model D8 Avance X 射线粉末衍射仪进行测试（Cu K$_\alpha$，$\lambda = 1.540598$ Å）；物质组成分析利用德国元素分析系统公司的 Vario EL Ⅲ 元素分析仪和日本电子的 JSM-6700F 扫描电镜及能谱仪进行测试；红外光谱分析采用英国赛默飞世尔科技的 Nicolet Avatar 6700 傅里叶变换红外仪，在 4000~500 cm^{-1} 范围内扫描；热重分析利用日本岛津公司的 TGA-50 热分析仪进行测试，测试温度范围为 30~800 ℃。

紫外-可见漫反射光谱由型号为 EVOLUTION 220 UV-vis-NIR 光谱仪测试，以 BaSO$_4$ 为 100% 反射的标样，测试范围为 240~800 nm。利用 Kubelka-Munk 函数 $F(R) = (1-R)^2/(2R) = K/S$ 进行带隙计算，其中 K、R 和 S 分别代表吸收、反射和散射。

光电响应实验在标准三电极配置的 CHI760E 电化学工作站进行，化合物 **1** 修饰的 ITO 导电玻璃为工作电极，Pt 片电极为辅助电极，Ag/AgCl 电极为参比电极。光源为 150 W 高压氙灯，距离 ITO 电极表面 20 cm。采用 0.2 mol/L 30 mL 的硫酸钠水溶液作为支撑电解质。

理论计算方法：所有理论计算均使用 Gaussian 09 软件包进行，并使用 Multiwfn 软件进行分析。利用混合密度泛函 PBE0-1/3 进行了几何优化和估计电荷分布过程的 DFT 计算[29]。金属原子 In 利用 LanL2DZ 基组处理[30]，其他原子（S，N，C，H）采用标准的 Pople 基组设置 6-31G (d, p)[31]。

2.2.2 化合物的制备

化合物 $[In_{20}S_{33}(DBN)_6](HDBN)_6$（化合物 **1**）是通过溶剂热合成制备的。将 0.32 mmol(36.8 mg) 的 In 粉，1.5 mmol(48.0 mg) 的 S 粉，1.5 mL DBN 和 0.5 mL MeOH 加入 23 mL 的聚四氟乙烯内衬不锈钢高压釜中。室温搅拌 30 min，取出磁力搅拌子，将高压釜放入烘箱中缓慢升温至 180 ℃后反应 8 天，然后将高压釜自然冷却至室温。所得结晶呈淡黄绿色块状（图 2-2），含少量杂质。粗产物用乙醇和蒸馏水分别洗涤 3 次，过滤后手工挑选以进一步纯化，空气中自然干燥，产品收率为 52.3%（37.4 mg，以铟为基准）。元素分析计算（实验）：C 20.80(20.72)；N 6.93(7.13)；H 3.12(3.307)。

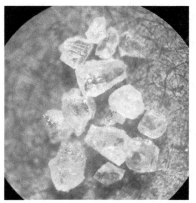

图2-2

图 2-2 化合物的晶体照片

2.2.3 化合物晶体结构测定

化合物的单晶衍射数据（表 2-1）是使用 Cu K$_a$ 射线（$\lambda = 1.54178$ Å）测试的，温度为 150 K，利用 CrysAlis（multi-scan）程序进行吸收校正。采用基于 F2 的全矩阵最小二乘方法，利用 Olex2 中的 SHELXS-97 和 SHELXL-97 程序对结构进行求解和细化[32]，用 PLATON 检查空间群的正确性。

表 2-1 化合物 1 的相关晶体学数据和精修参数

化合物	**1**
分子式	$C_{84}H_{150}In_{20}N_{24}S_{33}$
分子量	4850.65
温度/K	150

化合物	1
衍射线波长/Å	1.54184
晶系	单斜晶系
空间群	$P2_1/c$
晶胞参数 a/Å	25.7960(3)
晶胞参数 b/Å	19.9108(3)
晶胞参数 c/Å	32.7481(5)
晶胞参数 α/(°)	90
晶胞参数 β/(°)	108.707(2)
晶胞参数 γ/(°)	90
晶胞体积 V/Å³	15931.5(4)
晶胞内分子数	4
晶体密度/(g/cm³)	1.864
吸收校正/mm⁻¹	26.937
单胞中的电子数目	9320
收集衍射点	114386
完整度/%	99.8
基于 F2 的 GOF 值	1.057
$R_1^①/wR_2^②[I>2\sigma(I)]$	0.0752/0.2051
$R_1^①/wR_2^②$（全数据）	0.0865/0.2143

① $R_1 = \sum ||F_o| - |F_c||/\sum |F_o|$。

② $wR_2 = \{\sum [w(F_o^2 - F_c^2)^2]/\sum [w(F_o^2)^2]\}^{1/2}$。

注：I 为衍射强度，σ 为标准偏差，F 为衍射 hkl 的结构因子，GOF 为拟合优度。

2.3 基于具有准 D₃ 对称性的新型离散型超四面体团簇的结构分析

2.3.1 化合物 1 的晶体结构描述

利用 X 射线单晶衍射分析化合物 **1** 的结构，其晶体结构归属于单斜空间群 $P2_1/c$。化合物 **1** 是由两个 T3 In-S 簇经角共享方式而形成的离散型 T3 团簇二聚体（图 2-3）。T3 簇中的 In 原子均与 S 原子以 {InS₄} 四面体配位方式结合，团簇中的 S 原子以 μ_2-S 双连接或 μ_3-S 三连接模式与金属 In 共同组成了经典的 T3 In₁₀S₂₀ 团簇。有趣的是，两个 T3 团簇在经角共享连接时，团簇间会产生一定程度的空间错位，这一结果归因于两个 T3 团簇间的静电排斥力平衡，有利于提升化合物的稳定性 [图 2-3(a)]。值得注意的是，化合物 **1** 中两个 T3 团簇的 6 个顶点硫原子分别被 6 个中性 DBN 配体取代，这不仅降低了团簇阴离子骨架的负电荷，有利于实现抗衡离子与骨架之间的全局电荷平衡；而且利用有机配体取代端基 S 原子，阻止了团簇通过角共享进一步自组装，是实现该类团簇离散型分布的根本原因。如图 2-3(b) 所示，团簇顶端存在的 6 个 DBN 分子，使整个团簇的阴离子骨架呈现出类似风车的整体轮廓，表现出准 D_3 对称性的结构特点。

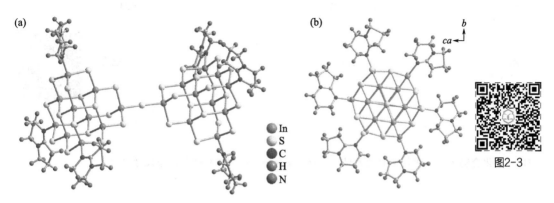

图 2-3　化合物 **1** 中团簇骨架 (a)；团簇顶端观察到的团簇结构 (b)

用来平衡骨架负电荷的 6 个抗衡离子质子化的 DBN，即 [HDBN]$^+$，以不同的方式分布在骨架周围。其中 3 个 [HDBN]$^+$ 通过与团簇间 μ_2-S 原子之间的弱氢键作用呈等边三角形均匀分布在 μ_2-S 原子周围 [图 2-4(a) 和表 2-2]，这有利于降低相连 T3-InS 团簇间的静电斥力。另外 3 个 [HDBN]$^+$ 分别分布在两个 T3 簇的表面，以中和团簇骨架的负电荷 [图 2-4(b)]。

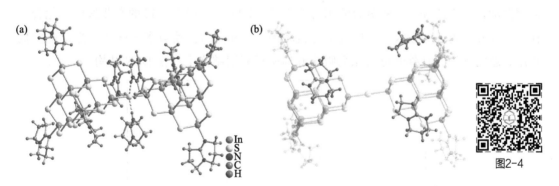

图 2-4　化合物 **1** 中 [HDBN]$^+$ 与团簇的氢键分布示意图 (a)；

[HDBN]$^+$ 在团簇表面分布示意图 (b)

表 2-2　化合物 1 结构中氢键的详细数据

D-H---A	N---S 距离/Å	H---S 距离/Å	N—H---S 角度/(°)
N(13)-H---S(18)	3.23(2)	2.38(3)	163.1(1)
N(15)-H---S(18)	3.23(2)	2.38(3)	160.8(1)
N(17)-H---S(18)	3.22(1)	2.35(3)	168.1(9)

半导体纳米晶体的尺寸对其性能变化具有重要影响。对化合物 **1** 的结构尺寸进行

测量，整个团簇骨架的尺寸最大值位于簇的 S9 原子和 S28 原子之间，为 19.5 Å ［图 2-5(a)］；最小尺寸则位于簇的 C34 原子和 C38 原子之间，为 12.5 Å ［图 2-5(b)］。这些尺寸分别与已经报道的离散型 T5 团簇（19.4 Å）和 T3 团簇（13.1 Å）相当，直观表现出其结构由 T3 团簇线性组装的特点。

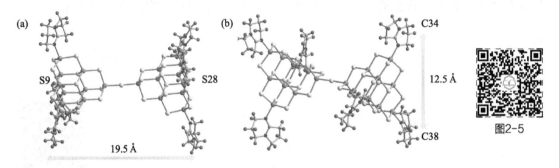

图 2-5　化合物 1 中团簇骨架的最大尺寸（a）；化合物 1 中团簇骨架的最小尺寸（b）

2.3.2　红外光谱和 X 射线粉末衍射

利用红外光谱探究化合物 1 的有机组成，将样品与干燥的 KBr 混合，充分研磨，测试，结果如图 2-6 所示。化合物 1 在 3425 cm^{-1} 与 3110 cm^{-1} 的较强吸收峰应归属于 ［HDBN］$^+$ 中 N—H 的伸缩振动，在 1677 cm^{-1} 的强吸收峰归属于 DBN 结构中 C=N 的伸缩振动，而 1622 cm^{-1} 的吸收峰则可能来自 ［HDBN］$^+$ 中 N—H 的弯曲振动，化合物在 1300 cm^{-1} 附近的吸收峰则归属于有机胺中 C—N 伸缩振动与 N—H 弯曲振动的共同作用。总的来说，红外光谱的系列吸收峰均明显表明结构中存在 DBN 结构。

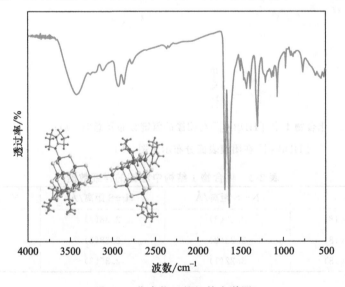

图 2-6　化合物 1 的红外光谱图

为了确认化合物 **1** 的纯度，进行了 X 射线粉末衍射测试，采集了 5°～60° 的衍射数据，结果如图 2-7 所示，实验值与模拟的衍射峰高度吻合，表明实验得到的样品是纯相，这为后期的性质表征做好了必要的准备。

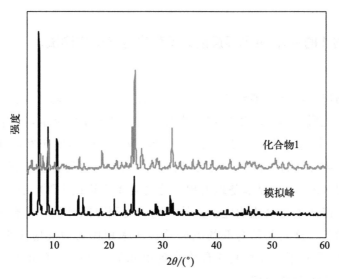

图 2-7　化合物 **1** 的粉末衍射花样和对应单晶模拟衍射花样

2.3.3　化合物 1 的热稳定性

对化合物 **1** 进行了热稳定性的研究，测试了它们的 TG 曲线，如图 2-8 所示。化合物在 250 ℃下保持了很好的热稳定性。在加热开始时有非常轻微的失重，来自结构中吸附的微量溶剂分子的损失。当温度升高到 250 ℃时，化合物 **1** 开始迅速失重，这

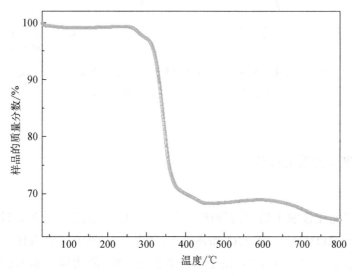

图 2-8　化合物 **1** 的 TG 曲线图

来自结构中存在的大量 DBN 分子的损失。计算得知其损失的质量为 31.1%，与理论值相吻合，对应于化合物 **1** 中阴离子骨架上的 6 个 DBN 分子，即作为抗衡离子的 6 个［HDBN］$^+$。

2.3.4 化合物 1 的紫外-可见漫反射光谱和光电流响应测试

金属硫化物作为重要的半导体材料往往具有一定的光催化活性。为此，对化合物 **1** 进行了紫外-可见漫反射测试以确定其带隙。如图 2-9(a) 所示，化合物 **1** 仅在紫外区（$\lambda=384$ nm）具有吸收，带隙能值为 3.39 eV，表明其属于宽隙半导体。电荷分离效率对于评价半导体材料的催化性能和潜在的工业应用具有重要意义。通过光电流响应测试，从图 2-9(b) 可以清楚地看出，化合物 **1** 修饰的 ITO 光电极随着光源的打开和关闭可以快速产生光电流响应。此外，随着光照时间延长，化合物 **1** 的光电流出现微小的增加趋势，这表明其内部的电荷转移速率相比表面反应速率有微弱的增强。在偏压电位为 0.15 V 下，化合物 **1** 最终表现出 0.15 μA/cm^2 的电流密度，表明其具有一定的光生载流子分离效率。

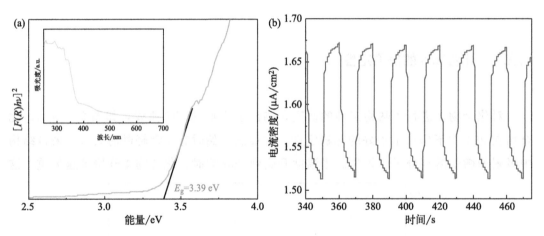

图 2-9　化合物 **1** 带隙和紫外-可见漫反射光谱，插图为紫外-可见吸收光谱（a）；
化合物 **1** 的光电流响应测试曲线（b）

2.3.5 化合物 1 的理论计算

为了深入研究化合物 **1** 的结构特征，采用第一性原理进行了理论计算。化合物 **1** 的前线分子轨道 HOMO 和 LUMO 如图 2-10 所示。从图中可以看出，HOMO（电子供体单元，$E_{HOMO}=-4.420$ eV）位于分子骨架 In$_{20}$S$_{33}$ 的边缘，而 LUMO（电子受体单元，$E_{LUMO}=-1.021$ eV）主要位于化合物侧边的 HDBN 基团上。计算的 HOMO-

LUMO 带隙能很大($E_g = 3.399$ eV)，这与实验结果非常吻合。这一大的带隙能清楚地表明，化合物 **1** 很难实现与化合物的电子供体和受体单元相关的电荷转移相互作用。因此，推测该化合物具有较高的动力学稳定性和较低的光电反应活性。

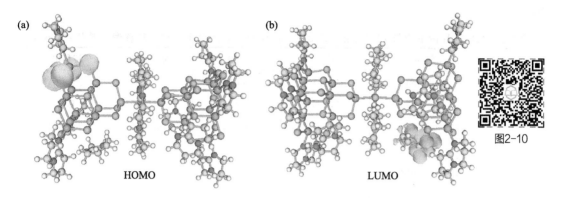

图 2-10　化合物 **1** 的 HOMO 和 LUMO

　　为了深入了解化合物 **1** 中的分子内相互作用，图 2-11 显示了由静电势（ESP）彩色范德华表面包围的优化几何结构。红色和蓝色区域分别明显对应于正 ESP 和负 ESP。如图所示，在范德华表面上，正 ESP 区域与［HDBN］$^+$ 基团相关，而负 ESP 区域与 $In_{20}S_{33}$ 中的分子骨架相关。这表明 $In_{20}S_{33}$ 分子骨架与［HDBN］$^+$ 基团之间广泛存在由正负电荷引起的静电相互作用。

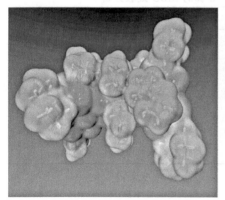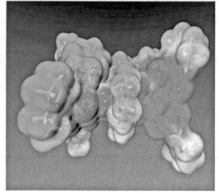

图 2-11　化合物 **1** 的彩色静电势范德华表面

　　然而，12 个 DBN 基团之间的原子电荷分布存在显著差异。表 2-3 列出了原子偶极矩校正的 Hirshfeld 布居数（ADCH）片段电荷与 12 个 DBN 基团在不同连接位置的分子内电子转移有关[33]。片段电荷的计算方法是将碎片的总原子电荷相加，然后与该片段在隔离状态下的净电荷进行比较，得到该片段与分子其余部分之间的分子内电子转移量。根据表 2-3 的信息，连接 $In_{20}S_{33}$ 分子骨架边缘位点的 6 个 DBN 基团的 ADCH 片段电荷范围为 0.359～0.388 a.u.，而中间和侧面位点的 ADCH 片段电荷范围为 0.598～0.695 a.u.。因此，边缘位点对应的分子内电子转移范围为 0.612～0.641

a. u.，而中间和侧面位点对应的分子内电子转移范围为 0.305～0.402 a. u.。因此，在 6 个边缘连接位点上，有明显的配位键存在于分子骨架 $In_{20}S_{33}$ 的 In 原子与骨架顶点处 DBN 基团的 N 原子之间，In—N 键长度（2.177～2.210 Å）也证实了这一结论。

表 2-3　ADCH 片段电荷与 12 个 DBN 基团在不同连接位点的分子内电子转移量（单位：a. u.）

边缘位点	转移电子	中部位点	转移电子	侧面位点	转移电子
0.368	0.632	0.651	0.349	0.636	0.364
0.368	0.632	0.662	0.338	0.695	0.305
0.367	0.633	0.598	0.402	0.677	0.323
0.359	0.641				
0.388	0.612				
0.359	0.641				

为了进一步了解化合物 **1** 的键合性质，使用 Mayer 键级（MBO）评估键合强度[34]。表 2-4 列出了化合物中骨架 6 个边缘连接位点的 In—N 键和相邻 In—S 键的 MBO 值。由此发现这些 In—N 键的 MBO 值在 0.351～0.368 之间，这肯定支持了上述配位键的存在。相反，中间和侧面的 [HDBN]$^+$ 中的 N 原子与 In 原子之间不存在 MBO 值，而只有 [HDBN]$^+$ 基团与 $In_{20}S_{33}$ 分子骨架存在静电相互作用。

表 2-4　化合物 1 边缘 In—N 键和相邻 In—S 键的 MBO 键级分析

In—N	In—S(1)	In—S(2)	In—S(3)
0.352	0.880	0.789	0.828
0.357	0.852	0.820	0.848
0.351	0.948	0.808	0.775
0.363	0.837	0.789	0.855
0.368	0.804	0.766	0.920
0.356	0.788	0.881	0.818

2.4　小结

本章以有机超碱 DBN 为胺模板，通过调节反应条件得到了两个 T3-InS 超四面体团簇共顶点连接形成的一类结构新颖的离散型 MCSCs（化合物 **1**）。其代表了离散型 MCSCs 在组装形式上的一大突破，这一类团簇的合成表明了继续探索更复杂的 MC-SCs 的可行性。这一结果为新型离散簇的设计和制备提供了新的思路，并扩展了硫系化合物分子化学的结构多样性。此外，丰富的 MCSCs 结构不仅有助于增强该类分子团簇在光催化、电催化和光致发光方面的应用性能；而且，获取更多结构新颖的

MCSCs 有助于丰富其模型研究，促进研究者们对金属硫化物半导体的结构-性能关系的理解。

参考文献

[1] Li, H.; Laine, A.; O'keeffe, M.; et al. Supertetrahedral sulfide crystals with giant cavities and channels. Science **1999**, 283 (5405), 1145-1147.

[2] Chung, D.-Y.; Hogan, T.; Brazis, P.; et al. CsBi$_4$Te$_6$: A high-performance thermoelectric material for low-temperature applications. Science **2000**, 287 (5455), 1024-1027.

[3] Bu, X.; Zheng, N.; Li, Y.; et al. Templated assembly of sulfide nanoclusters into cubic-C$_3$N$_4$ type framework. J. Am. Chem. Soc. **2003**, 125 (20), 6024-6025.

[4] Zhang, X.; Luo, W.; Zhang, Y.-P.; et al. Indium-sulfur supertetrahedral polymers integrated with [M(phen)$_3$]$^{2+}$ cations (M= Ni and Fe). Inorg. Chem. **2011**, 50 (15), 6972-6978.

[5] Han, X.; Wang, Z.; Liu, D.; et al. Co-assembly of a three-dimensional open framework sulfide with a novel linkage between an oxygen-encapsulated T3 cluster and a supertetrahedral T2 cluster. Chem. Commun. **2014**, 50 (7), 796-798.

[6] Xu, X.; Wang, W.; Liu, D.; et al. Pushing up the size limit of metal chalcogenide supertetrahedral nanocluster. J. Am. Chem. Soc. **2018**, 140 (3), 888-891.

[7] Zimmermann, C.; Anson, C. E.; Weigend, F.; et al. Unusual syntheses, structures, and electronic properties of compounds containing ternary, T3-type supertetrahedral m/sn/s anions [M$_5$Sn(μ_3-S)$_4$(SnS$_4$)$_4$]$^{10-}$ (M= Zn, Co). Inorg. Chem. **2005**, 44 (16), 5686-5695.

[8] Vaqueiro, P.; Romero, M. L. [Ga$_{10}$S$_{16}$(NC$_7$H$_9$)$_4$]$^{2-}$: A hybrid supertetrahedral nanocluster. Chem. Commun. **2007**, (31), 3282-3284.

[9] Xiong, W.-W.; Li, J.-R.; Hu, B.; et al. Largest discrete supertetrahedral clusters synthesized in ionic liquids. Chem. Sci. **2012**, 3 (4), 1200-1204.

[10] Liu, D.; Fan, X.; Wang, X.; et al. Cooperativity by multi-metals confined in supertetrahedral sulfide nanoclusters to enhance electrocatalytic hydrogen evolution. Chem. Mater. **2018**, 31 (2), 553-559.

[11] Wang, Y.; Zhu, Z.; Sun, Z.; et al. Discrete supertetrahedral T5 selenide clusters and their se/s solid solutions: Ionic-liquid-assisted precursor route syntheses and photocatalytic properties. Chem. Eur. J. **2020**, 26 (7), 1624-1632.

[12] Beecher, A. N.; Yang, X.; Palmer, J. H.; et al. Atomic structures and gram scale synthesis of three tetrahedral quantum dots. J. Am. Chem. Soc. **2014**, 136 (30), 10645-10653.

[13] Beecher, A. N.; Dziatko, R. A.; Steigerwald, M. L., et al. Transition from molecular vibrations to phonons in atomically precise cadmium selenide quantum dots. J. Am. Chem. Soc. **2016**, 138 (51), 16754-16763.

[14] Krebs, B.; Voelker, D.; Stiller, K.-O. Novel adamantane-like thio-and selenoanions from aqueous solution: Ga$_4$S$_{10}$$^{8-}$, In$_4S_{10}$$^{8-}$, In$_4Se_{10}$$^{8-}$. Inorg. Chim. Acta **1982**, 65, L101-L102.

[15] Yaghi, O. M.; Sun, Z.; Richardson, D. A.; et al. Directed transformation of molecules to solids: Synthesis of a microporous sulfide from molecular germanium sulfide cages. J. Am. Chem. Soc. **1994**, 116 (2), 807-808.

[16] Palchik, O.; Iyer, R. G.; Liao, J.; et al. K$_{10}$M$_4$Sn$_4$S$_{17}$ (M= Mn, Fe, Co, Zn): Soluble quaternary sulfides with the discrete [M$_4$Sn$_4$S$_{17}$]$^{10-}$ supertetrahedral clusters. Inorg. Chem. **2003**, 42 (17), 5052-5054.

[17] Zhang, Y.-P.; Zhang, X.; Mu, W.-Q.; et al. Indium sulfide clusters integrated with 2,2′-bi-

pyridine complexes. Dalton Trans. **2011**,40（38），9746-9751.

［18］Wu,T.；Zhang,Q.；Hou,Y.；et al. Monocopper doping in Cd-In-S supertetrahedral nanocluster via two-step strategy and enhanced photoelectric response. J. Am. Chem. Soc. **2013**,135 （28），10250-10253.

［19］Lin,J.；Zhang,Q.；Wang,L.；et al. Atomically precise doping of monomanganese ion into coreless supertetrahedral chalcogenide nanocluster inducing unusual red shift in Mn^{2+} emission. J. Am. Chem. Soc. **2014**,136（12），4769-4779.

［20］Yue,C.-Y.；Lei,X.-W.；Feng,L.-J.；et al. ［$Mn_2Ga_4Sn_4S_{20}$］$^{8-}$ T3 supertetrahedral nanocluster directed by a series of transition metal complexes. Dalton Trans. **2015**,44（5），2416-2424.

［21］Lei,Z.-X.；Zhu,Q.-Y.；Zhang,X.；et al. Indium-sulfur supertetrahedral clusters integrated with a metal complex of 1,10-phenanthroline. Inorg. Chem. **2010**,49（10），4385-4387.

［22］Li,H.；Kim,J.；O'Keeffe,M.；et al. ［$Cd_{16}In_{64}S_{134}$］$^{44-}$：31-Å tetrahedron with a large cavity. Angew. Chem. Int. Ed. **2003**,42（16），1819-1821.

［23］Xu,G.；Guo,P.；Song,S.；et al. Molecular nanocluster with a ［$Sn_4Ga_4Zn_2Se_{20}$］$^{8-}$ T3 supertetrahedral core. Inorg. Chem. **2009**,48（11），4628-4630.

［24］Wu,T.；Bu,X.；Liao,P.；et al. Superbase route to supertetrahedral chalcogenide clusters. J. Am. Chem. Soc. **2012**,134（8），3619-3622.

［25］Shen,N.-N.；Hu,B.；Cheng,C.-C.；et al. Discrete supertetrahedral T3 InQ clusters（Q= S,S/ Se,Se,Se/Te）：Ionothermal syntheses and tunable optical and photodegradation properties. Cryst. Growth Des. **2018**,18（2），962-968.

［26］Wu,T.；Wang,L.；Bu,X.；et al. Largest molecular clusters in the supertetrahedral tn series. J. Am. Chem. Soc. **2010**,132（31），10823-10831.

［27］Zhang,Q.；Lin,J.；Yang,Y.-T.；et al. Exploring Mn^{2+}-location-dependent red emission from （Mn/Zn）-Ga-Sn-S supertetrahedral nanoclusters with relatively precise dopant positions. J. Mater. Chem. C**2016**,4（44），10435-10444.

［28］Yang,D.-D.；Li,W.；Xiong,W.-W.；et al. Ionothermal synthesisof discrete supertetrahedral Tn（n= 4,5）clusters with tunable components,band gaps,and fluorescence properties. Dalton Trans. **2018**,47（17），5977-5984.

［29］Cortona；Pietro. Note：Theoretical mixing coefficients for hybrid functionals. J. Chem. Phys. **2012**,136（8），086101.

［30］Hay,P. J.；Wadt,W. R. Ab initio effective core potentials for molecular calculations. Potentials for the transition metal atoms Sc to Hg. J. Chem. Phys. **1985**,82（1），270-270.

［31］Hehre；W.；Ditchfield,R.；Pople,A. Self-consistent molecular orbital methods. Ⅻ. Further extensions of gaussian-type basis sets for use in molecular orbital studies of organic molecules. J. Chem. Phys. **1972**,56（5），2257-2261.

［32］Sheldrick, G. M. Shelxs-97, program for the solution of crystal structures；University of Göttingen；Göttingen,Germany,1997.

［33］Lu,T.；Chen,F. Atomic dipole moment corrected hirshfeld population method. J. Theor. Comput. Chem. **2012**,11（01），163-183.

［34］Mayer,I. Bond orders and valences from ab initio wave functions. Int. J. Quantum Chem. **1986**,477-483.

第3章
基于无配体保护的T3-InS团簇多样性转化及超四面体团簇晶核生长影响因素的研究

3.2 实验部分
3.3 结果与讨论
3.4 小结

3.1 概述

团簇不仅被认为是物质相之间的桥梁，而且被认为是跨越化学学科的桥梁，并且极大地促进了化学的整体发展。在对其的合成开发中，调节溶液体系中团簇晶核演化的能力对于获得所需的晶态团簇至关重要。结晶被称为"自然界中最神秘的过程之一"[1]。其奥秘在于具有长程有序的结构是如何从只与它们的局部邻居相互作用的构建块中形成的。20世纪初，Volmer和Weber提出的经典成核理论指出，分子或原子在系统中通过结晶过程直接形成稳定的晶相[2-6]。随着科学技术和理论研究的进步，研究人员发现溶液中团簇的成核和生长受更多可变规律的支配[7-9]。近年来，结晶研究工作中最重要的成果之一是非经典结晶途径的发现。结晶的基本原理是：一些分子偶然聚集在一起，恰好排列成晶体形式。其他分子一个接一个地附着，逐渐形成更大的不稳定结构小分子团，因为大多数分子靠近表面，没有适当数量的邻居，而足够大的分子团簇则很稳定。近年来，通过低温透射电子显微镜（cryo-TEM）[10,11]和原子电子断层扫描[12]等技术观测结晶过程和使用理论计算模拟结晶过程都取得了显著进展。现在人们认识到，达到结晶临界团簇的过程往往比最初设想的要复杂得多，在达到最终状态的过程中有时会出现多个中间阶段，围绕结晶过程的深入研究对提高目标晶态化合物的可控合成具有十分重要的意义。

金属硫族超四面体团簇（metal chalcogenide supertetrahedral clusters，MCSCs）因其均一的团簇尺寸、明确的结构信息和可调节的团簇组成，在解决金属硫族半导体材料的表面和结构科学问题方面具有巨大的潜力[13-15]。值得注意的是，作为构建单元的MCSCs在合成体系中更倾向于通过各种连接技术构建开放框架，而不仅仅作为孤立的团簇存在。近年来，这些开放式框架因其丰富多样的结构和极具价值的应用前景而受到广泛关注，如气体吸附[16,17]、离子交换[18-21]和催化[17,22,23]。然而，这些材料合成中的一个亟待解决的问题是：对合成参数的微小调整往往会使得产物结构发生明显的变化。这种敏感多变的反应结果似乎表明，在这些化合物的合成过程中，反应体系中不只存在有一种团簇分子，各种活性物质之间存在激烈的竞争，这导致合成过程具有高度的不确定性。为了实现MCSCs的精确合成，研究人员付出了大量努力，提出了许多有益的合成方法。例如，冯萍云及其同事提出的"混金属互补"和"超碱辅助结晶"的合成策略具有重要意义，为高效制备MCSCs提供了重要的理论指导[24-26]。在过去的几年里，李建荣、黄小荥、Stefanie Dehnen和其他研究人员使用离子液体开发了许多独特的MCSCs，这些MCSCs很难通过溶剂热合成获得，这使得离子液体的热合成成为获得MCSCs的重要手段之一[17,27-32]。这些新的合成策略和离子液体的热合成方法极大地促进了离散型MCSCs的发展。然而，溶剂热合成作为一种传统而重要的金属硫族团簇化合物合成方法，其产物对参数微调而产生的反应波动问题仍未得到很好的解决。原因是对溶剂热合成MCSCs过程中影响团簇形成和组装的因素缺乏深入系统的了解，而这些因素在提高合成可控性方面起着至关重要的作用。在解决这一问题的过程中，溶剂热合成对高温、高压和封闭合成条件的要求是一个不可逾越的挑战。这些特性使得许多先进的技术手段难以监测 MCSCs 溶剂热合成的变化过程，如低温透射电子显微镜（cryo-TEM）、原子电子断层扫描（AET）和原子力显微镜（AFM）[12]。

目前，利用化合物的转化机制、尺寸增长模式乃至晶核间的组装方式研究化合物的结构演化已成为诸多领域探究化合物晶体成核机制的重要方式。这种方法已被广泛应用于各种簇的精确合成，如Ⅲ-Ⅴ半导体纳米晶体[33,34]、贵金属簇[35-39]和硫化物纳米晶体[40,41]。请注意，团簇的表面引发反应是转化合成的关键，这为团簇前体转化和组装开辟了更多可能性。以前，离散型 MCSCs 偶尔被报道用作反应物，以构建新的开放框架或新的金属掺杂的孤立 MCSCs。然而，利用 MCSCs 变换探索 MCSCs 的形成和组装一直被研究人员忽视，这可能是目前理解 MCSCs 溶剂热合成相关内容的最简单、最有效的方法。质子化的有机胺被广泛用作阳离子模板来调节 MCSCs 的形成。由于 MCSCs 骨架的负电荷，阳离子物种可以通过静电相互作用调节团簇的形成和组装。更重要的是，参与 MCSCs 组装的胺越来越多地被报道，包括多维化合物的合成，如 $[Ga_{10}S_{16}(NC_6H_7)_2(N_2C_{12}H_{12})]_2$ 和 SCIF-X（$X=1,2,\cdots,9$）[42,43]。此外，胺还直接参与了离散型团簇的构建，如 ISC-X（$X=1$、2、$\cdots$、9）和 $[Ga_{10}S_{16}(NC_7H_9)_4]$[24,44]。这些化合物的结构多样性进一步表明，胺可能在 MCSCs 的结构调控中发挥多种重要作用。例如，它们可以作为中性配体减少团簇的骨架电荷，并在质子化后作为抗衡离子稳定团簇[24]。然而，有机胺在调节 Tn 团簇组装尺寸方面的作用尚不清楚。因此，明确有机胺的参与方式和具体作用对于 MCSCs 晶核生长过程中的可控调节具有重要意义。

在此，本章通过调节有机胺的组成及其他反应条件，实现了以表面无配体保护的 T3-InS 团簇 **1** 为前驱体的多样性转化合成。获得了有机超碱 DBN 取代度各异的离散型 Tn-InS 团簇 **2~4**，更进一步实现了向 T3-InS 团簇作结构单元构筑的 1D 链状化合物 **5** 和 3D 开放框架 **6** 的转化。并通过 HRMS 对转化产物中有机胺的类型进行确认，利用 DFT 计算对团簇转化进行能量差异分析及验证转化规律，并提出了转化开始时 T3-InS 团簇表面的可能的反应机理。

3.2　实验部分

3.2.1　化合物的制备

3.2.1.1　$[In_{10}(SH)_4S_{16}](C_7H_{13}N_2)_3(C_7H_{10}N)_3(H_2O)_2$ (1)

化合物 **1** 是通过溶剂热合成制备的。将 0.27 mmol（80 mg）的 InCl$_3$·4H$_2$O 粉，1.5 mmol（48.0 mg）的 S 粉，1.0 mL 3,5-二甲基吡啶，1.0 mL DBN，0.5 mL MeOH 和 0.5 mL H$_2$O 加入 23 mL 的聚四氟乙烯内衬不锈钢高压釜中。室温搅拌 30 min，

取出磁力搅拌子，将高压釜放入烘箱中缓慢升温至 180 ℃后反应 8 天，然后将高压釜取出自然冷却至室温。所得结晶为无色多面体，含微量杂质。粗产物用乙醇洗涤 3 次，过滤后手工挑选以进一步纯化，空气中自然干燥，产品收率为 11.2%（72.4 mg，以铟为基准）。元素分析计算（实验）：C 19.94（19.72）；N 4.98（5.11）；H 3.07（3.12）；S 25.35（25.73）。

3.2.1.2 $[C_7H_{12}N_2(SH)_3In_{10}S_{16}](C_7H_{13}N_2)_{4.5}(C_7H_{10}N)_{0.5}(2)$

化合物 **2** 是通过溶剂热合成制备的。以化合物 **1** 为反应物，称取 10 mg 放入 23 mL 的聚四氟乙烯内衬不锈钢高压釜中，并向其中加入 1.0 mL DBN、0.5 mL MeOH，搅拌 30 min，取出磁力搅拌子，升温至 120 ℃后反应 5 天，自然冷却至室温。所得晶体为无色块状，用乙醇洗涤三次，过滤后自然干燥。产品收率为 63%（6.56 mg，以铟为基准）。元素分析计算（实验）：C 20.16（20.32）；N 6.44（6.58）；H 3.16（3.12）；S 24.35（24.49）。

3.2.1.3 $[(C_7H_{12}N_2)_2In_{10}(SH)_2S_{16}](C_7H_{12}N_2)_4(3)$

化合物 **3** 是通过溶剂热合成制备的，与化合物 **2** 的合成步骤相同，区别在于加热至 140 ℃，反应 5 天，自然冷却至室温。所得晶体为无色块状，用乙醇洗涤三次，过滤后自然干燥。产品收率为 67.2%（6.98 mg，以铟为基准）。元素分析计算（实验）：C 20.40（20.42）；N 6.80（6.89）；H 3.02（3.10）；S 23.34（23.39）。

3.2.1.4 $[In_{20}S_{33}(DBN)_6](HDBN)_6(4)$

化合物 **4** 与化合物 **2** 的合成步骤相同，区别在于加热至 180 ℃，反应 5 天，自然冷却至室温。所得晶体为无色块状，用乙醇洗涤三次，过滤后自然干燥。产品收率为 71.7%（7.33 mg，以铟为基准）。元素分析计算（实验）：C 20.80（20.62）；N 6.93（7.11）；H 3.12（3.21）；S 21.81（21.68）。值得注意的是，通过控制合成条件的单一变量，将该反应温度升高至 200 ℃后反应 8 天，反应结果并没有发生变化。

3.1.2.5 $[(C_7H_{12}N_2)_2In_{10}S_{17}](C_7H_{13}N_2)_2(CH_3NH_3)_2(5)$

化合物 **5** 的溶剂热合成以化合物 **1** 为反应物，称取 10 mg 放入 23 mL 聚四氟乙烯内衬不锈钢高压釜中，并向其中加入 0.5 mL DBN、1.5 mL CH_3NH_2、0.5 mL MeOH，搅拌 30 min，取出磁力搅拌子，加热至 180 ℃后，反应 5 天，自然冷却至室温。所得晶体为无色块状，用乙醇洗涤三次，过滤后自然干燥。产品收率为 66.5%（6.34 mg，以铟为基准）。元素分析计算（实验）：C 15.97（15.72）；N 6.21（6.31）；H 2.77（2.84）；S 24.16（24.33）。

3.1.2.6 $[In_{10}S_{18}](C_7H_{13}N_2)_{1.5}(C_2H_8NO)_{4.5}(6)$

化合物 **6** 的溶剂热合成以化合物 **1** 为反应物，称取 10 mg 放入 23 mL 聚四氟乙烯内衬不锈钢高压釜中，并向其中加入 1.0 mL $CH_3CH_2NH_2OH$，搅拌 30 min，取出磁力搅拌子，加热至 180 ℃后，反应 5 天，自然冷却至室温。所得晶体为无色块状，用乙醇洗涤三次，过滤后自然干燥。产品收率为 77.8%（7.16 mg，以铟为基准）。元素分析计算（实验）：C 10.68（10.72）；N 4.79（4.93）；H 2.55（2.37）；S 26.32（26.38）。

3.2.2 化合物晶体结构测定

化合物 1~6 的单晶衍射数据收集和解析参照第 2 章相同部分。晶体学数据和结构精修数据列于表 3-1、表 3-2。

表 3-1 化合物 1~3 的相关晶体学数据和结构精修数据

化合物	1	2	3
骨架分子式	$[In_{10}(SH)_4S_{16}]^{6-}$	$[C_7H_{12}N_2(SH)_3In_{10}S_{16}]^{5-}$	$[(C_7H_{12}N_2)_2In_{10}(SH)S_{17}]^{5-}$
分子量	1793.43	1881.53	1973.65
温度/K	150(10)	150(10)	293(2)
衍射波长/Å	1.54184	1.54184	1.54184
晶系	立方晶系	三斜晶系	单斜晶系
空间群	Fd-$3m$	P-1	$I2/m$
晶胞参数 a/Å	27.3492(4)	15.6957(6)	20.1028(16)
晶胞参数 b/Å	27.3492(4)	15.7514(5)	19.975(2)
晶胞参数 c/Å	27.3492(4)	20.2475(7)	24.2769(17)
晶胞参数 α/(°)	90	67.203(3)	90
晶胞参数 β/(°)	90	71.383(3)	112.012(9)
晶胞参数 γ/(°)	90	75.454(3)	90
晶胞体积 V/Å³	20456.6(9)	4326.5(3)	9037.9(15)
晶胞内分子数	8	2	4
晶胞密度/(g/cm³)	1.165	1.444	1.450
吸收校正/mm^{-1}	21.486	25.213	2.927
单胞中的电子数目	6512.0	1724.0	3656.0
收集衍射点	7729	17298	33801
完整度	99.7%	99.1%	99.9%
基于 F2 的 GOF 值	1.135	0.943	0.953
R_1[①]$/wR_2$[②]$[I>2\sigma(I)]$	0.0434/0.1704	0.0839/0.2537	0.0706/0.2014
R_1[①]$/wR_2$[②]（全数据）	0.0481/0.1807	0.1121/0.2759	0.1206/0.2371

① $R_1 = \sum||F_o|-|F_c||/\sum|F_o|$。
② $wR_2 = \{\sum[w(F_o^2-F_c^2)^2]/\sum[w(F_o^2)^2]\}^{1/2}$。

表 3-2 化合物 4~6 的相关晶体学数据和结构精修数据

化合物	4	5	6
骨架化学式	$[C_{42}H_{72}In_{20}N_{12}S_{33}]^{6-}$	$[(C_7H_{12}N_2)_4In_{10}S_{17}]^{4-}$	$[In_{10}S_{18}]^{6-}$
分子量	4027.09	2190.97	1725.28
温度/K	150(10)	293(2)	293(2)
衍射波长/Å	1.54184	0.71073	1.54184
晶系	三方晶系	单斜晶系	四方晶系
空间群	$R\text{-}3c$	$I2/a$	$I4_1/acd$
晶胞参数 a/Å	19.92330(10)	21.4044(6)	20.1739(6)
晶胞参数 b/Å	19.92330(10)	27.2254(8)	20.1739(6)
晶胞参数 c/Å	69.6002(3)	25.6704(7)	31.9031(13)
晶胞参数 α/(°)	90	90	90
晶胞参数 β/(°)	90	102.398(3)	90
晶胞参数 γ/(°)	120	90	90
晶胞体积 V/Å³	23925.6(3)	14610.4(7)	12984.1(9)
晶胞内分子数	6	8	8
晶体密度/(g/cm³)	1.677	1.992	1.765
吸收校正/mm⁻¹	26.830	3.606	33.238
单胞中的电子数目	11065	8280.0	6224.0
收集衍射点	186075	13837	11314
完整度	99.7	99.9%	99.8%
基于 F2 的 GOF 值	1.045	1.161	1.112
R_1[1]/wR_2[2] $[I>2\sigma(I)]$	0.0388/0.1058	0.0839/0.2183	0.0609/0.1990
R_1[1]/wR_2[2] (全数据)	0.0393/0.1063	0.1116/0.2372	0.0917/0.2223

① $R_1 = \sum ||F_o| - |F_c|| / \sum |F_o|$。

② $wR_2 = \{\sum [w(F_o^2 - F_c^2)^2] / \sum [w(F_o^2)^2]\}^{1/2}$。

3.3 结果与讨论

3.3.1 化合物 1~6 的结构分析与讨论

晶体衍射数据分析表明，在不同条件下发生的团簇转化所得产物不同。作为转化前驱体的无配体保护 T3-InS 团簇 **1** 的结构上取代基的数量或者团簇的组装方式均会产生明显的不同变化，进而使得转化产物结晶于不同的晶系，并呈现出不同的空间堆积方式。

化合物 **1** $[In_{10}(SH)_4S_{16}]^{6-}$ 结晶于立方晶系，*Fd*-3*m* 空间群。其结构如图 3-1(a) 所示，它是由金属 In 与 S 通过四面体配位构筑而成的经典 T3 超四面体团簇，其中 S 原子有端基、双配位和三配位等多种配位模式。值得注意的是，该团簇中四个端基的 In—S 键长高达 2.491 Å，这表明末端硫原子很可能被质子化。这有利于降低团簇的负电荷，提高团簇的稳定性。如图 3-1(b) 所示，在一个晶胞单元内包含有 8 个 T3-InS 团簇。为了进一步研究这些离散的 T3-InS 团簇在空间中的排列方式，将每个簇视为一个点，通过连接相邻点，如图 3-1(c) 所示，可以发现 T3-InS 团簇的排列模式是扭曲的六角菱形超晶格。

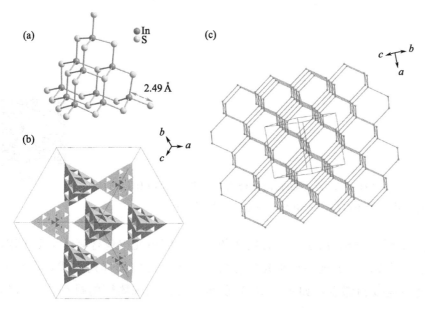

图 3-1　化合物 **1** 的结构图(a)；单个晶胞内化合物 **1** 的多面体堆积图(b)；
化合物 **1** 中团簇扭曲六角形排列方式示意图(c)

化合物 **2** $[C_7H_{12}N_2(SH)_3In_{10}S_{16}]^{5-}$ 结晶于三斜晶系，*P*－1 空间群。如图 3-2(a) 所示，化合物 **2** 的结构与化合物 **1** 相比具有明显的相似性，二者的 T*n* 团簇骨架十分相似。值得注意的是，在化合物 **2** 的团簇中端基的一个 S—In 键断裂，暴露的 In 原子与有机超碱 DBN 通过 N—In 配位键结合，形成了一种新的单 DBN 分子取代的 T3-InS 团簇。此外，化合物 **2** 的团簇中其余三个端基 S—In 键相比化合物 **1** 中均有明显缩短，键长为 2.434 Å、2.455 Å 和 2.456 Å。如图 3-2(b) 所示，化合物 **2** 的一个晶胞单元内包含有 2 个单 DBN 分子取代的 T3 分子团簇。为了进一步研究化合物 **2** 中团簇的空间排列方式，将每个簇视为一个点，通过连接相邻点，如图 3-2(c) 所示，可以发现团簇的排列模式同样是扭曲的六角菱形超晶格。

化合物 **3** $[(C_7H_{12}N_2)_2In_{10}(SH)_2S_{16}]^{4-}$ 结晶于单斜晶系，*I*2/*m* 空间群，其团簇产物呈现出由化合物 **1** 经化合物 **2** 继续转化后的结构特点。如图 3-3(a) 所示，在保持了化合物 **1** 中 T3 团簇的基本骨架外，转化中所使用的 DBN 分子取代了经典 T3-InS 团簇的两个端基 S 原子，通过构筑 N—In 配位键得到了两个 DBN 分子取代的新型

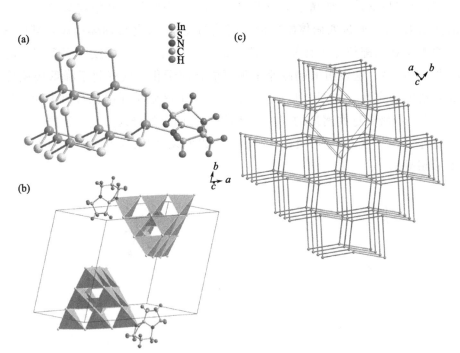

图3-2

图 3-2　化合物 **2** 的结构图（a）；单个晶胞内化合物 **2** 的多面体堆积图（b）；
化合物 **2** 中团簇扭曲六角形排列方式示意图（c）

T3-InS 分子团簇。如图 3-3（b）所示，化合物 **3** 的一个晶胞单元内包含有 4 个双 DBN 分子取代的 T3 分子团簇。为了进一步研究化合物 **3** 中团簇的空间排列方式，将每个簇视为一个点，通过连接相邻点，如图 3-3（c）所示，可以发现团簇的排列模式依然是扭曲的六角菱形超晶格。

此外，在由化合物 **1** 作为前驱体，有机超碱 DBN 作为模板剂的转化研究中发现，化合物 **2** 和 **3** 只是转化过程中得到的亚稳相晶体，而在系列分子团簇的转化中最终都可以得到稳定的离散型团簇化合物 $[In_{20}S_{33}(DBN)_6](HDBN)_6$（化合物 **4**），其结构已在我们和其他课题组此前的研究工作中报道[45,46]，该化合物在系列转化研究中表现出最高的稳定性。如图 3-4（a）所示，其由两个 T3-InS 团簇共顶点组成，其余 6 个顶点则被 DBN 分子通过 N—In 键占据。单个晶胞内具有 4 个双 T3 簇构筑的分子团簇 [图 3-4（b）]。值得注意的是，如图 3-4（c）所示，将其每个团簇视为一个点，通过连接相邻点可以发现团簇的排列模式是具有高度对称性的平行四边形。

化合物 **5** $[(C_7H_{12}N_2)_4In_{10}S_{17}]^{4-}$ 结晶于单斜晶系，I_2/a 空间群，其为 1D 链状化合物。如图 3-5（a）所示，化合物 **5** 的结构单元为 T3-InS 团簇，但其中的两个端基硫原子被中性的 DBN 配体取代。取代后的 T3-InS 团簇与相邻团簇之间通过共顶点方式进行组装，得到了沿着 a 轴扩展的 Z 字形 1D 链状化合物，如图 3-5（b）和（c）所示。值得注意的是，化合物 **5** 中用于组装相邻团簇的是 μ_2-S 原子，其构筑的 S—In 键长

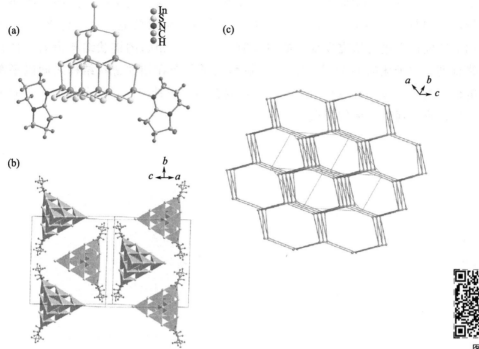

图3-3

图 3-3 化合物 **3** 的结构图（a）；单个晶胞内化合物 **3** 的多面体堆积图（b）；
化合物 **3** 中团簇扭曲六角形排列方式示意图（c）

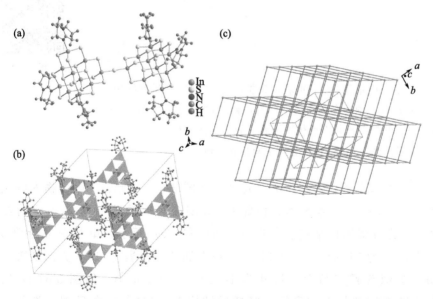

图3-4

图 3-4 化合物 **4** 的结构图（a）；单个晶胞内化合物 **4** 的多面体堆积图（b）；
化合物 **4** 中团簇平行四边形排列方式示意图（c）

达到 2.544 Å，In-S-In 键角达到 116.74°，这均明显大于常见的簇间 μ_2-S 原子所形成的键长 2.428~2.451 Å 和键角 108.35°~114.98°，导致这一结果可能归因于相邻团簇的同侧端基中与 In 金属配位的 DBN 分子带来的空间位阻效应。对化合物 **5** 中 1D 链状结构的空间排布进行研究发现，如图 3-5(d) 所示，相邻的链状结构沿着 [100] 方向交错排列，质子化的 DBN 及甲胺作为抗衡离子分布在相邻链状结构之间以平衡骨架负电荷。由于甲胺具有更小的分子尺寸，其在阴离子骨架之间具有更加严重的无序状态，因此难以通过晶体解析做出判断。

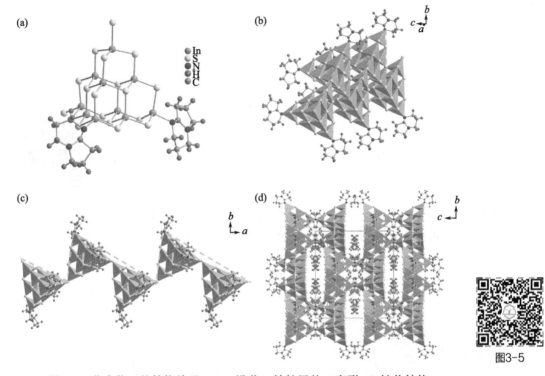

图3-5

图 3-5　化合物 **5** 的结构单元（a）；沿着 a 轴扩展的 Z 字形 1D 链状结构
的多面体图（b）；沿着 c 轴观察到的 Z 字形 1D 链状结构的多面体图（c）；
化合物 **5** 中 1D 链状结构多面体图沿着 a 轴方向的排列（d）
（为显示清晰，相邻 1D 链分别用蓝色和紫色显示）

化合物 **6** 结晶于四方晶系，$I4_1/acd$ 空间群。如图 3-6(a) 所示，化合物 **6** 的结构单元为经典的 T3-InS 超四面体团簇。相邻的 T3 团簇经团簇顶端的 μ_2-S 进行组装，形成 3D 的方石英石型拓扑结构。如图 3-6(b) 和 (c) 所示，单个框架沿着 a 轴和 b 轴方向具有尺寸为 11.91 Å×19.38 Å 的矩形通道；沿着 [111] 方向展现出更大尺寸的通道，类似等腰三角形，尺寸为 18.94 Å×21.58 Å。如图 3-6(d) 所示，其整体结构为两个框架的双重穿插，穿插后结构在 [111] 方向呈现出类似矩形的通道。

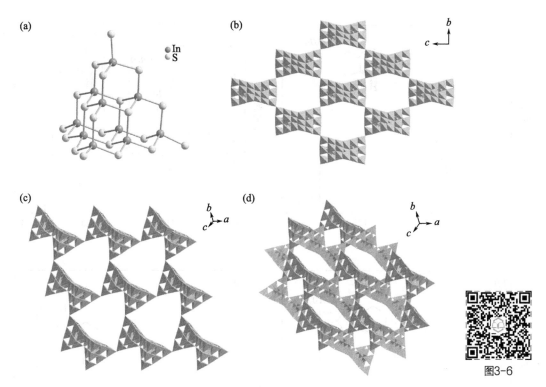

图3-6 化合物**6**的结构单元（a）；化合物**6**中的层状结构沿*a*轴（b）
和在［111］方向（c）的多面体图示意图；化合物**6**中的双重穿插3D框架（d）

3.3.2 化合物1~6的抗衡阳离子分析

为了明确转化后产物中的质子化有机胺种类，通过高分辨质谱HRMS（ESI，
阳离子模式）对化合物**1**~**6**进行分析。如图3-7(a)所示，化合物**1**中存在两种质
子化的有机胺，即质子化的3,5-二甲基吡啶（$m/z=108.0810$）和质子化的DBN
（$m/z=125.1074$）。以化合物**1**为原料向化合物**2**转化后，所得化合物**2**中的质子
化胺种类并未发生改变，但质子化的3,5-二甲基吡啶含量略有降低。而当转化产物
为化合物**3**时，经HRMS仪，仅能检测到质子化的DBN信号，并无3,5-二甲基吡
啶的信号出现。同样，进一步转化的产物**4**和**5**的结构中也只含有质子化的DBN
一种抗衡阳离子；其中由于仪器检测范围限制，并不能确定化合物**5**中是否含有质
子化的CH_3NH_2。在由化合物**1**向化合物**6**的转化后，其结构中含有质子化的乙醇
胺和DBN，其中DBN可能来自于化合物**1**结构中的抗衡阳离子。

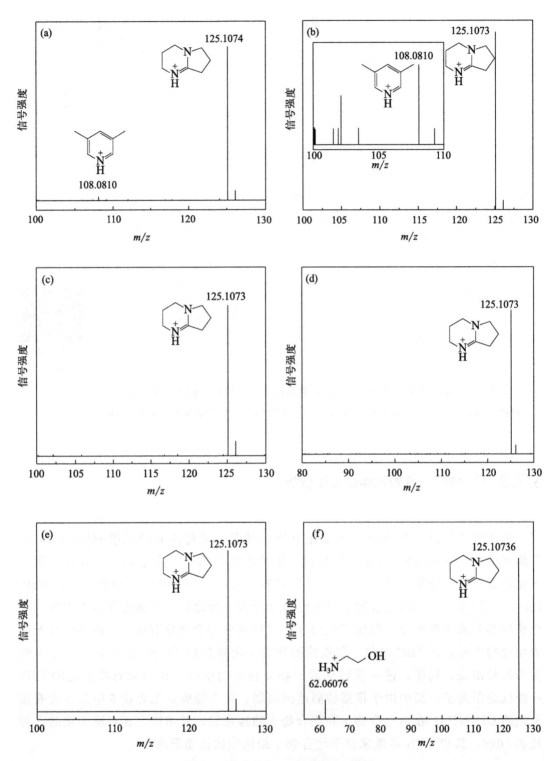

图 3-7　化合物 **1~6** 的 HRMS 谱图

3.3.3　化合物 1~4 的 IR 光谱图分析

化合物 **1~4** 的红外光谱如图 3-8 所示。化合物 **1~4** 在 3440~3398 cm^{-1} 处的吸收峰来自结构中有机胺的 N—H 伸缩振动，2930~2870 cm^{-1} 处的吸收峰来自有机物分子结构中的饱和 C—H 键的伸缩振动，1670 cm^{-1} 附近的吸收峰则来自有机胺中 C=N 的伸缩振动，1300 cm^{-1} 处的吸收峰可归属于 C—N 伸缩振动与 N—H 弯曲振动的共同作用。

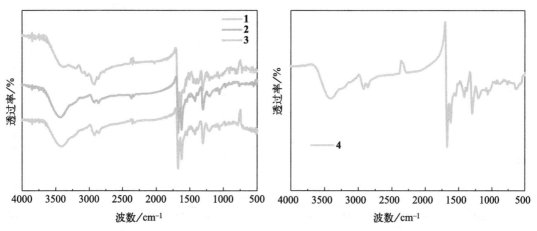

图 3-8　化合物 **1~4** 的 IR 光谱图

图3-8

3.3.4　化合物 1~6 的热稳定性分析

如图 3-9 所示，热重分析结果表明含有不同的质子化有机胺使得化合物 **1~6** 表现出轻微的热稳定性差异。化合物 **1** 的热稳定性较差，温度达到 150 ℃ 以上即可表现出失重行为。化合物 **2** 和 **3** 在 200 ℃ 以下表现出良好的热稳定性。化合物 **4** 在 250 ℃ 以上开始出现失重，具有最好的热稳定性，这可能归因于其配体与骨架的共价键构筑方式及配体与骨架之间的氢键作用。化合物 **5** 和 **6** 均在 173 ℃ 以下具有良好的热稳定性。

3.3.5　化合物 1~6 的 PXRD 图谱分析

X 射线单晶衍射（SCXRD）测试结果仅代表所挑选测试单晶的物质结构，为验证后续性质测试所需的大量晶体与单晶测试晶体物质结构相同，需要对所得晶体进

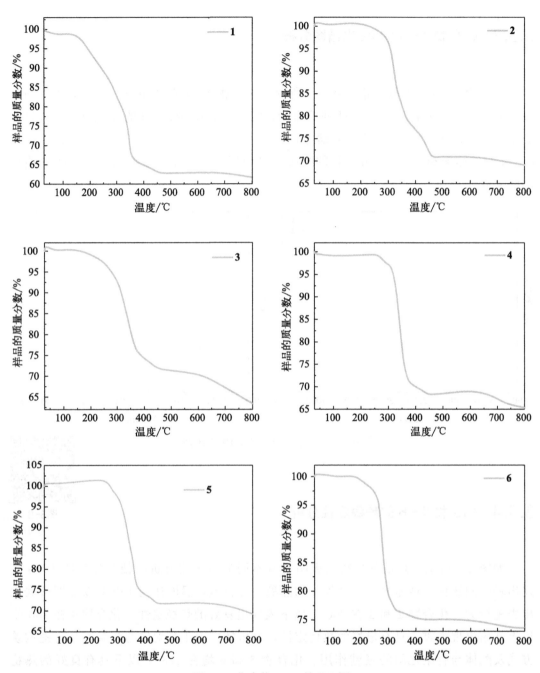

图 3-9　化合物 1～6 的 TG 图

行相纯度表征。如图 3-10 所示，将化合物 1～6 的 PXRD 测试数据曲线和其 SCXRD 理论模拟数据曲线进行对比发现，所有化合物的特征衍射峰的峰型和位置与其模拟峰均基本吻合，这说明所得的该系列配合物均为纯相物质。图中部分衍射峰强弱有所差别，其主要是由于晶体测试过程中晶体研磨后颗粒尺寸差异和晶体晶面朝向所致。

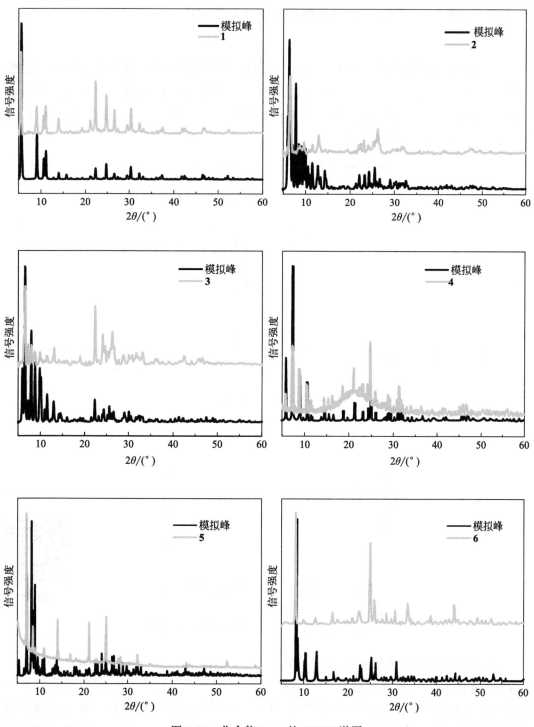

图 3-10　化合物 **1**~**6** 的 PXRD 谱图

3.3.6 化合物 1~6 的紫外-可见吸收光谱及光学带隙

以 $BaSO_4$ 为背景参考,对化合物 1~6 进行了固态紫外-可见吸收光谱测试和紫外-可见漫反射光谱测试。如图 3-11 所示,相似组成的化合物 1~6 在可见光区几乎没有吸收。结构差异使得不同化合物对可见光区的吸收产生细微差异,其中化合物 **1**、**2** 和 **5** 在 450 nm 左右有微弱吸收。

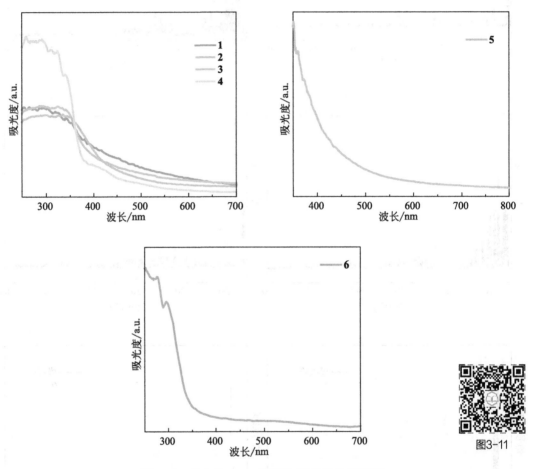

图 3-11　化合物 **1~6** 的紫外-可见吸收光谱图

紫外-可见漫反射光谱数据如图 3-12 所示,根据 Kubelka-Munk 函数法分析,化合物 1~6 的光学带隙值分别为 2.92 eV、2.95 eV、3.22 eV、3.38 eV、3.00 eV 和 3.34 eV。通过分析化合物 1~4 的紫外-可见漫反射光谱及带隙发现,分子团簇结构中取代端基 S 原子的 DBN 分子越多,其带隙值越大。这主要是由于该类分子团簇的 HOMO 位于阴离子骨架,而 LUMO 则位于其抗衡离子上。经化合物 **1** 向化合物 **4** 转化过程中,团簇内的 [HDBN]$^+$ 逐渐增加,这促使其带隙逐渐增大。而化合物 **5** 和化合物 **6** 中其结构及抗衡离子的变化是其带隙调整的主要原因。

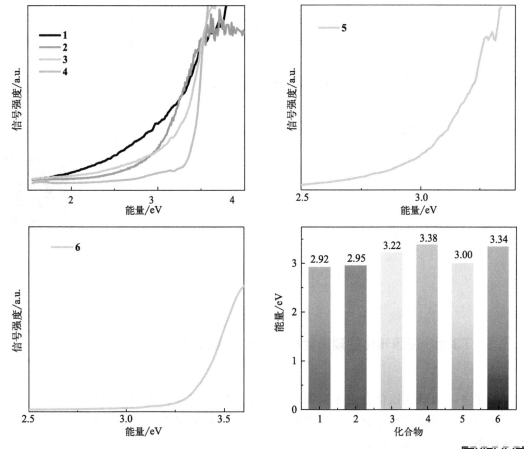

图 3-12　化合物 **1~6** 的紫外-可见漫反射图和带隙比较图

图3-12

3.3.7　化合物 1~4 的光电性能研究

利用有机配体中断是获得离散型 Tn 团簇的重要手段,了解有机配体中断对 Tn 团簇的光生电子-空穴分离效率的调节作用对于改善其光催化性能具有重要影响。为此,对化合物 **1~4** 进行光电流(*i-t*)性能测试。测试结果如图 3-13 所示,打开光源后,化合物 **1~4** 均表现出快速的光电流响应,并保持稳定。当光源关闭时,光电流强度迅速降低,循环多组依然表现出较强的光稳定性。在 0.2 V 偏电压作用下,无配体修饰的 T3 分子团簇化合物 **1** 表现出最佳的光电流密度,达 0.212 μA/cm^2,随着团簇骨架上配体 DBN 数量的增加,团簇光电流强度呈现明显的下降趋势,如化合物 **2** 为 0.119 μA/cm^2,化合物 **3** 为 0.094 μA/cm^2,直至化合物 **4** 为 0.096 μA/cm^2。光电流测试结果表明,将 DBN 这类无共轭结构的有机配体引入 Tn 团簇骨架不利于提升其光电流性能。

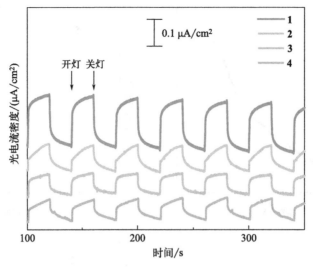

图3-13

图 3-13　化合物 **1**～**4** 的光电流图

3.3.8　**T3-InS 团簇转化的理论计算及转化对照实验**

为了进一步确认以化合物 **1** 为前驱体的系列转化结果，利用理论计算对 T3 系列分子团簇的电子能进行计算，并由此分析转化过程中的转化反应结合能，所得相关化合物的电子能列于表 3-3 中。

表 3-3　化合物 1～4、质子化 DBN 及 H_2S 的电子能

化合物	电子能/eV	化合物	电子能/eV
1	−120.64046784	**2**	−241.41470328
3	−361.40762895	**4**	−942.27361721
A	−481.87267018	B	−599.07784543
$[HDBN]^+$	−121.72363508	H_2S	−11.05568324

根据化合物 1 转化结果，列出其转化方程，并据此对其结合能 ΔH 进行计算。首先，由化合物 1 为前驱体分别得到化合物 2～4，其转化方程如下：

反应 Ⅰ：**1**(6−)＋$[HDBN]^+$ ⟶ **2**(5−)＋ H_2S

反应 Ⅱ：**1**(6−)＋2$[HDBN]^+$ ⟶ **3**(4−)＋2H_2S

反应 Ⅲ：2×**1**(6−)＋6$[HDBN]^+$ ⟶ **4**(6−)＋7H_2S

依据已知电子能对转化中体系能量变化进行计算，如图 3-14 所示，当化合物 **1** 作为前驱体，其在通过转化分别得到化合物 2、3 和 4 这三类分子团簇时，转化体系能量逐渐降低，呈现放热状态，其释放能量值分别为 10.106 eV、19.431 eV 和 48.041 eV。由能量稳定性分析表明，化合物 **1** 作为前驱体具有转化为其他类型分子团簇的热力学趋势；由于在其转化为化合物 2～4 的过程中体系能量逐渐降低，因此

所得化合物稳定性逐渐增强，这与实验结果相一致。值得注意的是，该稳定性定律与簇端—SH基团的数量呈负相关。这可能是由于与簇中的其他S位点相比，末端—SH基团的反应性更高[47]。

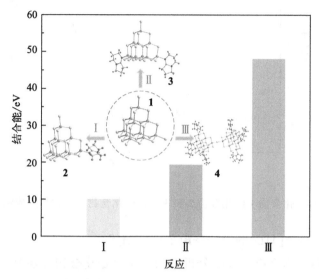

图3-14

图3-14 化合物1向化合物2~4转化时的反应结合能对比

在研究化合物1的转化时发现，所得化合物2和化合物3是转化过程中得到的亚稳相晶体，提升转化温度后化合物2最终得到的稳定晶相是化合物4。为了了解化合物4的形成过程，结合已知的化合物1转化规律，假设转化过程中可能存在转化中间体A（图3-15），其结构特征为3个端基S原子被DBN分子取代的T3-InS团簇，对其结构进行优化并计算其电子能（表3-5）。列出由化合物1经化合物2和化合物3逐渐转化至化合物4的分步方程如下：

反应1：$1(6-)+[HDBN]^+ \longrightarrow 2(5-)+H_2S$

反应2：$2(5-)+[HDBN]^+ \longrightarrow 3(4-)+H_2S$

反应3：$3(4-)+[HDBN]^+ \longrightarrow A(3-)+H_2S$

反应4：$2A(3-) \longrightarrow 4(6-)+H_2S$

如图3-15所示，通过转化反应结合能分析化合物1经由化合物2向化合物3的逐步转化均使得体系能量降低，呈现化合物稳定性提高的转化趋势。当考虑转化过程中可能存在的中间体A时发现，经化合物3向A转化时，体系能量依然呈降低趋势；但需要注意的是，经由中间体A向化合物4转化时，转化过程需要吸收能量，呈现能量升高的特征。综合分析，若依据从化合物3经中间体A向化合物4的转化过程结合能变化，理论上来讲在实际过程中可以较容易地获得A产物，然而在多批次的转化实验中均未发现中间体A的痕迹。

随后，考虑经化合物2和3分别向化合物4的转化过程，列出其转化方程如下：

反应5：$2 \times 2(5-)+4[HDBN]^+ \longrightarrow 4(6-)+5H_2S$

反应6：$2 \times 3(4-)+2[HDBN]^+ \longrightarrow 4(6-)+3H_2S$

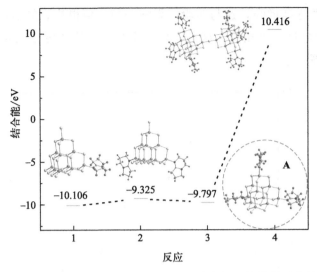

图 3-15　化合物 **1** 经化合物 **2** 和 **3** 逐步向化合物 **4** 转化的反应结合能

反应 7：$\mathbf{A}(3-)+[\mathrm{HDBN}]^{+}\longrightarrow\mathbf{B}(2-)+\mathrm{H_2S}$

如图 3-16 所示，由反应结合能分析表明，无论是化合物 **2** 还是化合物 **3** 均以体系能量降低的方式向化合物 **4** 转化，但化合物 **2** 的能量降低更为明显。此外，假设转化过程中有中间体 **A** 存在，则根据反应 7 的结合能分析其也具有较强烈的趋势转化为已经报道的 4 个端基 S 原子均被 DBN 分子取代的 T3-InS 团簇化合物 **B**。然而，在整个转化工作研究中化合物 **B** 并未出现。因此，推测在以化合物 **1** 为前驱体转化至化合物 **4** 的过程中并未有中间体 **A** 的生成。HMRS 结果表明化合物 **1** 和化合物 **2** 中存在质子化的 3,5-二甲基吡啶，而化合物 **3** 中只有质子化的 DBN。质子化的 3,5-二甲基吡啶可能在化合物 **1** 的转化过程中发挥着重要作用，同时需要注意的是化合物 **1** 中 T3-InS 团簇端基的—SH 基团相对于簇中的其他 S 位点具有更高的反应活性，这使得它们更容易被移除。

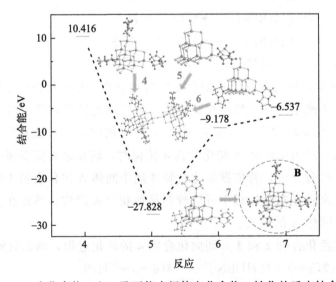

图 3-16　由化合物 **2** 和 **3** 及可能中间体向化合物 **4** 转化的反应结合能

为了进一步确认质子化胺在系列团簇转化中的作用，依据文献合成了抗衡离子全部为$[Ni(C_{10}H_8N_2)_3]^{2+}$配合物阳离子的 T3-InS 团簇化合物$[Ni(C_{10}H_8N_2)_3]_3[In_{10}(SH)_4S_{16}]$(C)[48]，其与化合物 **1** 具有完全相同的阴离子骨架（图 3-17）。将其与质子化胺作抗衡离子的 T3-InS 团簇化合物 **1** 进行转化对照实验，分别在相同条件下尝试利用化合物 **C** 转化获得目标 T3-InS 分子团簇 **2~4** 及相应 1D 化合物 **5** 和 3D 开放框架 **6**。遗憾的是，在多次实验中既没有得到孤立的簇，也没有得到由 T3 团簇组装而成的多维化合物，只在反应体系中留下了大量的黄色沉淀。这一实验结果表明，在 T3-InS 团簇的转化和组装过程中，能提供质子的抗衡阳离子在簇表面反应的引发中起着不可忽视的作用。

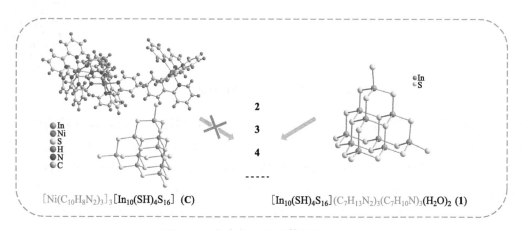

$[Ni(C_{10}H_8N_2)_3]_3[In_{10}(SH)_4S_{16}]$ **(C)**　　　$[In_{10}(SH)_4S_{16}](C_7H_{13}N_2)_3(C_7H_{10}N)_3(H_2O)_2$ **(1)**

图 3-17　化合物 **C** 的晶体结构及转化

基于上述实验和理论计算结果，利用化合物 **1** 到化合物 **2** 的转化过程，推测 T3 团簇的转化机理（图 3-18）。值得注意的是，化合物 **1** 中含有质子化 3,5-二甲基吡啶和 DBN，其 pK_a 值分别为 13.9[49] 和 23.79[50]，说明质子化的 3,5-二甲基吡啶呈强酸性，容易失去质子。这

图3-17

使得质子化的 3,5-二甲基吡啶在 T3-InS 阴离子簇的静电吸引下失去 N 原子的 H+。然后，质子被转移到 T3-InS 簇的—SH 基团上，使其以 H_2S 的形式逸出。中间体 **D** 中暴露的不饱和 In 原子立即与 DBN 分子配位，这一反应类似于有机化学中的 S_N1 取代反应。根据这一机理，团簇骨架负电荷的减少将增加其从抗衡阳离子中捕获质子的难度。因此，相应转化过程的启动需要更高的能量，这与系列团簇转变的实验温度的变化规律是相匹配的；进一步验证了化合物 **4** 的生成来自于由化合物 **1** 作为前驱体的多步取代转化。

在调整转化过程中胺的种类后，所得产物表现出明显的结构差异。当使用碱性较弱的有机胺时，由化合物 **1** 所得的转化产物不再是离散型分子团簇，而是发生了 T3 团簇间的自组装，得到了 Z 形的 1D 链状化合物 **5** 和 3D 开放框架化合物 **6**。其中，化合物 **5** 中 T3 团簇的 4 个端基部分被配体取代，部分则参与组装，这直接表明了转化过程中不同胺配体的竞争差异，再次凸显了有机胺对于 T*n* 团簇组装的重要调节作

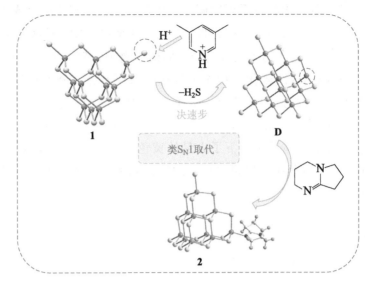

图 3-18　化合物 **1** 的转化机理推测

用。这可能归因于有机胺中 N 原子的电荷密度差异，理论上来说，碱性较弱的有机胺中的 N 原子电荷密度较低，不利于其与暴露出金属 In 原子的 MCSCs 衍生中间体形成及时稳定的配位作用；当 T*n* 团簇的端基不能及时被配体中断时，团簇自身的高负电荷将驱使它们之间进行组装以提高稳定性，这有利于获得以 T*n* 团簇为结构单元的 1D 乃至 3D 开放框架化合物。值得注意的是，化合物 **5** 中 T3-InS 簇的末端 S 原子有一半被 DBN 取代，另一半参与簇间组装。这一结果归因于有机胺中氮原子电荷密度的差异。DBN 的 pK_a 值高达 23.79，其中 N 原子的电子密度远高于 CH_3NH_2 中的电子密度（pK_a=18.4），因此 DBN 优先与中间体的 In 原子结合。对于化合物 **6** 的制备，推测虽然合成环境中存在大量乙醇胺，但其在 N 原子上的电荷密度较低（pK_a=17.5），无法与中间体 **D** 暴露的 In 原子形成稳定的相互作用，因此 **D** 最终通过自组装形成化合物 **6**。

3.4　小结

本章以无配体的 T3-InS 离散型团簇 **1** 为前驱体，通过调节系列反应条件，实现了其向以 T3-InS 团簇为构建单元的各种逐级取代的离散型团簇、1D 链和 3D 开放框架的转变。结合 HRMS 分析、理论计算和以非质子化胺为抗衡离子的 T3-InS 团簇对比转化实验的系列结果分析，提出了 T3-InS 团簇的合理转化机理。结果表明，团簇转化中表面反应的关键驱动力是团簇的阴离子骨架对质子化胺中质子的捕获能力。特别值得注意的是，有机胺中氮原子的配位能力与其碱性强度密切相关，这可以显著影响团簇晶核生长和组装方式的多样性。这一研究工作对于理解 MCSCs 的晶核生长及团簇间组装具有重要意义，可以为 MCSCs 及其开放框架的精确合成提供有力指导。

后续将围绕以无配体保护的裸露离散型 Tn 团簇为前驱体进行抗衡阳离子和 Tn 团簇间的竞争性组装研究，力求将其发展为一种获得特定尺寸 Tn 团簇的合成方法。

参考文献

[1] Luo, Z. ; Castleman, A. W., Jr. ; Khanna, S. N. Reactivity of metal clusters. Chem. Rev. **2016**, 116 (23), 14456-14492.

[2] Sosso, G. C. ; Chen, J. ; Cox, S. J. ; et al. Crystal nucleation in liquids: Open questions and future challenges in molecular dynamics simulations. Chem. Rev. **2016**, 116 (12), 7078-7116.

[3] Sleutel, M. ; Lutsko, J. ; Van Driessche, A. E. ; et al. Observing classical nucleation theory at work by monitoring phase transitions with molecular precision. Nat. Commun. **2014**, 5, 5598.

[4] Chen, J. ; Zhu, E. ; Liu, J. ; et al. Building two-dimensional materials one row at a time: Avoiding the nucleation barrier. Science **2018**, 362, 1135-1139.

[5] Takahashi, K. Z. ; Aoyagi, T. ; Fukuda, J. -I. Multistep nucleation of anisotropic molecules. Nat. Commun. **2021**, 12 (1), 5278.

[6] Jeon, S. ; Heo, T. ; Hwang, S. -Y. ; et al. Reversible disorder-order transitions in atomic crystal nucleation. Science **2021**, 371, 498-503.

[7] Lutsko, J. F. How crystals form: A theory of nucleation pathways. Sci. Adv. **2019**, 5, eaav7399.

[8] Zhang, Y. Y. ; Zhang, D. S. ; Li, T. ; et al. In situ metal-assisted ligand modification induces mn4 cluster-to-cluster transformation: A crystallography, mass spectrometry, and dft study. Chem. Eur. J. **2020**, 26 (3), 721-728.

[9] Kang, X. ; Li, Y. ; Zhu, M. ; et al. Atomically precise alloy nanoclusters: Syntheses, structures, and properties. Chem. Soc. Rev. **2020**, 49 (17), 6443-6514.

[10] Schreiber, R. E. ; Houben, L. ; Wolf, S. G. ; et al. Real-time molecular scale observation of crystal formation. Nat. Chem. **2017**, 9 (4), 369-373.

[11] Van Driessche, A. E. S. ; Van Gerven, N. ; Bomans, P. H. H. ; et al. Molecular nucleation mechanisms and control strategies for crystal polymorph selection. Nature **2018**, 556 (7699), 89-94.

[12] Van Driessche, A. ; Van Gerven, N. ; Bomans, P. ; et al. Molecular nucleation mechanisms and control strategies for crystal polymorph selection. Nature, **2018**, 556, 89-94.

[13] Silva-Gaspar, B. ; Martinez-Franco, R. ; Pirngruber, G. ; et al. Open-framework chalcogenide materials-from isolated clusters to highly ordered structuresand their photocalytic applications. Coord. Chem. Rev. **2022**, 453, 214243.

[14] Liu, Y. ; Zhang, J. ; Han, B. ; et al. New insights into mn-mn coupling interaction-directed photoluminescence quenching mechanism in Mn^{2+}-doped semiconductors. J. Am. Chem. Soc. **2020**, 142 (14), 6649-6660.

[15] Xue, C. ; Fan, X. ; Zhang, J. ; et al. Direct observation of charge transfer between molecular heterojunctions based on inorganic semiconductor clusters. Chem. Sci. **2020**, 11 (11), 4085-4096.

[16] Liu, D. ; Liu, Y. ; Huang, P. ; et al. Highly tunable heterojunctions from multimetallic sulfide nanoparticles and silver nanowires. Angew. Chem. Int. Ed. **2018**, 57 (19), 5374-5378.

[17] Hao, M. ; Hu, Q. ; Zhang, Y. ; et al. Soluble supertetrahedral chalcogenido T4 clusters: High stability and enhanced hydrogen evolution activities. Inorg. Chem. **2019**, 58 (8), 5126-5133.

[18] Yang, L. ; Wen, X. ; Yang, T. ; et al. (C$_6$H$_{15}$N$_3$)$_{1.3}$(NH$_4$)$_{1.5}$H$_{1.5}$In$_3$SnS$_8$: A layered metal sulfide based on supertetrahedral T2 clusters with photoelectric response and ion exchange proper-

ties. Dalton Trans. **2024**,53（13）,6063-6069.

[19]Wang, K. -Y. ; Li, M. -Y. ; Cheng, L. ; et al. Tailoring supertetrahedral cadmium/tin selenide clusters into a robust framework for efficient elimination of Cs^+ , Co^{2+} , and Ni^{2+} ions. Inorg. Chem. Front. **2024**,11（11）,3229-3244.

[20]Tang, J. ; Feng, M. ; Huang, X. Metal chalcogenides as ion-exchange materials for the efficient removal of key radionuclides：A review. Fundam. Res. **2024**,in press.

[21]Zeng, X. ; Liu, Y. ; Zhang, T. ; et al. Ultrafast and selective uptake of Eu^{3+} from aqueous solutions by two layered sulfides. Chem. Eng. J. **2021**,420,127613.

[22]Hu, R. ; Wang, X. L. ; Zhang, J. ; et al. Multi-metal nanocluster assisted Cu-Ga-Sn tri-doping for enhanced photoelectrochemical water splitting of $BiVO_4$ film. Adv. Mater. Interfaces **2020**,7（8）,2000016.

[23]Lin, Q. ; Bu, X. ; Mao, C. ; et al. Mimicking high-silica zeolites：Highly stable germaniumand tin-rich zeolite-type chalcogenides. J. Am. Chem. Soc. **2015**,137（19）,6184-6187.

[24]Wu, T. ; Bu, X. ; Liao, P. ; et al. Superbase route to supertetrahedral chalcogenide clusters. J. Am. Chem. Soc. **2012**,134（8）,3619-3622.

[25]Zhang, J. ; Bu, X. ; Feng, P. ; et al. Metal chalcogenide supertetrahedral clusters：Synthetic control over assembly,dispersibility,and their functional applications. Acc. Chem. Res. **2020**,53（10）,2261-2272.

[26]Zhang, J. ; Feng, P. ; Bu, X. ; et al. Atomically precise metal chalcogenide supertetrahedral clusters：Frameworks to molecules,and structure to function. Natl. Sci. Rev. **2022**,9,nwab076.

[27]Luo, M. B. ; Lai, H. D. ; Huang, S. L. ; et al. Pseudotetrahedral organotin-capped chalcogenidometalate supermolecules with optical limiting performance. J. Am. Chem. Soc. **2024**,146（11）,7690-7697.

[28]Hanau, K. ; Schwan, S. ; Schafer, M. R. ; et al. Towards understanding the reactivity and optical properties of organosilicon sulfide clusters. Angew. Chem. Int. Ed. **2021**,60（3）,1176-1186.

[29]Peters, B. ; Santner, S. ; Donsbach, C. ; et al. Ionic liquid cations as methylation agent for extremely weak chalcogenido metalate nucleophiles. Chem. Sci. **2019**,10（20）,5211-5217.

[30]Du, C. F. ; Li, J. R. ; Zhang, B. ; et al. From T2,2@bmmim to alkali@T2,2@bmmim ivory ball-like clusters：Ionothermal syntheses,precise doping,and photocatalytic properties. Inorg. Chem. **2015**,54（12）,5874-5878.

[31]Yang, D. -D. ; Li, W. ; Xiong, W. -W. ; et al. Ionothermal synthesis of discrete supertetrahedral Tn (n= 4,5) clusters with tunable components,band gaps,and fluorescence properties. Dalton Trans. **2018**,47（17）,5977-5984.

[32]Peng, Y. ; Hu, Q. ; Liu, Y. ; et al. Discrete supertetrahedral Tn chalcogenido clusters synthesized in ionic liquids：Crystal structures and photocatalytic activity. Chempluschem **2020**,85（11）,2487-2498.

[33]Cossairt, B. M. Shining light onindium phosphide quantum dots：Understanding the interplay among precursor conversion, nucleation, and growth. Chem. Mater. **2016**, 28 （20）, 7181-7189.

[34]Friedfeld, M. R. ; Stein, J. L. ; Ritchhart, A. ; et al. Conversion reactions of atomically precise semiconductor clusters. Acc. Chem. Res. **2018**,51（11）,2803-2810.

[35]Kamei, Y. ; Shichibu, Y. ; Konishi, K. Generation of small gold clusters with unique geometries through cluster-to-cluster transformations：Octanuclear clusters with edge-sharing gold tetrahedron motifs. Angew. Chem. Int. Ed. **2011**,50（32）,7442-7445.

[36]Yao, L. Y. ; Hau, F. K. ; Yam, V. W. Addition reaction-induced cluster-to-cluster transformation：Controlled self-assembly of luminescent polynuclear gold（Ⅰ）μ_3-sulfido clusters. J. Am. Chem. Soc. **2014**,136（30）,10801-10806.

[37]Yao, L. Y. ; Yam, V. W. Photoinduced isomerization-driven structural transformation between decanuclear and octadecanuclear gold（Ⅰ）sulfido clusters. J. Am. Chem. Soc. **2015**,137（10）,3506-3509.

[38]Xu,G. T. ;Wu,L. L. ;Chang,X. Y. ;et al. Solvent-induced cluster-to-cluster transformation of homoleptic gold(I) thiolates between catenane and ring-in-ring structures. Angew. Chem. Int. Ed. **2019**,58（45）,16297-16306.

[39]Yan,L. L. ;Yao,L. Y. ;Yam,V. W. Concentration- and solvation-induced reversible structural transformation and assembly of polynuclear gold(I) sulfido complexes. J. Am. Chem. Soc. **2020**,142（26）,11560-11568.

[40]Jamal,F. ;Rafique,A. ;Moeen,S. ;et al. Review of metal sulfide nanostructures and their applications. ACS Appl. Nano Mater. **2023**,6（9）,7077-7106.

[41]Balakrishnan,A. ;Groeneveld,J. D. ;Pokhrel,S. ;et al. Metal sulfide nanoparticles:Precursor chemistry. Chem. Eur. J. **2021**,27（21）,6390-6406.

[42]Vaqueiro,P. ;Romero,M. L. Gallium-sulfide supertetrahedral clusters as building blocks of covalent organic-inorganic networks. J. Am. Chem. Soc. **2008**,130（30）,9630-9631.

[43]Wu,T. ;Khazhakyan,R. ;Wang,L. ;et al. Three-dimensional covalent co-assembly between inorganic supertetrahedral clusters and imidazolates. Angew. Chem. Int. Ed. **2011**,50（11）, 2536-2539.

[44]Vaqueiro,P. ;Romero,M. L. $[Ga_{10}S_{16}(NC_7H_9)_4]^{2-}$:A hybrid supertetrahedral nanocluster. Chem. Commun. **2007**,（31）,3282-3284.

[45]Sun,L. ;Zhang,H. Y. ;Zhang,J. ;et al. A quasi-D_3-symmetrical metal chalcogenide cluster constructed by the corner-sharing of two T3 supertetrahedra. Dalton Trans. **2020**,49（40）, 13958-13961.

[46]Wu,J. ;Jin,B. ;Wang,X. ;et al. Breakdown of valence shell electron pair repulsion theory in an H-bond-stabilized linear sp-hybridized sulfur. CCS Chemistry **2021**,3（10）,2584-2590.

[47]Wu,T. ;Zhang,Q. ;Hou,Y. ;et al. Monocopper doping in Cd-In-S supertetrahedral nanocluster via two-step strategy and enhanced photoelectric response. J. Am. Chem. Soc. **2013**,135 （28）,10250-10253.

[48]Zhang,Y. -P. ;Zhang,X. ;Mu,W. -Q. ;et al. Indium sulfide clusters integrated with 2,2′-bipyridine complexes. Dalton Trans. **2011**,40（38）,9746-9751.

[49]Li,J. -N. ;Fu,Y. ;Liu,L. ;et al. First-principle predictions of basicity of organic amines and phosphines in acetonitrile. Tetrahedron **2006**,62（50）,11801-11813.

[50]Ishikawa,T. Superbases for organic synthesis:Guanidines,amidines,phosphazenes and related organocatalysts. Chichester:John Wiley & Sons,2009.

第4章
基于M₂OS₂单元组装的T5团簇二维框架的合成和光电性能研究

4.1 概述

4.2 实验部分

4.3 结果与讨论

4.4 小结

4.1 概述

金属硫属超四面体团簇（metal chalcogenide supertetrahedral clusters，MCSCs）构筑的开放框架作为一种结合了多孔和半导体性能的优良材料，具有广泛的潜在应用前景，近年来引起了人们的广泛关注[1-5]。MCSCs 及其组装的开放框架具有精确的晶体结构，此外其多金属组成具有高的调节性，是研究ⅡA～ⅥA 族半导体光电性能的理想模型[6]。从原子精确纳米团簇的角度来看，掺杂在 MCSCs 中 Mn^{2+} 的不同位置，如核心、边缘和表面[7,8]，以及由 MS_4 基本单元之间的晶格失配产生的晶格应变对于硫属化合物团簇的光电性质具有显著调节作用[9]。因此，开发基于 MCSCs 的不同金属硫属化合物开放框架，对于全面和深入理解硫属化合物的结构—性能关系具有重要意义。

将具有丰富电子构型的过渡金属离子引入 MCSCs 中，可以显著地调控金属硫属化合物材料的电子态密度和能带结构，从而调整其光电性质[10-16]。一般来说，构筑 MCSCs 时金属离子位点的选择受 Pauling 静电价规则的影响。例如，低氧化态（≤＋2）具有合适离子半径的过渡金属离子，例如 Cu^+、Cu^{2+}、Zn^{2+} 和 Mn^{2+}，可以将其锚定到大尺寸团簇内部以平衡硫属元素的局部负电荷，有助于构建复杂的 MCSCs；而高氧化态（≥＋3）金属离子主要分布在 MCSCs 的边缘和顶点，用来降低这些区域中低配位硫属元素的负电荷（图 4-1）[17]。这一广为接受的规则对于有预见性地设计金属硫属开放框架的目标结构和性能极为有用，但同时这也在很大程度上限制了引入 MCSCs 中的金属原子的数量和位置分布。

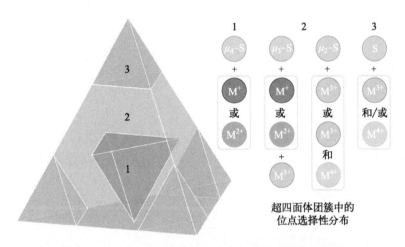

图 4-1　大尺寸 MCSCs 中金属位点的选择性分布[17]

图4-1

为了改善基于 MCSCs 的开放框架的光电性能，研究者们投入了大量精力来设计新的簇间桥接连接子，这极大地丰富了基于 MCSCs 的高性能金属硫属开放框架的结构家族[18-21]。目前，多配位模式的硫族原子[22-26] 和有机配体联吡啶[27,28]、咪唑[29]、羧酸化合物等[29]，已被用作连接子组装 MCSCs 的开放框架，但遗憾的是这些工作并不能对过渡金属在框架结构中的分布多样性做出贡献。考虑到长久以来过渡金属在调节化合物光电性质方面的优势，设计含过渡金属的连接子更有利于开发性能优异的基于 MCSCs 的金属硫属开放框架。到目前为止，有关过渡金属连接子的研究工作主要集中在 T2 和 T4 团簇上[30-34]。然而，基于过渡金属参与组装的大尺寸 Tn（$n \geqslant 5$）团簇的开放框架的设计和合成仍然是一个巨大的挑战。

在此，本章将报告 5 个新的以 T5 团簇作为结构单元的金属硫/氧化物开放框架，即化合物 **1**（$[In_{30}Cu_9O_2S_{58}]^{12-}$）、**2**（$[In_{30}Zn_9O_2S_{58}]^{12-}$）、**3**（$[In_{30}Zn_5Mn_4O_2S_{58}]^{12-}$）、**4**（$[In_{34}Mn_5O_2S_{58}]^{8-}$）和 **5**（$[In_{28}Mn_6S_{54}]^{12-}$）。值得注意的是，这一系列结构中得到一类新的由过渡金属组成的簇间连接子 M_2OS_2（M=Cu,Zn 和 Mn）。M_2OS_2 单元通过与相邻 T5 簇上的硫原子配位作为连接子成功地引入化合物 **1~4** 中。实验结果表明，结构中过渡金属的种类及比例对于化合物的光学带隙和光电响应具有重要影响。其中化合物 **3~5** 在紫外光的激发下都可以发出与 Mn^{2+} 密切相关的亮橙红光，而对它们系列的性能研究表明 M_2OS_2 连接子的引入可以大大提高材料的光致发光（photoluminescence，PL）寿命。此外，变温 PL 谱表明，引入的 M_2OS_2 单元有利于化合物骨架结构的刚性提升，以减小化合物在低温下发射峰的红移幅度。

4.2 实验部分

4.2.1 化合物的制备

4.2.1.1 化合物 $[In_{30}Cu_9O_2S_{58}]$(HDBN)$_8$(H-eta)$_4$(H$_2$O)$_{17}$（1）的合成

化合物 **1** 是通过溶剂热合成制备的。将 0.32 mmol（36.8 mg）In 粉，1.88 mmol（60mg）S 粉，0.035 mmol（5.0 mg）CuBr，1.0 mL DBN，1.0 mL 乙醇胺和 1.0 mL 水加入 23 mL 的聚四氟乙烯内衬不锈钢高压釜中。室温搅拌 30 min，缓慢升温至 180 ℃后反应 8 天，然后将高压釜自然冷却至室温。所得结晶呈黄绿色八面体，含少量杂质。粗产物用乙醇和蒸馏水分别洗涤 3 次，过滤后手工挑选以进一步纯化，产品收率为 48.6%（14 mg，以 Cu 为基准）。元素分析计算（实验）：C 10.30(10.82)；N 3.75(3.53)；H 2.30(2.44)。

4.2.1.2 化合物 $[In_{30}Zn_9O_2S_{58}]$(HDBN)$_4$(H-eta)$_8$(H$_2$O)$_{2.5}$（2）的合成

其合成及纯化方式与化合物 **1** 基本一致，但原料用量有所不同。将 0.32 mmol（36.8 mg）In 粉，4.51 mmol（144.3 mg）S 粉，0.14 mmol（31.0 mg）Zn(OAc)$_2$·2H$_2$O，1.0 mL DBN，1.0 mL 乙醇胺和 1.0 mL 水加入 23 mL 的聚四氟乙烯内衬不锈钢高压釜中反应。获得无色多面体晶体，产品收率为 42.9%（46.4 mg，以 Zn 为基

准）。元素分析计算（实验）：C 7.59(7.42)；N 3.22 (3.53)；H 1.75(1.81)。

4.1.2.3　化合物[In$_{30}$Zn$_5$Mn$_4$O$_2$S$_{58}$](HDBN)$_5$(H-eta)$_7$(H$_2$O)$_3$(3)的合成

其合成及纯化方式与化合物 1 基本一致。不同之处在于没有加入 CuBr，而添加了 0.045 mmol（10 mg）Zn(OAc)$_2$·2H$_2$O、0.041 mmol（10 mg）Mn(OAc)$_2$·4H$_2$O，190 ℃下反应 8 天。获得无色块状晶体，产品收率为 39.7%（25 mg，以 Zn 为基准）。元素分析计算（实验）：C 8.41(8.45)；N 3.40(3.41)；H 1.81(1.83)。

4.1.2.4　化合物[In$_{34}$Mn$_5$O$_2$S$_{58}$](HDBN)$_2$(H-eta)$_6$(H$_2$O)$_{0.5}$(4)的合成

其合成及纯化方式与化合物 1 基本一致。不同之处在于没有加入 CuBr，而添加了 0.019 mmol（5.0 mg）Cd(OAc)$_2$·2H$_2$O、0.041 mmol（10 mg）Mn(OAc)$_2$·4H$_2$O，190 ℃下反应 8 天。获得无色块状晶体，产品收率为 36.4%（20 mg，以 Mn 为基准）。元素分析计算（实验）：C 4.66(4.65)；N 2.09(2.11)；H 1.13(1.14)。

4.1.2.5　化合物[In$_{28}$Mn$_6$S$_{54}$](HDBN)$_{7.5}$(H-eta)$_{4.5}$(H$_2$O)$_{2.5}$(5)的合成

其合成及纯化方式与化合物 1 基本一致。不同之处在于没有加入 CuBr，而是添加了 0.041 mmol（10 mg）Mn(OAc)$_2$·4H$_2$O，190 ℃下反应 8 天。获得浅黄绿色棒状晶体，产品收率为 51.5%（23 mg，以 Mn 为基准）。元素分析计算（实验）：C 11.30 (11.34)；N 4.18(4.13)；H 2.13(2.14)。

4.2.2　化合物 1~5 晶体结构测定

由于化合物结构中的客体阳离子高度无序，难以通过晶体数据解析确定其位置，因而使用 PLATON SQUEEZE 程序进行去溶剂处理。根据 PLATON SQUEEZE 分析结果，同时结合元素分析和 TGA 数据计算出了其最终分子式。其晶体学数据和结构精修数据列于表 4-1 和表 4-2。

表 4-1　化合物 1 和 2 的相关晶体学数据和结构精修数据

化合物	1	2
骨架分子式	[Cu$_9$In$_{30}$O$_2$S$_{56}$]$^{12-}$	[Zn$_9$In$_{30}$O$_2$S$_{56}$]$^{12-}$
分子量	5843.82	5860.802
温度/K	298.0	150.00(10)
晶系	四方晶系	四方晶系
空间群	$I4_1/amd$	$I4_1/amd$
晶胞参数 a/Å	19.5339(7)	19.4095(2)
晶胞参数 b/Å	19.5339(7)	19.4095(2)
晶胞参数 c/Å	49.415(3)	48.2605(9)

化合物	1	2
晶胞参数 α /(°)	90	90
晶胞参数 β /(°)	90	90
晶胞参数 γ /(°)	90	90
晶胞体积 V /Å³	18855.4(18)	18181.1(4)
晶胞内分子数	4	4
晶体密度/(g/cm³)	2.074	2.141
吸收校正/mm⁻¹	5.205	37.082
单胞中的电子数目	10642.0	10675.2
收集衍射点数	5122	3753
基于 F2 的 GOF 值	0.791	0.990
$R_1$①/$wR_2$②$[I>2\sigma(I)]$	0.0579, 0.1706	0.0579, 0.2057
R_1/w③R_2(全数据)	0.1361, 0.1921	0.0614, 0.2126

① $R_1 = \sum ||F_o| - |F_c|| / \sum |F_o|$。

② $wR_2 = \{\sum [w(F_o^2 - F_c^2)^2] / \sum [w(F_o^2)^2]\}^{1/2}$。

表 4-2 化合物 3~5 的晶体学参数

化合物	3	4	5
骨架分子式	$[In_{30}Zn_5Mn_4O_2S_{58}]^{12-}$	$[In_{34}Mn_5O_2S_{58}]^{8-}$	$[In_{28}Mn_6S_{54}]^{12-}$
分子量	5882.69	6070.06	5275.84
温度/K	150	150	150
晶系	四方晶系	四方晶系	四方晶系
空间群	$I4_1/amd$	$I4_1/amd$	$I4_1/amd$
晶胞参数 a/Å	19.5467(2)	19.6946(2)	19.59550(10)
晶胞参数 b/Å	19.5467(2)	19.6946(2)	19.59550(10)
晶胞参数 c/Å	48.6746(8)	48.7927(6)	48.6374(6)
晶胞参数 α /(°)	90	90	90
晶胞参数 β /(°)	90	90	90
晶胞参数 γ /(°)	90	90	90
晶胞体积/Å³	18597.3(5)	18925.6(4)	18676.0(3)
单胞中分子数	4	4	4
晶体密度/(g/cm³)	2.101	2.130	1.876
吸收校正/mm⁻¹	38.043	41.042	35.896
$F(000)$	10656.0	10940.0	9544.0
收集衍射点数	4695	4455	164366
独立衍射点数	4695	4455	5412
基于 F2 的 GOF 值	1.080	1.096	1.078
$R_1$①/$wR_2$②$[I>2\sigma(I)]$	0.0650, 0.2191	0.0538, 0.2153	0.0410, 0.1307
R_1/w③R_2(全数据)	0.0728, 0.2298	0.0571, 0.2223	0.0485, 0.1359

① $R_1 = \sum ||F_o| - |F_c|| / \sum |F_o|$。

② $wR_2 = \{\sum [w(F_o^2 - F_c^2)^2] / \sum [w(F_0^2)^2]\}^{1/2}$。

4.3 结果与讨论

4.3.1 化合物晶体结构

系列化合物的晶体结构通过 SXRD 分析得到解析和细化，结果显示这些新材料都结晶在四方空间群 $I4_1/amd$ 中。如图 4-2 所示，X 射线单晶衍射分析表明化合物 **1～5** 都是以 T5 团簇为基本结构单元进行组装而成的二维开放框架，但是不同 T5 团簇的结构之间在元素组成及分布方式上仍然存在一些明显差异。

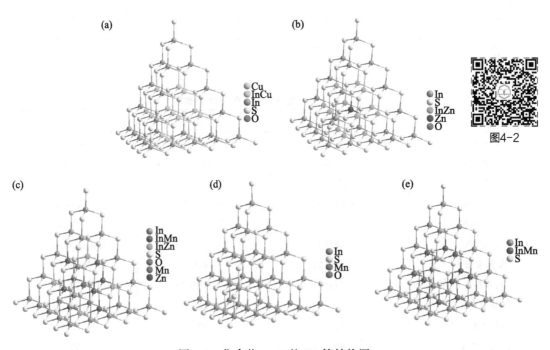

图 4-2　化合物 **1～5** 的 T5 簇结构图

其中化合物 **1** 和 **2** 具有完全相同的结构特点，选取化合物 **1** 作为代表进行详细的结构讨论。如图 4-3（a）所示，化合物 **1** 中的次级结构单元（SBU）是经典的 T5 团簇，其内核为一个 CuS_4 四面体。团簇的核心位置被一个 Cu 原子所占据，通过 SXRD 和 ICP-OES 测试表明，为了满足 Pauling 静电价规则，T5 团簇中围绕核心 Cu 原子的 12 个金属位点并不是由一类原子单一占据的，而是由 Cu 和 In 原子共同占据以更好地调节团簇内的局部电荷平衡。这 12 个金属位点围绕核心 Cu 原子形成立方八面体的几何形状。值得注意的是，T5 团簇之间除了通过 μ_2-S 原子这种非常经典的连接方式进行组装外，在相邻的 T5 团簇间还插入了一个 Cu_2OS_2 单元作为簇间连接子。如图 4-3（b）所示，该连接子中的 Cu 原子与相邻两个 T5 簇中棱上的 S 原子结合形成 {$CuOS_3$} 的四面体配位模式，并通过共用顶点的氧原子形成二聚体，最终实现了对相邻 T5 团簇的组装。这种新型过渡金属连接子的出现使得 T5 团簇开放框架中的金属分布与含量都产生了更加丰富的变化。通过 μ_2-S 和 Cu_2OS_2 的共同组装，T5 团簇组装形成了沿 c 轴具有较大孔道的二维开放框架［图 4-3(c)］。对其结构的空间堆积方式进行研究发现，化合物 **1** 中的多个二维框架会沿着 c 轴进行 A-B-A 的错位堆积，这将影响其在实际应用中的有效孔道尺寸［图 4-3(d)］。

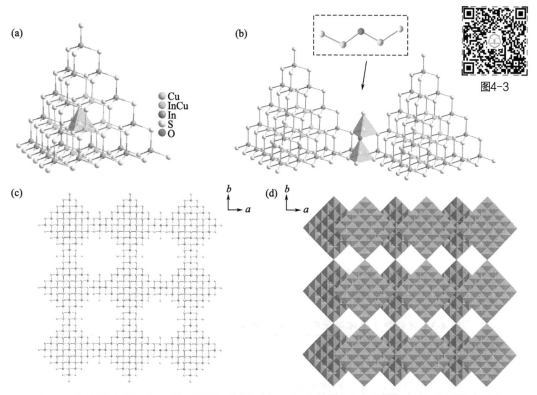

图 4-3　化合物 **1** 的次级结构单元 T5 团簇（a）；化合物 **1** 中 T5 团簇间组装示意图（b）；
化合物 **1** 中 T5 团簇组装的二维开放框架（c）；化合物 **1** 中二维开放框架的空间堆积方式（d）

　　化合物 **3** 和 **4** 与化合物 **1** 和 **2** 具有相同的簇间组装和空间堆积方式，在此不再赘述；但二者结构中作为 SBU 的 T5 团簇由于金属的不同分布方式呈现出与众不同的结构特点，在此分别讨论。化合物 **3** 的 T5 团簇中，其核心位置同样被 2 价金属 Mn 占据；但由于结构中有 Mn 和 Zn 两种金属的混合掺杂，围绕 T5 团簇核心原子的 12 个金属位点产生两种不同的晶格共占方式［图 4-4(a)］。如图 4-4(b) 所示，这 12 个金属位点围绕 T5 团簇的核心以立方八面体分布，其中 8 个为 Zn/In 共占位点，其以立方体的分布形式围绕着核心 Mn 原子；另外 4 个位点由 Mn 原子和 In 原子共同占据并分布在同一平面，与由 Zn/In 位点形成的立方体相互垂直，以腰带的形式围绕在立方体外围。化合物 **4** 的 T5 团簇中的核心位置仍然由氧化态较低的 Mn(II) 原子占据，但有趣的是，团簇内其他金属位点并未出现其他 T5 团簇中广泛存在的 M(II)/In 金属共占；除了核心原子外，T5 团簇内的其余金属位点全部由 In 原子独立占据［图 4-4(c)］，这与价键和的计算分析结果一致（表 4-3）。此外，我们还利用 ICP-OES 法进一步确认了系列化合物中的金属组成，测试结果见表 4-4，以便更加准确地分析结构中的金属分布。

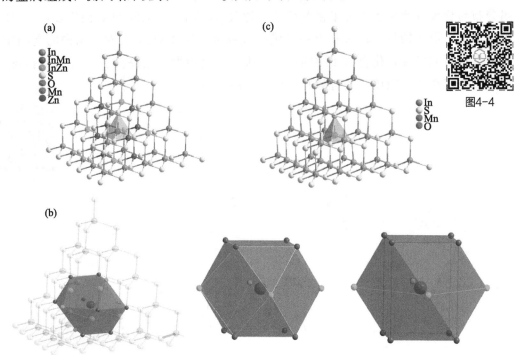

图 4-4　化合物 **3** 的次级结构单元 T5 团簇（a）；化合物 **3** 中 T5 团簇内金属共
占位点分布（b）；化合物 **4** 的次级结构单元 T5 团簇（c）

表 4-3　化合物 4 晶体单元中金属原子的键距（单位：Å）和价键和（BVS）

A 原子	B 原子				价键和
In1	**S1** 2.4691(63)	**S10** 2.4838(02)	**S10** 2.4838(02)	**S2** 2.4647(93)	**3.00952**
In2	**S2** 2.4210(13)	**S3** 2.4369(79)	**S5** 2.5099(57)	**S5** 2.5099(57)	**3.31710**
In3	**S3** 2.4405(53)	**S3** 2.4405(53)	**S4** 2.4985(91)	**S4** 2.4985(91)	**3.07454**
In4	**S4** 2.4845(70)	**S5** 2.4773(70)	**S6** 2.4487(17)	**S7** 2.4846(40)	**3.02376**
In5	**S7** 2.4903(54)	**S7** 2.4903(54)	**S8** 2.4379(73)	**S8** 2.4379(73)	**3.10900**
In6	**S6** 2.4553(36)	**S7** 2.4811(46)	**S7** 2.4811(46)	**S9** 2.4907(87)	**2.99656**
In7	**S10** 2.4212(85)	**S5** 2.4866(42)	**S8** 2.4427(22)	**S9** 2.4951(20)	**3.13483**
Mn1	**S6** 2.2237(11)	**S6** 2.2237(11)	**S6** 2.2237(11)	**S6** 2.2237(11)	**3.96008**
Mn2	**S11** 2.3165(24)	**S10** 2.4811(45)	**S10** 2.4811(45)	**O1** 2.0522(72)	**2.38398**

注：A—B 键的价键和的定义为 $S_{A\text{-}B} = \exp[(R_0 - R_{A\text{-}B})/b]$，$R_{A\text{-}B}$ 代表 A-B 之间键长，R_0 和 b 是 Brown 等定义的经验参数。其中，$R_{In\text{-}S} = 2.37$，$R_{Mn\text{-}O} = 1.79$，$R_{Mn\text{-}S} = 2.22$，$b = 0.37$，价键和 BVS$= \sum S_{A\text{-}B}$。

化合物 **5** 同样是由 T5 团簇组装而成的二维开放框架，但其结构中的 T5 团簇与组装方式均与化合物 **1～4** 有所不同。众所周知，完美的 T5 簇中的核心位置由金属原子占据，并与周围硫属元素形成一个四面体的 MS_4 内核；但在化合物 **5** 中其 T5 团簇核心位置的 MS_4 四面体却是缺失的，呈现出团簇核心的空位 [图 4-5(a)]。这类 T5 簇是一类罕见的伪超四面体 O@T5 团簇，其中的 O 代表着结构中的空位，同时也可以被认为是结构中的"空位点缺陷"。目前，具有这一结构特征的 T5 团簇仅仅报道了两例[35,36]。围绕缺失内核的 12 个金属位点由 Mn 原子和 In 原子共同占据，并呈立方八面体的分布方式。相比于化合物 **1～4**，除了 T5 团簇核心空位的明显区别，化合物 **5** 结构中的 T5 团簇也只通过 μ_2-S 这一经典的连接方式进行簇间组装 [图 4-5(b)]；化合物 **5** 与化合物 **1～4** 具有相同拓扑结构，且具有相同的空间堆积方式。

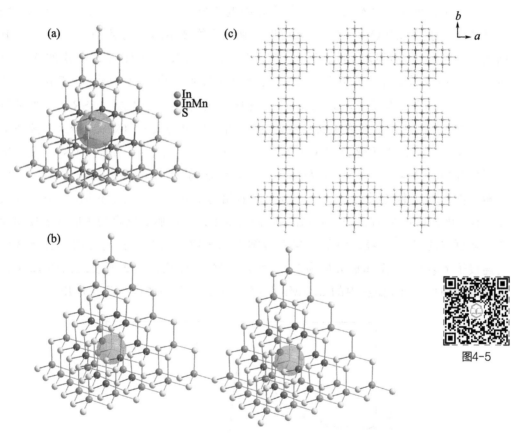

图 4-5　化合物 **5** 的次级结构单元 T5 团簇，绿色球体代表结构中存在的空位（a）；
化合物 **5** 中 T5 团簇间组装示意图（b）；化合物 **5** 中 T5 团簇组装的二维开放框架（c）

表 4-4　ICP-OES 法测定化合物 1～5 的金属比例

化合物	c_{In}/(mg/L)	c_{Mn}/(mg/L)	c_{Zn}/(mg/L)	c_{Cu}/(mg/L)	金属比例
1	28.513	—	—	9.121	In：Cu=3.1：1.0
2	29.614	—	9.277	—	In：Zn=3.2：1.0
3	21.237	2.785	3.461	—	In：Mn：Zn=6.1：0.8：1.0

化合物	c_{In}/(mg/L)	c_{Mn}/(mg/L)	c_{Zn}/(mg/L)	c_{Cu}/(mg/L)	金属比例
4	34.608	5.039	—	—	In：Mn＝6.9：1.0
5	34.062	7.217	—	—	In：Mn＝4.7：1.0

注：将化合物 1~5 分别称取一定质量，溶解到浓盐酸中，并经赶酸稀释到 mg/L 级浓度，然后用 ICP-OES 测量；表中数据为三次测定结果的平均值。

4.3.2 ESR 确定化合物 3 的 M_2OS_2 单元组成分

由于化合物 **3** 中含有两种价态与半径相近的金属离子 Mn^{2+} 和 Zn^{2+}，通过 SXRD 难以区分。通过 ICP-OES 测试结果可以得到化合物 **3** 中的金属 Zn 和 Mn 含量及其比例关系，但是这不足以判断金属具体分布位点，尤其是化合物 **3** 中簇间连接单元 M_2OS_2 的组成需要进一步确认。由于化合物 **3** 与 **4** 中均含有 Mn^{2+}，其电子构型为 [Ar] $3d^5$，具有单电子，可以利用 X 波段归一化电子顺磁共振（ESR）光谱进行分析。如图 4-6 所示，化合物 **4** 的归一化 ESR 谱展现出的线宽（9.8258 GHz 频率下的 ΔH＝285.91 Gs）大于化合物 **3**（9.8258 GHz 频率下的 ΔH＝240.77 Gs），这一结果表明化合物 **4** 结构中 Mn-Mn 间距更小，具有更强的 Mn-Mn 距离取向的偶极子-偶极子相互作用[37]。假定化合物 **3** 的 M_2OS_2 单元为 Mn_2OS_2，其 Mn-Mn 距离为 3.799 Å，小于化合物 **4** 的 Mn_2OS_2 中 Mn-Mn 距离 3.857 Å，那么化合物 **3** 应该表现出比化合物 **4** 更宽的 ESR 曲线，但是这与实验结果相矛盾。因此，我们推测化合物 **3** 中簇间连接子 M_2OS_2 的金属成分应为 Zn，而不是 Mn。而化合物 **3** 所表现出的 ESR 信号来自其结构单元 T5 团簇内的 Mn-Mn 距离取向的偶极子-偶极子相互作用。

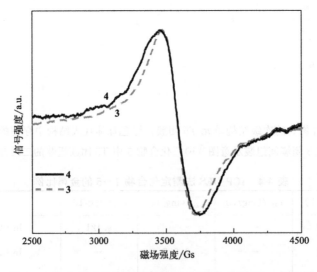

图 4-6　化合物 **3** 和 **4** 在室温下的 X 波段 ESR 归一化光谱

4.3.3 化合物 1~5 的合成讨论

通过调节金属种类和比例，成功地合成了五例超四面体 T5 簇开放框架，产率较高。需要指出的是，在合成过程中，反应物的比例用量对产物的制备具有明显影响，这可能是由于反应物溶解性及产物中金属与硫元素组合比例的作用。此外，反应温度也在合成中扮演重要角色，这可能归因于不同金属 M 与 S 元素之间 M—S 键能的大小。例如 Mn—S 键能为 301 kJ/mol，明显高于 Cu—S 的键能 274.5 kJ/mol，意味着在合成 Mn 掺杂 T5 团簇时，设定比含有 Cu 的化合物更高的合成温度有利于提供足够能量获得目标化合物。

4.3.4 化合物 1~5 的能谱（EDS）测试

为了确定化合物的晶体结构和组成的正确性，对化合物 1~5 进行了能谱（EDS）测试（图 4-7），确定了其结构中元素 S 的存在和相应金属组成。

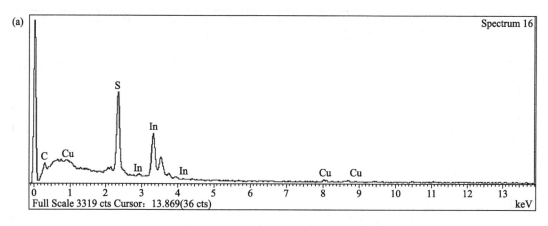

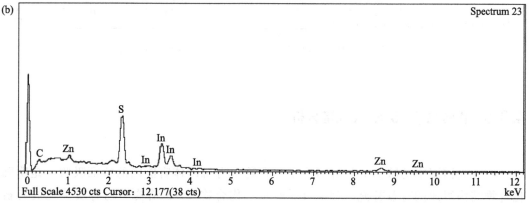

图 4-7

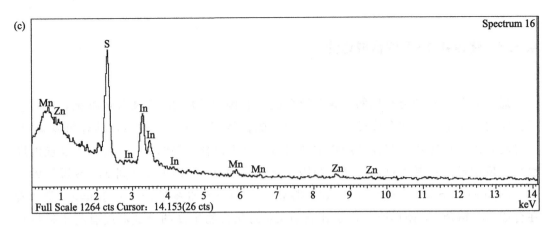

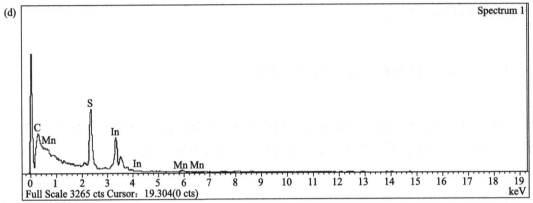

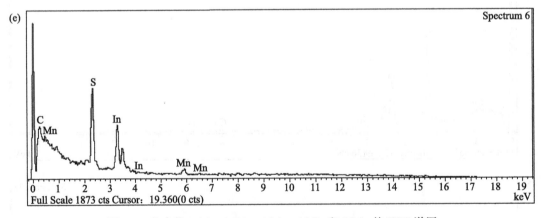

图 4-7 化合物 **1**(a)，**2**(b)，**3**(c)，**4**(d) 和 **5**(e) 的 EDS 谱图

4.3.5 化合物 1~5 的 IR 光谱分析

红外光谱图中的特征吸收峰对应于化合物中有机配体官能团的特征吸收，是明确化合物结构组成的有益补充。如图 4-8 所示，化合物 **1**～**5** 结构中均有质子化的有机胺，因此在 3420 cm^{-1} 至 3220 cm^{-1} 处表现出 N—H 键伸缩振动吸收峰。1675 cm^{-1}

处中等强度的吸收峰，来自 C=N 伸缩振动，表明化合物结构中存在 DBN。1200 cm^{-1} 处的 C—O 吸收峰，预示着结构中存在伯醇类化合物。

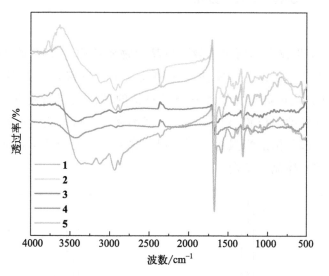

图 4-8

图 4-8 化合物 **1~5** 的 IR 光谱图

4.3.6 化合物 1~5 的热稳定性分析

化合物 **1~5** 的热重分析结果如图 4-9 所示，虽然该系列化合物均含有质子化的胺作为抗衡离子，但在 200 ℃以下总体表现出良好的热稳定性。当温度小于 100 ℃时，骨架内吸附的少量溶剂分子会受热离去，当温度高于 200 ℃时化合物 **1~5** 开始明显失重。

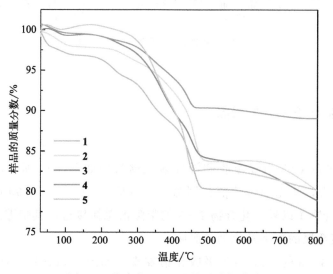

图 4-9

图 4-9 化合物 **1~5** 的热重分析曲线

4.3.7 化合物 1~5 的 PXRD 分析

SCXRD 测试结果仅表示所挑选测试单晶的物质结构，还需要通过 PXRD 对所得晶体进行相纯度表征，以保证后期性能应用及表征的准确性。如图 4-10 所示，将化合物 **1~5** 的 PXRD 测试数据曲线和其单晶解析的模拟数据曲线进行对比，5 个化合物的特征衍射峰的峰型和位置与其模拟峰均基本吻合，这说明所得的该系列化合物均为纯相物质。图中部分衍射峰强弱有所差别，这主要是由于晶体测试过程中晶体研磨后颗粒尺寸差异和晶体晶面朝向所致。

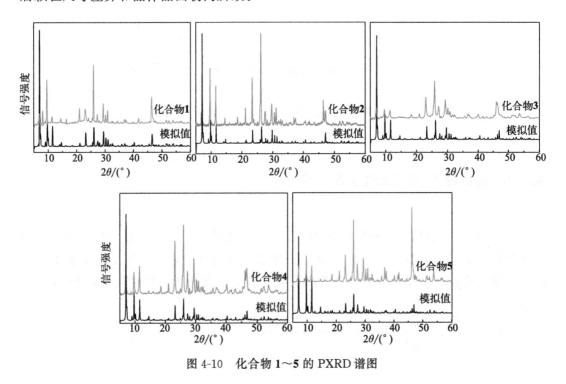

图 4-10　化合物 **1~5** 的 PXRD 谱图

4.3.8 化合物 1~5 的光学带隙

化合物 **1~5** 的紫外-可见吸收和漫反射光谱数据如图 4-11 所示，根据 Kubelka-Munk 函数法分析，其光学带隙值分别为 2.32 eV、3.13 eV、2.90 eV、2.98 eV 和 2.86 eV。除化合物 **1** 以外，化合物 **2~5** 的带隙值总体接近，其带隙差异可能主要归因于结构中过渡金属的种类及比例的影响。

对比化合物 **1~5** 的紫外-可见吸收光谱发现，如图 4-11（a），不同过渡金属的引入对 T5 簇开放框架的紫外-可见吸收有一定影响。当 T5 簇中的低价金属为 Cu 时，其最大吸收峰红移至可见光区（480～600 nm），这归因于 Cu^{2+} 的 d-d 跃迁。当 T5 团簇中引入金属 Zn、Mn 或二者混合掺杂时，化合物在可见光区有微弱的吸收。值得注意的是，化合物 **5** 在可见光区的吸收性能高于化合物 **2**～**4**［图 4-11(a)］，而化合物 **2** 则展现出该系列化合物中最大的光学带隙［图 4-11(b)］。这些结果表明，相比于新的簇间连接子 M_2OS_2，引入过渡金属的种类及其比例对化合物光学带隙的调节作用更为重要。

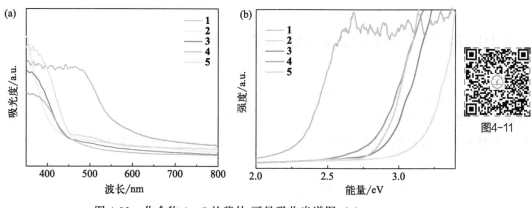

图 4-11　化合物 **1**～**5** 的紫外-可见吸收光谱图（a）；
化合物 **1**～**5** 的紫外-可见漫反射谱图（b）

4.3.9　化合物 1~5 的光电流性能

为了研究电荷分离效率，对化合物 **1**～**5** 进行了光电流性能测试。如图 4-12 所示，这些 T5 簇构筑的开放框架化合物表现出明显的光电流响应性能。其中，具有

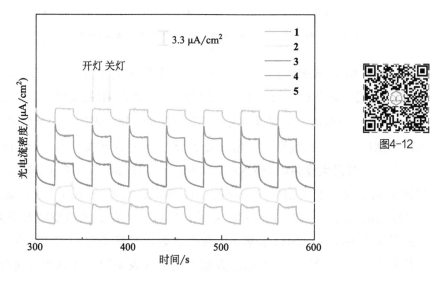

图 4-12　化合物 **1**～**5** 的光电流图

M_2OS_2 单元的化合物 **1~4** 光电流密度分别为 4.2 $\mu A/cm^2$，3.5 $\mu A/cm^2$，5.2 $\mu A/$ cm^2 和 6.0 $\mu A/cm^2$，这表明过渡金属的种类及比例组成对于调节化合物的光生电子及空穴的分离效率具有重要作用。值得注意的是，具有 M_2OS_2 单元的化合物的光电流密度均高于只通过 μ_2-S 组装的化合物 **5**(3.3 $\mu A/cm^2$)。这表明结构中 M_2OS_2 单元的引入有利于提升化合物的光电分离效率，这可能归因于 M_2OS_2 单元增加了团簇间的金属位点，提高了骨架表面的电子转移效率。

4.3.10 化合物 1~5 的光致发光性能测试

在对该系列化合物的性能研究中发现，化合物 **3~5** 在紫外光激发下均表现出强烈的 Mn^{2+} 相关的橙色/橙红色发光，如图 4-13 所示。接下来，对其光致发光性能进行了系统研究，以明确 M_2OS_2 单元的引入对化合物光致发光性能的影响。

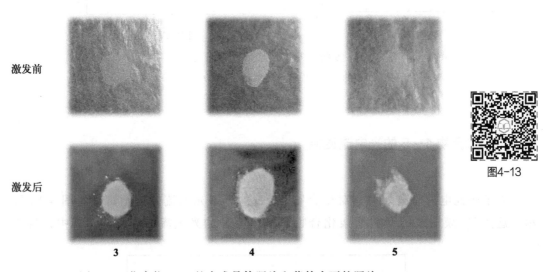

图4-13

图 4-13　化合物 **3~5** 的合成晶体照片和紫外光下的照片

用爱丁堡 FLS920 稳态荧光分光光度计测量化合物 **3~5** 的 PL 光谱和 PL 激发 (PLE) 光谱。此前已有报道表明，MCSCs 的 Mn^{2+} 相关发射可以通过多种方式实现，包括 Mn^{2+} 的直接激发，以及从主体 MCSCs 到 Mn^{2+} 的激子能量转移的间接激发。正如所预期的那样，在室温下，化合物 **3~5** 在紫外光激发下发出与 Mn^{2+} 相关的强烈的橙红色光，其最大发射峰分别位于 609 nm、631 nm 和 612 nm 处 [图 4-14(a)]，这归因于 Mn^{2+} 的 $3d^5$ 外层电子分裂的 d 轨道跃迁 ($_4T^1 \rightarrow {}_6A^1$)[38,39]；最大激发峰分别位于 377 nm、380 nm 和 368 nm 处 [图 4-14(b)]。在最大激发波长下采集了三个化合物的最大发射峰的时间以求解 PL 衰变数据，考察了它们的 PL 寿命 [图 4-14(c)]，平均寿命由 $\tau_{ave} = \sum A_i \tau_i^2 / \sum A_i \tau_i$ 方程式确定（表 4-5）。计算所得化合物 **3~5** 的平均衰变寿命分别为 201 μs、482 μs 和 89 μs，这高于已报道的 MCSCs 的 Mn 相关发射的平均水平。由此可认为系列化合物的 PL 性质与自身的晶体结构密切相关。一方面，相比于化合物 **5** 结构中的空位缺陷，化合物 **3** 和 **4** 中的 T5 簇内核被 Mn 原子占据不仅减少了化合物的非辐射复合，而且核心 Mn 原子可以作为一个新的发射中心，这对于提升化合物 **3** 和 **4** 的发光寿命具有重要作用。另一方面，三种化合物的结构中由于金属位点的分布普遍存在 Mn-Mn 耦合效应，这对于含 Mn 材料的发光性能是不利的。值得注意的是，化合物 **4** 中位于 T5 团簇核心的 Mn 原子是孤立分布的，这使得其可以不受 Mn-Mn 耦合效应影响，有利于其展现出更加优异的发光性能。

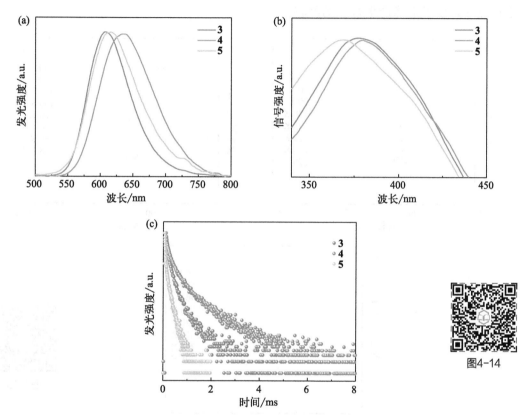

图 4-14 化合物 **3~5** 的最大发射峰（a）；化合物 **3~5** 的
最大激发峰（b）；室温下化合物 **3~5** 的 PL 寿命衰减曲线（c）

表 4-5　化合物 **3~5** 的室温 PL 平均衰变寿命

化合物	A_1/%	τ_1/μs	A_2/%	τ_2/μs	A_3/%	τ_3/μs	τ_{ave}/μs
3	10.76	683.00	39.37	57.85	49.86	210.00	200.98
4	36.43	970.78	48.02	251.06	15.54	53.13	482.47
5	51.52	146.68	48.48	27.17	—	—	88.74

为了深入了解 M_2OS_2 连接子对 PL 性能的影响，对化合物 **3~5** 的变温 PL 光谱进行了测试。从图 4-15 中可以看出，随着温度的降低，三种化合物的发射峰强度逐渐增强，峰位置出现红移。这种 PL 随温度变化的规律与此前的报道一致，其中 PL 发射峰随着温度降低而产生的红移可以归因于团簇内部应变或扭转应力。团簇间仅通

过 μ_2-S 原子组装的化合物 **5** 表现出最明显的低温发射峰红移，最大红移值达到 26 nm [图 4-15(c)]。与化合物 **5** 相比，含有 M_2OS_2 单元的化合物 **3** 和 **4** 的 PL 发射光谱受到温度降低的影响较低，其发射峰红移幅度较小，分别为 11 nm 和 19 nm [图 4-15(a) 和(b)]。造成这一实验差异的原因可能是由于化合物 **3** 和 **4** 中 M_2OS_2 单元的引入，使得相邻簇之间的连接更强，具备更强的刚性骨架结构，这减弱了骨架结构随着温度降低产生的扭曲变形，降低了团簇内部的扭转应力。此外，团簇结构中金属离子 M（M＝Mn^{2+}、Zn^{2+} 和 In^{3+}）的不同尺寸造成 M—S 键长的不匹配也会产生局域晶格扭转应变，使发射峰产生微小的红移。

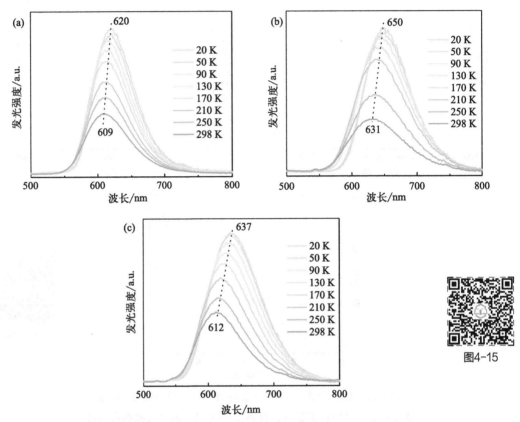

图 4-15　化合物 **3**(a)，**4**(b) 和 **5**(c) 分别在 380 nm，380 nm 和 370 nm 的激发波长下的变温 PL 谱

4.4　小结

　　本章利用调节化合物用量、金属种类和反应温度等手段，首先通过溶剂热合成开发了一种新的具有内核缺失的 Mn 掺杂 T5 簇构筑的金属硫化物 2D 开放框架。更重要的是，在此工作中开发了一种前所未有的过渡金属连接子 M_2OS_2，得到了由该类连接子组装而成的四例 T5 簇开放框架，这丰富了过渡金属在同类型簇基开放框架中

的分布。并对该系列化合物的半导体特性，如光学带隙、光电响应等进行研究，表明了过渡金属的种类及比例对性能的重要影响，并且具有 M_2OS_2 连接子的化合物总体表现出更加优异的光电响应。此外，化合物 **3～5** 的光致发光性能研究表明，具有 M_2OS_2 连接子的开放框架在发光寿命及温度-性能敏感性方面有更好的表现。该研究工作为制备具有更加丰富的过渡金属分布位点的 MCSCs 基开放框架提供一种重要的思路，这对提升该类材料的光电性能具有重要意义。

参考文献

[1] Bu, X.; Zheng, N.; Feng, P. Tetrahedral chalcogenide clusters and open frameworks. Chem. Eur. J. **2004**, 10(14), 3356-3362.

[2] Feng, P.; Bu, X.; Zheng, N. The interface chemistry between chalcogenide clusters and open framework chalcogenides. Acc. Chem. Res. **2005**, 38(4), 293-303.

[3] Lin, Q.; Bu, X.; Mao, C.; et al. Mimicking high-silica zeolites: Highly stable germanium-and tin-rich zeolite-type chalcogenides. J. Am. Chem. Soc. **2015**, 137(19), 6184-6187.

[4] Zhang, X. M.; Sarma, D.; Wu, Y. Q.; et al. Open-framework oxysulfide based on the supertetrahedral $[In_4Sn_{16}O_{10}S_{34}]^{12-}$ cluster and efficient sequestration of heavy metals. J. Am. Chem. Soc. **2016**, 138(17), 5543-5546.

[5] Sasan, K.; Lin, Q.; Mao, C.; et al. Open framework metal chalcogenides as efficient photocatalysts for reduction of CO_2 into renewable hydrocarbon fuel. Nanoscale **2016**, 8(21), 10913-10916.

[6] Zhang, J.; Bu, X.; Feng, P.; et al. Metal chalcogenide supertetrahedral clusters: Synthetic control over assembly, dispersibility, and their functional applications. Acc. Chem. Res. **2020**, 53(10), 2261-2272.

[7] Xu, X.; Wang, W.; Liu, D.; et al. Pushing up the size limit of metal chalcogenide supertetrahedral nanocluster. J. Am. Chem. Soc. **2018**, 140(3), 888-891.

[8] Liu, Y.; Zhang, J.; Han, B.; et al. New insights into mn-mn coupling interaction-directed photoluminescence quenching mechanism in Mn^{2+}-doped semiconductors. J. Am. Chem. Soc. **2020**, 142(14), 6649-6660.

[9] Xu, X.; Hu, D.; Xue, C.; et al. Exploring the effects of intercluster torsion stress on Mn^{2+}-related red emission from cluster-based layered metal chalcogenides. J. Mater. Chem. C **2018**, 6(39), 10480-10485.

[10] Graf, C.; Hofmann, A.; Ackermann, T.; et al. Magnetic and structural investigation of znse semiconductor nanoparticles doped with isolated and core-concentrated Mn^{2+} ions. Adv. Funct. Mater. **2009**, 19(15), 2501-2510.

[11] Wu, T.; Zhang, Q.; Hou, Y.; et al. Monocopper doping in Cd-In-S supertetrahedral nanocluster via two-step strategy and enhanced photoelectric response. J. Am. Chem. Soc. **2013**, 135(28), 10250-10253.

[12] Lin, J.; Zhang, Q.; Wang, L.; et al. Atomically precise doping of monomanganese ion into coreless supertetrahedral chalcogenide nanocluster inducing unusual red shift in Mn^{2+} emission. J. Am. Chem. Soc. **2014**, 136(12), 4769-4779.

[13] Lin, J.; Hu, D. -D.; Zhang, Q.; et al. Improving photoluminescence emission efficiency of nanocluster-based materials by in situ doping synthetic strategy. J. Phys. Chem. C **2016**, 120(51), 29390-29396.

[14]Coughlan, C.; Ibanez, M.; Dobrozhan, O.; et al. Compound copper chalcogenide nanocrystals. Chem. Rev. **2017**, 117(9), 5865-6109.

[15] Yang, X.; Pu, C.; Qin, H.; et al. Temperature-and Mn^{2+} concentration-dependent emission properties of Mn^{2+}-doped znse nanocrystals. J. Am. Chem. Soc. **2019**, 141(6), 2288-2298.

[16]Wang, Z.; Liu, Y.; Zhang, J.; et al. Unveiling the impurity-modulated photoluminescence from Mn^{2+}-containing metal chalcogenide semiconductors via Fe^{2+} doping. J. Mater. Chem. C **2021**, 9(39), 13680-13686.

[17]Wu, T.; Bu, X.; Zhao, X.; et al. Phase selection and site-selective distribution by tin and sulfur in supertetrahedral zinc gallium selenides. J. Am. Chem. Soc. **2011**, 133(24), 9616-9625.

[18]Wang, Y. -H.; Jiang, J. -B.; Wang, P.; et al. Polymeric supertetrahedral InS clusters assembled by new linkages. CrystEngComm **2013**, 15(30), 6040-6045.

[19]Lv, J.; Wang, W.; Zhang, L.; et al. Assembly of oxygen-stuffed supertetrahedral T3-SnOS clusters into open frameworks with single Sn^{2+} ion as linker. Cryst. Growth Des. **2018**, 18(9), 4834-4837.

[20]Ding, Y.; Zhang, J.; Liu, C.; et al. Antimony-assisted assembly of basic supertetrahedral clusters into heterometallic chalcogenide supraclusters. Inorg. Chem. **2020**, 59, 13000-13004.

[21]Sun, M.; Zhang, S.; Wang, K. Y.; et al. Mixed solvothermal synthesis of tn cluster-based indium and gallium sulfides using versatile ammonia or amine structure-directing agents. Inorg. Chem. **2021**, 60, 7115-7127.

[22]Bu, X.; Zheng, N.; Li, Y.; et al. Pushing up the size limit of chalcogenide supertetrahedral clusters: Two-and three-dimensional photoluminescent open frameworks from $(Cu_5In_{30}S_{54})_{13}$-clusters. J. Am. Chem. Soc. **2002**, 124(43), 12646-12647.

[23]Bu, X.; Zheng, N.; Li, Y.; et al. Templated assembly of sulfide nanoclusters into cubic-C_3N_4 type framework. J. Am. Chem. Soc. **2003**, 125(20), 6024-6025.

[24]Zhang, L.; Xue, C.; Wang, W.; et al. Stable supersupertetrahedron with infinite order via the assembly of supertetrahedral T4 zinc-indium sulfide clusters. Inorg. Chem. **2018**, 57(17), 10485-10488.

[25]Xue, C.; Lin, J.; Yang, H.; et al. Supertetrahedral cluster-based In-Se open frameworks with unique polyselenide ion as linker. Cryst. Growth Des. **2018**, 18(5), 2690-2693.

[26] Li, H.; Kim, J.; O'Keeffe, M.; et al. $[Cd_{16}In_{64}S_{134}]^{44-}$: 31-Å tetrahedron with a large cavity. Angew. Chem. Int. Ed. **2003**, 42(16), 1819-1821.

[27]Vaqueiro, P.; Romero, M. L. Gallium-sulfide supertetrahedral clusters as building blocks of covalent organic-inorganic networks. J. Am. Chem. Soc. **2008**, 130(30), 9630-9631.

[28]Vaqueiro, P.; Makin, S.; Tong, Y.; et al. A new class of hybrid super-supertetrahedral cluster and its assembly into a five-fold interpenetrating network. Dalton Trans. **2017**, 46(12), 3816-3819.

[29]Yang, H.; Zhang, J.; Luo, M.; et al. The largest supertetrahedral oxychalcogenide nanocluster and its unique assembly. J. Am. Chem. Soc. **2018**, 140(36), 11189-11192.

[30]Yaghi, O. M.; Sun, Z.; Richardson, D. A.; et al. Directed transformation of molecules to solids: Synthesis of a microporous sulfide from molecular germanium sulfide cages. J. Am. Chem. Soc. **1994**, 116(2), 807-808.

[31]Tan, K.; Darovsky, A.; Parise, J. B. Synthesis of a novel open-framework sulfide, CuGeZsS*($C_2H_5)_4N$, and its structure solution using synchrotron imaging plate data. J. Am. Chem. Soc. **1995**, 117, 7039-7040.

[32] Bowes, C. L.; Huynh, W. U.; Kirkby, S. J.; et al. Dimetal linked open frameworks: $[(CH_3)_4N]_2(Ag_2, Cu_2)Ge_4S_{10}$. Chem. Mater. **1996**, 8, 2147-2152.

[33]Wang, Y. -H.; Zhang, M. -H.; Yan, Y. -M.; et al. Transition metal complexes as linkages for assembly of supertetrahedral T4 clusters. Inorg. Chem. **2010**, 49(21), 9731-9733.

[34]Zhang, J.; Wang, X.; Lv, J.; et al. A multivalent mixed-metal strategy for single-Cu^+-ion-bridged cluster-based chalcogenide open frameworks for sensitive nonenzymatic detection of glucose. Chem. Commun. **2019**, 55(45), 6357-6360.

［35］Wang, C. ; Bu, X. ; Zheng, N. ; et al. Nanocluster with one missing core atom: A three-dimensional hybrid superlattice built from dual-sized supertetrahedral clusters. J. Am. Chem. Soc. **2002**, 124(35), 10268-10269.

［36］Su, W. ; Huang, X. ; Li, J. ; et al. Crystal of semiconducting quantum dots built on covalently bonded T5 $[In_{28}Cd_6S_{54}]^{12-}$: The largest supertetrahedral cluster in solid state. J. Am. Chem. Soc. **2002**, 124(44), 12944-12945.

［37］Xue, C. ; Fan, X. ; Zhang, J. ; et al. Direct observation of charge transfer between molecular heterojunctions based on inorganic semiconductor clusters. Chem. Sci. **2020**, 11(11), 4085-4096.

［38］Pradhan, N. Red-tuned Mn d-d emission in doped semiconductor nanocrystals. ChemPhysChem **2016**, 17(8), 1087-1094.

［39］Zhang, Q. ; Lin, J. ; Yang, Y. -T. ; et al. Exploring Mn^{2+}-location-dependent red emission from (Mn/Zn)-Ga-Sn-S supertetrahedral nanoclusters with relatively precise dopant positions. J. Mater. Chem. C **2016**, 4(44), 10435-10444.

第5章
金属硫化物非T*n*团簇基1D/2D结构的合成及ORR性能研究

5.1 概述

多孔材料和半导体材料是当前材料领域的两大研究热点，金属硫化物团簇开放框架兼具这两种热门材料的特性，因而受到了科学家们的广泛关注。其在诸多领域表现出极具前景的应用潜力，如气体吸附[1,2]、离子交换[3-6]、离子传导[7-10] 和光/电催化[11-16] 等。近些年来，研究者们更多关注于金属硫族超四面体团簇（metal chalcogenide supertetrahedral clusters，MCSCs）构筑的开放框架材料的合成及应用。然而，这类材料虽然展现出很多优点，但其自身的结构限制性却不能忽视。例如，作为结构单元的 MCSCs 中金属组成较为单一，金属须采用四面体配体，分布位点也须满足骨架的局部电荷匹配[12,17]。此外，虽然经过多年的研究努力团簇间的组装方式已经有了较大发展，但 MCSCs 的尺寸变化却进展缓慢，目前获得的 Tn 团簇分布在 T2～T6[11,18]。这使得由其作为必要结构单元组装而成的开放框架不仅具有相近的结构特征，而且材料的孔径和孔隙度等在气体吸附和离子交换中具有重要作用的结构参数变化较小。这些因素都不利于获得具有显著结构差异的开放框架化合物。而材料的性能应用往往与其拓扑结构和化学组成密切相关，因此开发更多结构特点明显的金属硫族团簇开放框架仍然需要做出很大的努力。

同样由金属与硫族元素构筑的非 Tn（non-Tn）团簇，由于其结构中的金属不必拘泥于四面体的配位方式，而且金属配位单元之间的组成方式也更加灵活，因此可以实现更加灵活的金属组成以获得结构丰富的构建单元，最终实现开放框架的结构多样性，这对于其性能开发和提升具有非常重要的意义。2018 年王成团队制备了一种 $[Sn_3Se_7]_n^{2n-}$ 的多孔层状化合物，层上的穿孔突出了其带隙的负温度依赖性，导致了显著的热致变色性能[19]。随后在 2020 年，该课题组又开发了一种以双空位 $[In_6S_{15}]^{12-}$ 簇作为构建单元的高负电荷骨架，具有优越的 Sr^{2+} 吸附能力[20]。近年来，质子化有机胺或过渡金属配合物作为抗衡离子的 In-Sb/Ga-Q（Q＝S，Se）有较多报道，它们的结构和性能引起了人们越来越多的关注[21-24]。例如，2018 年黄小荣课题组开发了两种 $[Ga_2Sb_2S_7]^{2-}$ 层状硫化物材料，其对 $[UO_2]^{2+}$、Cs^+ 和 Sr^{2+} 具有优异的离子交换性能，并具有优异的抗 β 和 γ 射线辐射性能[25]。遗憾的是，虽然主族金属硫族化合物的溶剂热合成已经发展二十多年，但相比于主族 M（第 13 族）-M（第 15 族）-Q 化合物，无机-有机杂化的三元 M（第 13 族）-M（第 14 族）-Q 化合物却是罕见的[26-30]。

在此，本章通过溶剂热合成制备了 3 例 1D/2D 的金属硫化物 **1**～**3**。其中化合物 **1** 由 In 和 S 组成的分子式为 $[InS_2]^-$ 的线性 1D 链状阴离子骨架。化合物 **2** 为 In-Sn-S 三元金属硫化物的 Z 形 1D 链状化合物，结构中 In 采用 InS_5 的三角双锥配位方式，这在金属硫化物材料中是罕见的。化合物 **3**（$[In_3S_{12}Sn_3]^{3-}$）为 In-Sn-S 三元金属硫化物的 2D 层状结构。三种化合物都表现出明显的电催化氧还原反应（ORR）性能，化

合物 **3** 表现出最佳的催化活性。此外，通过三者的 ORR 性能研究表明 Sn^{4+} 的引入可以显著提升化合物的催化性能。

5.2 实验部分

5.2.1 化合物的制备

5.2.1.1 $[InS_2]$ $C_7H_{13}N_2$ (1)

化合物 **1** 是通过溶剂热合成制备的。将 0.32 mmol（36.6 mg）In 粉，3 mmol（96.0 mg）硫粉，1.5 mL DBN 和 0.5 mL MeOH 加入 23 mL 的聚四氟乙烯内衬不锈钢高压釜中。室温搅拌 30 min，取出磁力搅拌子，将反应釜放入烘箱中缓慢升温至 180 ℃后反应 8 天，然后将高压釜自然冷却至室温。所得结晶为淡黄绿色长方体块晶，含少量黄绿色无定形物。粗产物用乙醇和蒸馏水分别洗涤 3 次，过滤后手工挑选以进一步纯化，空气中自然干燥，产品收率为 54.9%（53.4 mg，以铟为基准）。元素分析计算（实验）：C 27.64（27.72）；N 9.21（9.33）；H 4.31（4.08）。

5.2.1.2 $[In_2S_{11}Sn_3]$ $(C_7H_{13}N_2)_4$ (2)

化合物 **2** 是通过溶剂热合成制备的。将 0.32 mmol（36.6 mg）In 粉，1.5 mmol（48.0 mg）硫粉，0.26 mmol（50.0 mg）$SnCl_2$，3.0 mL DBN 和 0.5 mL MeOH 加入 23 mL 的聚四氟乙烯内衬不锈钢高压釜中。室温搅拌 30 min，取出磁力搅拌子，将反应釜放入烘箱中缓慢升温至 180 ℃后反应 8 天，然后将高压釜自然冷却至室温。所得结晶为淡黄绿色块状晶体。粗产物用乙醇和蒸馏水分别洗涤 3 次，过滤后手工挑选以进一步纯化，空气中自然干燥，产品收率为 46.2%（57.6 mg，以锡为基准）。元素分析计算（实验）：C 23.37（23.52）；N 7.79（7.43）；H 3.64（3.51）。

5.2.1.3 $[In_3S_{12}Sn_3]$ $(C_7H_{13}N_2)_3$ (3)

化合物 **3** 的合成方法与化合物 **2** 相同，区别仅仅在于用 0.5 mL H_2O 替换 0.5 mL MeOH。得到无色透明棒状晶体，少量黑色杂质经 EDS 表征应为 SnS，粗产物用乙醇和蒸馏水分别洗涤，过滤后手工挑选以进一步纯化，空气中自然干燥，产品收率为 50.2%（63.3 mg，以锡为基准）。元素分析计算（实验）：C 17.27（17.42）；N 5.75（5.44）；H 2.69（2.46）。

5.2.2 晶体结构测定

化合物 **1**～**3** 的晶体学数据和结构精修数据列于表 5-1。

表 5-1　化合物 1～3 的相关晶体学数据和精修参数

化合物	1	2	3
骨架分子式	$[InS_2]^-$	$[In_2S_{11}Sn_3](C_7H_{13}N_2)_4$	$[In_3S_{12}Sn_3]^{3-}$
分子量	178.94	1439.14	1085.25
温度/K	293	293	293
衍射波长/Å	0.71073	0.71073	1.54184 Å
晶系	四方晶系	单斜晶系	单斜晶系
空间群	$P4_2/ncm$	$P2_1/c$	$P2_1/c$
晶胞参数 a/Å	12.7401(4)	10.2647(4)	13.1194(5)
晶胞参数 b/Å	12.7401(4)	23.4578(7)	35.7549(17)
晶胞参数 c/Å	6.5582(2)	20.7185(9)	10.4091(4)
晶胞参数 α/(°)	90	90	90
晶胞参数 β/(°)	90	100.919(4)	92.270(3)
晶胞参数 γ/(°)	90	90	90
晶胞体积 V/Å³	1064.46(7)	4898.4(3)	4878.9(3)
晶胞内分子数	4	4	4
晶体密度/(g/cm³)	1.117	1.947	1.477
吸收校正/mm⁻¹	2.515	2.936	27.911
单胞中的电子数目	324.0	2788.0	1956.0
收集衍射点数	9555	24323	19996
独立衍射点数	632(0.0286)	9981(0.0310)	9409(0.0719)
完整度	99.6%	99.7%	99.9%
基于 F2 的 GOF 值	1.161	1.057	0.887
R_1[①]/wR_2[②]$[I>2\sigma(I)]$	0.0318/0.0867	0.0417/0.0839	0.0523/0.1226
R_1[①]/wR_2[②](全数据)	0.0415/0.0933	0.0639/0.0948	0.0878/0.1402

① $R_1 = \Sigma||F_o|-|F_c||/\Sigma|F_o|$。

② $wR_2 = \{\Sigma[w(F_o^2-F_c^2)^2]/\Sigma[w(F_o^2)^2]\}^{1/2}$。

5.3　结果与讨论

5.3.1　化合物 1~3 的结构分析与讨论

X 射线单晶衍射分析表明，化合物 **1** 结晶于四方晶系，$P4_2/ncm$ 空间群。如图 5-1 所示，化合物 **1** 的结构单元为 $[InS_4]$ 四面体，其中 In-S 键长为 2.47 Å 和 2.49 Å，S-In-S 的键角范围为 $96.75(8)°\sim115.96(3)°$，这与常见的正四面体几何结构有明显差异 [图 5-1(a)]。$[InS_4]$ 四面体之间通过共边连接组成线性的 1D-$\{[InS_2]^-\}$ 链状结构，这种连接模式使结构中产生 In_2S_2 环状结构，邻近的 In_2S_2 环相互垂直 [图 5-1 (b)]，结构中 In 原子之间的间距为均匀的 3.279 Å。这些线性的 $\{[InS_2]^-\}$ 链沿着

［001］方向有序分布在一个矩形的网络中，相邻链之间的通道被质子化的 ［HDBN］⁺ 占据，以匹配阴离子骨架电荷达到结构稳定 ［图 5-1(c)］。

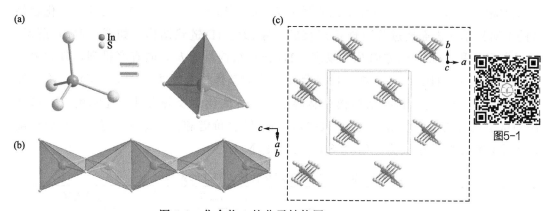

图 5-1　化合物 **1** 的分子结构图

(a) ［InS₄］ 四面体单元；(b) 线性 1D-{［InS₂］⁻}链状结构；

(c)1D-{［InS₂］⁻}链沿着 ［001］ 方向的空间排列

化合物 **2** 结晶于单斜晶系，$P2_1/c$ 空间群。如图 5-2(a) 所示，其不对称单元 $[In_2S_{13}Sn_3(C_7H_{13}N_2)_4]^{2-}$ 中包含 3 个 μ_4-Sn、两个 μ_5-In、1 个 μ_1-S、11 个 μ_2-S、1 个 μ_3-S 及 4 个质子化的 ［HDBN］⁺；不对称单元中 Sn(Ⅳ) 离子表现为 SnS₄ 的四面体 配位模式，Sn-S 键长为 2.307～2.446 Å，S-Sn-S 的键角范围为 94.56(6)°～123.71 (7)°，这表明 SnS₄ 的四面体产生了明显的扭曲；而 In(Ⅲ) 离子则表现为 InS₅ 的三角 双锥配位模式，其中 In 离子与 μ_3-S 所形成 In-S 键的长度达到 2.97 Å。随后，两个相

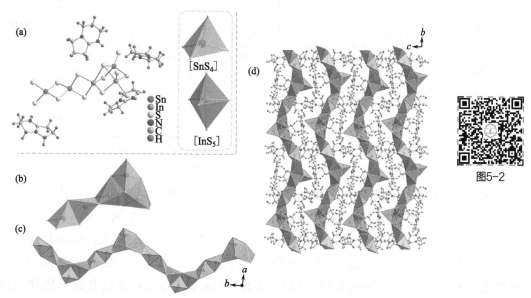

图 5-2　化合物 **2** 的不对称单元 $[In_2S_{13}Sn_3(C_7H_{13}N_2)_4]^{2-}$ （a）；

化合物 **2** 不对称单元的多面体示意图 （b）；Z 字形 1D-链状结构 $[In_2S_{13}Sn_3]^{6-}$ （c）；

化合物 **2** 中 1D-链状结构沿 ［100］ 方向排列示意图 （d）

邻 SnS_4 四面体之间共边形成四面体的二聚合体，并与同样由共边产生的 In_2S_{10} 三角双锥二聚体通过共边连接，最后第三个 SnS_4 四面体通过共边形式分别与两个 InS_5 三角双锥相连，最终组成不对称单元的阴离子骨架 $[In_2S_{13}Sn_3]^{6-}$ [图 5-2(b)]。化合物 **2** 的不对称单元进而通过共边连接组装成 Z 字形的 1D 链状结构，如图 5-2(c) 所示。通过空间堆积，从 a 轴方向观察发现，1D 链状结构沿着 b 方向有序排列，其间的空间由质子化的 $[HDBN]^+$ 占据，已满足化合物的整体电荷匹配 [图 5-2(d)]。除了通过单晶 X 射线衍射分析确认结构中金属 In 与 Sn 的比例及分布外，还利用 ICP-OES 法测试了化合物 **2** 中金属含量（表 5-2），同时结合价键和计算结果（表 5-3）分析确认了化合物 **2** 的分子式为 $[In_2S_{11}Sn_3](C_7H_{13}N_2)_4$。

表 5-2　ICP-OES 法测定化合物 2 和 3 的金属比

化合物	$c_{In}/(mg/L)$	$c_{Sn}/(mg/L)$	金属比例
2	25.303	36.662	In：Sn=1：1.45
3	27.415	26.024	In：Sn=1：1.05

注：将化合物 2 和 3 分别称取一定质量，溶解到浓盐酸中，并经赶酸稀释到 mg/L 级浓度，然后用 ICP-OES 测量；表中数据为三次测定结果的平均值。

表 5-3　化合物 2 晶体单元中金属原子的键距（单位：Å）和键价和（BVS）

A 原子	B 原子					价键和
	S1	S2	S3	S4	—	
Sn1	2.3071091	2.4051294	2.3797352	2.4212433	—	4.26058
	S6	S7	S8	S9	—	
Sn2	2.3986192	2.4335482	2.4457745	2.4560584	—	3.65022
	S8	S9	S10	S11	—	
Sn3	2.4358344	2.4390678	2.4248504	2.3792268	—	3.79002
	S2	S3	S5	S10	S11	
In1	2.4645506	2.8219915	2.4444737	2.4843999	2.596415	3.16328
	S3	S4	S5	S6	S7	
In2	2.9659109	2.435702	2.405429	2.5492735	2.4503709	3.36651

注：A—B 键的价键和的定义式为 $S_{A-B}=\exp[(R_0-R_{A-B})/b]$，$R_{A-B}$ 代表 A—B 之间键长，R_0 和 b 是 Brown 等定义的经验参数。其中，$R_{In-S}=2.37$，$R_{Sn-S}=2.399$，$b=0.37$，价键和 $BVS=\sum S_{A-B}$。

化合物 **3** 同样结晶于单斜晶系，$P2_1/c$ 空间群。如图 5-3(a) 所示，其不对称单元 $[In_3S_{15}Sn_3]^{9-}$ 中包含 3 个 SnS_4 四面体（1，2 和 3）、3 个 InS_4 四面体（1，2 和 3），S 原子全部为 μ_2-S。Sn—S 键的键长范围为 2.384(3)～2.453(3) Å，S-Sn-S 键角范围为 92.61(10)°～116.14(12)°；In—S 键的键长范围为 2.390(3)～2.485(3)Å，S-In-S 键角范围为 92.98 (10)°～121.06 (12)°。InS_4 四面体（1，2）通过共顶点连接组成二聚体，SnS_4 四面体（1，2）分别与该二聚体呈共边连接，SnS_4 四面体（3）分别与组成二聚体的两个 InS_4 四面体通过共顶点连接，InS_4 四面体（3）与 SnS_4(1) 通过共边连接，最终构成化合物 **3** 的不对称单元。每一个不对称单元再分别与相邻的 6 个不

对称单元通过 InS_4 或 SnS_4 四面体间的共顶点连接，组装成具有 13.04 Å×7.36 Å 孔径的 2D 层状结构。如图 5-3(c) 所示，沿着 b 轴方向观察化合物 **3** 在 3D 空间中的堆积情况，发现不同层状结构之间会在堆积时产生水平方向的位置偏移，这导致它们对相邻层间结构中孔径产生阻塞，并没有形成层间贯通的开放通道。除了通过单晶 X 射线衍射分析确认结构中金属 In 与 Sn 的比例及分布外，还利用 ICP-OES 法测试了化合物 **3** 中金属含量（表 5-2），同时结合价键和计算结果（表 5-4）分析确认了化合物 **3** 的阴离子骨架为 $[In_3S_{12}Sn_3]^{3-}$。

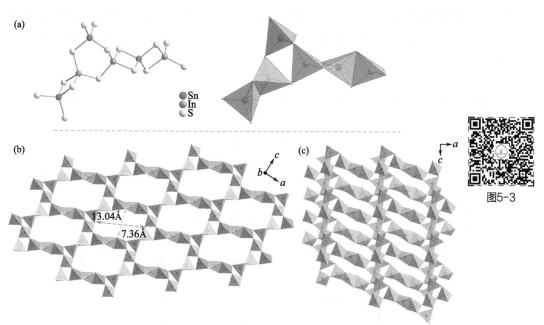

图 5-3　化合物 **3** 的不对称单元 $[In_3S_{15}Sn_3]^{9-}$ 及其多面体示意图（a）；化合物 **3** 的
2D 层状结构（b）；化合物 **3** 中沿 b 轴方向观察的 2D 层状结构堆积图（c）

表 5-4　化合物 3 晶体单元中金属原子的键距（单位：Å）和键价和（BVS）

A 原子	B 原子				BVS
In1	S2 2.4628706	S3 2.4541945	S4 2.4019923	S5 2.3901077	3.43877
In2	S5 2.4212968	S6 2.3924812	S7 2.455859	S8 2.4880704	3.33129
In3	S8 2.4584046	S9 2.4859536	S10 2.4347176	S11 2.4119158	3.25086
Sn1	S1 2.4120124	S2 2.4380372	S3 2.4531986	S11 2.4042409	3.71499
Sn2	S1 2.4292542	S4 2.4446488	S6 2.4151276	S12 2.439424	3.65927
Sn3	S7 2.3922977	S8 2.4043416	S9 2.3841154	S10 2.4143056	4.00447

注：A—B 键的价键和的定义式为 $S_{A-B} = \exp[(R_0 - R_{A-B})/b]$，$R_{A-B}$ 代表 A—B 之间键长，R_0 和 b 是 Brown 等定义的经验参数。其中，$R_{In-S} = 2.37$，$R_{Sn-S} = 2.399$，$b = 0.37$，价键和 $BVS = \sum S_{A-B}$

5.3.2 化合物的粉末衍射

化合物相纯度对于明确其性能应用及性能相关的调节规律和调控因素具有重要影响。如图 5-4 所示，将化合物 **1~3** 的 PXRD 测试数据曲线与其 SCXRD 模拟数据曲线进行对比发现，该系列化合物的特征衍射峰无论峰型还是位置均与其理论模拟峰吻合，这表明所得化合物 **1~3** 均为纯相物质。图中部分衍射峰的强度与理论模拟峰有所差异，这是因为测试时的衍射峰强度与实验晶体的研磨程度及晶面朝向分布有关。

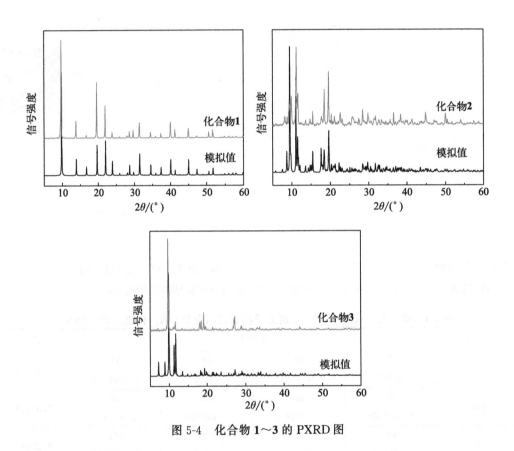

图 5-4　化合物 **1~3** 的 PXRD 图

5.3.3 化合物的红外光谱

红外光谱图中的特征吸收峰对应于配合物中有机配体官能团的特征吸收，是配合物结构初步判断的重要依据，将化合物 **1~3** 分别与干燥 KBr 混合，充分研磨，测试结果如图 5-5 所示。该系列化合物在 3200 cm^{-1} 至 3100 cm^{-1} 处的吸收峰来自

［HDBN］⁺中 N—H 键的伸缩振动，2950 cm⁻¹ 至 2937 cm⁻¹ 处的吸收峰来自有机胺上 C—H 键的伸缩振动。图中 1670 cm⁻¹ 处的吸收峰归属于 DBN 结构中的 C═N 双键的伸缩振动，而 1575 cm⁻¹ 处的吸收峰则可能来自 ［HDBN］⁺中 N—H 键的弯曲振动。

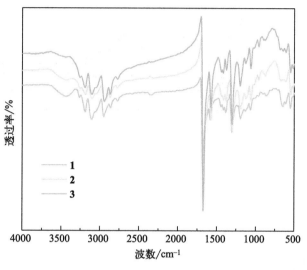

图5-5

图 5-5　化合物 1～3 的红外光谱图

5.3.4　化合物的 EDS 分析

为进一步证实结构中金属元素种类，对化合物 1～3 进行了 EDS 测试，如图 5-6 所示。从 EDS 测试所得的能谱图中可以很明显地看出，化合物 1 由 In 和 S 组成，而化合物 2 和 3 则含有 In、Sn 和 S 元素。

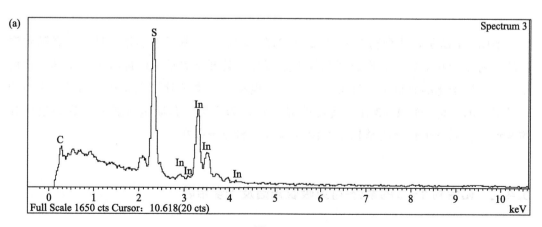

图 5-6

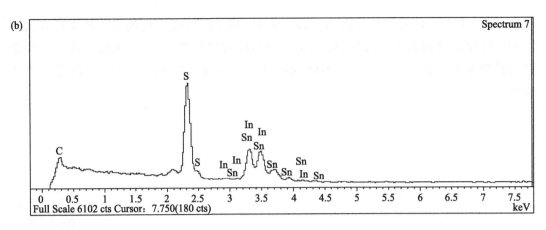

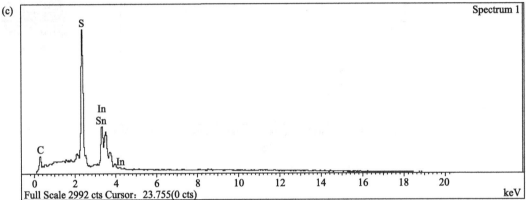

图 5-6 化合物 **1**(a)，**2**(b) 和 **3**(c) 的 EDS 图

5.4 配合物的性质

5.4.1 化合物 1~3 的热稳定性

如图 5-7 所示，化合物 **1~3** 在 250 ℃ 以下均表现出良好的热稳定性。三者随着温度的升高在 250 ℃ 以后表现出明显的失重行为，其开始失重的温度有微小差异，这可能是由于质子化的有机胺 [HDBN]$^+$ 与不同电荷的阴离子骨架之间静电相互作用力的差异引起的。化合物 **1~3** 在表现出明显失重行为之前，其质量分数并未表现出明显的波动，表明三个化合物结构中并没有客体溶剂分子存在。

5.4.2 化合物 1~3 的紫外-可见吸收光谱及光学带隙

室温下利用 BaSO$_4$ 为背景，化合物 **1~3** 的紫外-可见吸收光谱如图 5-8 所示。化

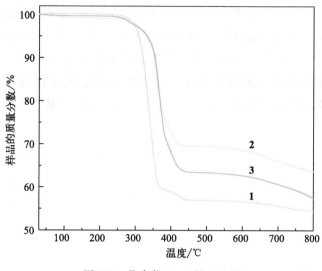

图 5-7　化合物 **1**～**3** 的 TG 图

合物 **1**～**3** 在可见光区几乎无吸收，但是化合物 **1** 的紫外-可见吸收谱图显示其对可见光有微弱的吸收响应，其光学带隙为 3.56 eV。但三元金属硫化物 **2** 和 **3** 结构中 Sn^{4+} 的引入总体是有利于增强其可见光区的吸收的，减小其光学带隙至 3.14 eV 和 3.15 eV；化合物 **2** 和 **3** 具有几乎相同的紫外-可见吸收作用及光学带隙，表明相比结构差异，其化学组成对化合物的光学性能影响更加明显。

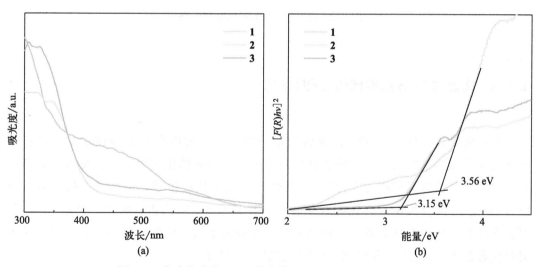

图 5-8　化合物合物 **1**～**3** 的紫外-可见吸收光谱图（a）和
紫外-可见漫反射光谱（b）

图 5-8

5.4.3　化合物 1~3 的光电性能研究

利用瞬态光电流（i-t）性能测试分析材料的光生电荷分离效率对于了解其光催

化性能和工业化应用具有重要影响。对化合物 **1～3** 的 $i\text{-}t$ 测试结果如图 5-9 所示，在光源打开和关闭时，所有样品都能表现出灵敏的光电流响应。值得注意的是，当打开光源后，化合物 **1～3** 的光电流均呈现逐渐增加的状态，这一趋势表明化合物结构内部的电荷传递速率高于其表面反应速率，说明电荷的表面扩散速率决定了光电流强度。化合物 **3** 表现出最高的光电流密度，达 $1.0~\mu A/cm^2$，相比化合物 **1** 和 **2** 具有最高的电荷分离效率。

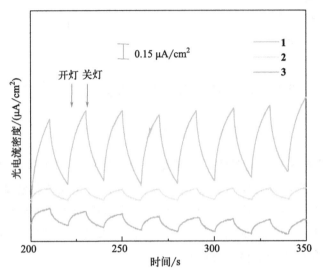

图5-9

图 5-9　化合物 **1～3** 的光电响应图

5.4.4　化合物 1~3 的电催化 ORR 性能

电催化氧还原反应（ORR）被认为是一种有前途的可再生能源技术，是改善燃料电池和金属空气电池等相关能量存储技术中最重要的催化过程之一。虽然此前已经有很多关于过渡金属硫族化合物的 ORR 性质研究工作被报道，但已经有报道表明少数含 In 和 Sn 组分的簇基金属硫族化合物同样具有 ORR 性质。此外，金属 In 和 Sn 因其毒性小、环境友好等特点，也越来越多地被用于工业催化的研究中。为此，接下来对化合物 **1～3** 的系列电催化 ORR 性能进行了研究。

首先采用循环伏安法分别计算了化合物 **1**、**2** 和 **3** 修饰的玻碳电极的 ORR 活性，如图 5-10 所示，在 N_2 饱和的 KOH 溶液中未观察到特征电流。当将一系列修饰后的玻碳电极置于 O_2 饱和的 KOH 溶液中时，三者在不同的电位下均展现出明显的还原峰，这意味着它们都可以作为电催化 ORR 的潜在催化剂。化合物 **1～3** 对应的还原峰电位相对于标准氢电极分别是 0.60 V、0.64 V 和 0.65 V。化合物 **2** 和 **3** 均展现出优于化合物 **1** 的 ORR 活性。这可能是由于化合物 **2** 和 **3** 结构中 Sn^{4+} 的引入，Sn^{4+} 容易在电极表面进行还原反应而转化为 Sn^{2+}[31]。

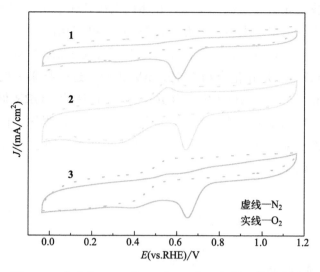

图 5-10　化合物 **1**～**3** 的 N₂ 和 O₂ 饱和的循环伏安曲线

通过电极在不同旋转速率下记录的线性扫描伏安（LSV）曲线进一步研究了化合物 **1**～**3** 的电化学催化 ORR 动力学。如图 5-11（a）～（c）所示，随着电极转速由 400 r/min 逐渐提高到 2500 r/min，化合物 **1**～**3** 修饰的旋转圆盘电极（RDE）的电流密度逐渐增加。这是由于随着电极转速的提升，O₂ 在电解质中的扩散路径逐渐缩短，

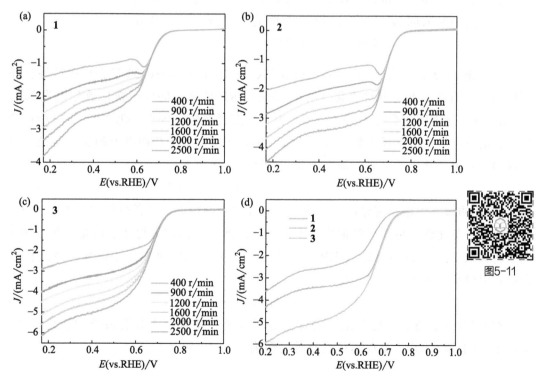

图5-11

图 5-11　化合物 **1**～**3** 在不同转速下的 LSV 曲线（a）～（c），
化合物 **1**～**3** 在 2500 r/min 下的 LSV 对比（d）

扩散速率逐渐加快。如图 5-11(d) 所示，在相同电极转速下化合物 **3** 具有更高的极限电流密度和大的半波电位，表明其具有最佳的 ORR 电催化性能。

此外，如图 5-12(a) 所示，化合物 **3** 的动力学电流 Tafel 斜率（102 mV/dec）小于化合物 **1**(116 mV/dec) 和化合物 **2**(107 mV/dec)。这一结果表明化合物 **3** 在低过电位条件下，在 0.1 mol/L KOH 中具有更高的 ORR 活性。ORR 催化剂的稳定性对其在燃料电池中的应用至关重要。为此，进行了 i-t 测试，测量了化合物 **3** 在 70 min 长时间内的稳定性。如图 5-12(b) 所示，在碱性条件下，经过 70 min 后，化合物 **3** 的催化活性下降了约 10%。

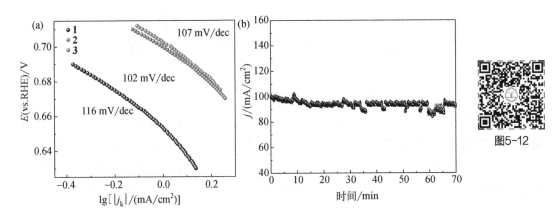

图 5-12　通过对化合物 **1**～**3** 对应的 RDE 数据进行质量输运校正得到的
低过电位区 Tafel 斜率（a）；化合物 **3** 在 O₂ 饱和 0.1 mol·L⁻¹ KOH
电解质中的 j-t 曲线（b）

化合物 **1**～**3** 相应的 Koutecky-Levich（K-L）图在 0.35～0.50 V 范围内线性良好（图 5-13）。通过 K-L 方程计算化合物 **1**～**3** 在 ORR 催化中的电子转移数分别为 1.7、2.5 和 3.6。这表明化合物 **1**～**3** 的 ORR 电催化路径有较大区别，化合物 **1** 的 ORR 催化过程由双电子反应路径主导，而化合物 **2** 则采用了双电子和四电子的混合路径；但二者均由双电子路径为主要的催化途径，其路径方程如下：

$$O_2 + H_2O + 2e \longrightarrow HO_2^- + OH \qquad (5\text{-}1)$$

ORR 的双电子路径需经两步反应完成，催化效率较低；且其过程中产生的 H_2O_2 具有较强的氧化性，可能导致催化剂中毒，降低催化性能。值得注意的是，化合物 **3** 电子转移数高达 3.6，表明其 ORR 的催化过程主要依靠的是四电子途径，该过程可为燃料电池提供更大的功率，如下式：

$$O_2 + 4e^- + 2H_2O \longrightarrow 4OH^- \qquad (5\text{-}2)$$

对 ORR 催化路径和催化活性的综合分析表明，化合物 **3** 具有最佳的催化性能，金属 In 对于调节 ORR 反应路径具有重要影响。

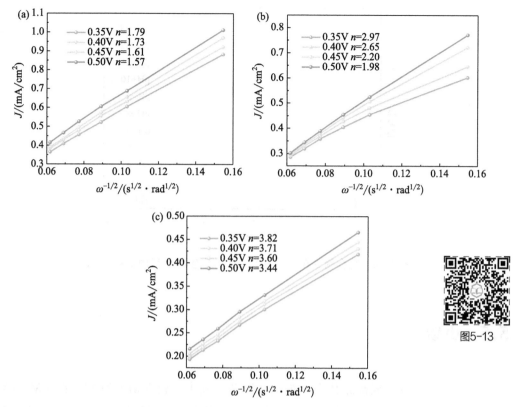

图 5-13　化合物 **1**(a)，**2**(b) 和 **3**(c) 的 K-L 曲线

5.4.5　化合物 3 的酸碱溶液稳定性

由于金属硫族开放框架的主要构成元素硫离子电负性较低，且极化性较高，呈现软碱的特点。根据软硬酸碱理论，其易与呈现软酸特点的重金属离子结合，如 Cd^{2+}、Pb^{2+} 及放射性金属离子 Cs^+，已经在诸多报道中展示出很有应用前景的离子交换性能。为了探究具有大孔径的层状化合物 **3** 在未来离子交换应用中的材料稳定性，对其在不同 pH 水溶液的酸碱稳定性进行了测试。称取一定量的化合物 **3**，将其在一系列 pH＝3～13 的溶液中浸泡 24 h，然后过滤干燥，通过 X 射线粉末衍射判断其晶相变化。如图 5-14 所示，在浸泡 24 h 后，不同 pH 溶液中的化合物 **3** 衍射特征峰依然能与理论模拟峰很好地匹配，显示了该化合物宽范围的 pH 适应性，这有利于其在后续处理金属矿山酸性废水中的研究应用。

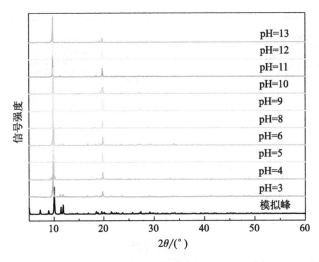

图 5-14　化合物 **3** 在不同 pH 溶液中浸泡 24 h 后的 PXRD 图

5.5　小结

在本章，三种金属硫族化合物被成功制备。其中，化合物 **1** 和 **2** 都是由 MS_x（M=In 或 Sn，x＝4 或 5）通过共边或共点连接组装而成的 1D 链状化合物，其中化合物 **2** 中 In^{3+} 呈现 InS_5 三角双锥的配位模式，这在类似的金属硫族团簇化合物中罕见。化合物 **3** 是由 SnS_4 和 InS_4 四面体组合而成的 2D 层状化合物，丰富了金属硫族多孔材料家族的结构类型。化合物 **1**～**3** 均展现出一定的电催化 ORR 活性，结果表明化合物中 Sn^{4+} 的引入可以明显提升材料的电化学 ORR 催化能力。此外，化合物 **3** 还表现出宽范围（pH＝3～13）的 pH 稳定性，这有利于对其后续的离子交换性能研究。

参考文献

［1］Sasan, K.; Lin, Q.; Mao, C.; et al. Open framework metal chalcogenides as efficient photocatalysts for reduction of CO_2 into renewable hydrocarbon fuel. Nanoscale **2016**, 8（21）, 10913-10916.

［2］Chen, X.; Bu, X.; Wang, Y.; et al. Charge-and size-complementary multimetal-induced morphology and phase control in zeolite-type metal chalcogenides. Chem. Eur. J. **2018**, 24（42）, 10812-10819.

［3］Yang, L.; Wen, X.; Yang, T.; et al. $(C_6H_{15}N_3)_{1.3}(NH_4)_{1.5}H_{1.5}In_3SnS_8$: A layered metal sulfide based on supertetrahedral T2 clusters with photoelectric response and ion exchange properties. Dalton Trans. **2024**, 53（13）, 6063-6069.

［4］Tang, J.; Feng, M.; Huang, X. Metal chalcogenides as ion-exchange materials for the efficient removal of key radionuclides: A review. Fundam. Res. **2024**, in press.

[5] Wang, K. -Y.; Li, M. -Y.; Cheng, L.; et al. Tailoring supertetrahedral cadmium/tin selenide clusters into a robust framework for efficient elimination of Cs^+, Co^{2+}, and Ni^{2+} ions. Inorg. Chem. Front. **2024**, 11(11), 3229-3244.

[6] Manos, M. J.; Kanatzidis, M. G. Metal sulfide ion exchangers: Superior sorbents for the capture of toxic and nuclear waste-related metal ions. Chem. Sci. **2016**, 7(8), 4804-4824.

[7] Sundaramoorthy, S.; Balijapelly, S.; Mohapatra, S.; et al. Interpenetrated lattices of quaternary chalcogenides displaying magnetic frustration, high Na-ion conductivity, and cation redox in Na-ion batteries. Inorg. Chem. **2024**, 63(25), 11628-11638.

[8] Nie, L.; Xie, J.; Liu, G.; et al. Crystalline In-Sb-S framework for highly-performed lithium/sodium storage. J. Mater. Chem. A **2017**, 5(27), 14198-14205.

[9] Tang, J.; Wang, X.; Zhang, J.; et al. A chalcogenide-cluster-based semiconducting nanotube array with oriented photoconductive behavior. Nat. Commun. **2021**, 12(1), 4275.

[10] Nie, L.; Zhang, Y.; Ye, K.; et al. A crystalline Cu-Sn-S framework for high-performance lithium storage. J. Mater. Chem. A **2015**, 3(38), 19410-19416.

[11] Silva-Gaspar, B.; Martinez-Franco, R.; Pirngruber, G.; et al. Open-framework chalcogenide materials-from isolated clusters to highly ordered structures-and their photocalytic applications. Coord. Chem. Rev. **2022**, 453, 214243.

[12] Zhang, J.; Bu, X.; Feng, P.; et al. Metal chalcogenide supertetrahedral clusters: Synthetic control over assembly, dispersibility, and their functional applications. Acc. Chem. Res. **2020**, 53(10), 2261-2272.

[13] Peng, Y.; Hu, Q.; Liu, Y.; et al. Discrete supertetrahedral Tn chalcogenido clusters synthesized in ionic liquids: Crystal structures and photocatalytic activity. Chempluschem **2020**, 85(11), 2487-2498.

[14] Nie, L.; Zhang, Q. Recent progress in crystalline metal chalcogenides as efficient photocatalysts for organic pollutant degradation. Inorg. Chem. Front. **2017**, 4(12), 1953-1962.

[15] Hu, D.; Wang, X.; Chen, X.; et al. S-doped $Ni(OH)_2$ nano-electrocatalyst confined in semiconductor zeolite with enhanced oxygen evolution activity. J. Mater. Chem. A **2020**, 8(22), 11255-11260.

[16] Liu, D.; Fan, X.; Wang, X.; et al. Cooperativity by multi-metals confined in supertetrahedral sulfide nanoclusters to enhance electrocatalytic hydrogen evolution. Chem. Mater. **2018**, 31(2), 553-559.

[17] Wu, T.; Bu, X.; Zhao, X.; et al. Phase selection and site-selective distribution by tin and sulfur in supertetrahedral zinc gallium selenides. J. Am. Chem. Soc. **2011**, 133(24), 9616-9625.

[18] Zhang, J.; Feng, P.; Bu, X.; et al. Atomically precise metal chalcogenide supertetrahedral clusters: Frameworks to molecules, and structure to function. Natl. Sci. Rev. **2022**, 9, nwab076.

[19] Wang, K. -Y.; Ding, D.; Zhang, S.; et al. Preparationof thermochromic selenidostannates in deep eutectic solvents. Chem. Commun. **2018**, 54(38), 4806-4809.

[20] Wang, K. -Y.; Sun, M.; Ding, D.; et al. Di-lacunary $[In_6S_{15}]^{12-}$ cluster: The building block of a highly negatively charged framework for superior Sr^{2+} adsorption capacities. Chem. Commun. **2020**, 56, 3409-3412.

[21] Zhou, J.; Dai, J.; Bian, G. -Q.; et al. Solvothermal synthesis of group 13-15 chalcogenidometalates with chelating organic amines. Coord. Chem. Rev. **2009**, 253(9-10), 1221-1247.

[22] Seidlhofer, B.; Pienack, N.; Bensch, W. Synthesis of inorganic-organic hybrid thiometallate materials with a special focus on thioantimonates and thiostannates and in situ x-ray scattering studies of their formation. Zeitschrift für Naturforschung B. **2010**, 65(8), 937-975.

[23] Feng, M. L.; Wang, K. Y.; Huang, X. Y. Combination of metal coordination tetrahedra and asymmetric coordination geometries of sb(ⅲ) in the organically directed chalcogenidometalates: Structural diversity and ion-exchange properties. Chem. Rec. **2016**, 16(2), 582-600.

[24] Wang, K. -Y.; Feng, M. -L.; Huang, X. -Y.; et al. Organically directed heterometallic chalcogenidometalates containing group 12(Ⅱ)/13(Ⅲ)/14(Ⅳ) metal ions and antimony(Ⅲ).

Coord. Chem. Rev. **2016**,322,41-68.

[25]Feng,M. L. ;Sarma,D. ;Gao,Y. J. ;et al. Efficient removal of $[UO_2]^{2+}$,Cs^+,and Sr^{2+} ions by radiation-resistant gallium thioantimonates. J. Am. Chem. Soc. **2018**,140(35),11133-11140.

[26]Han,X. ;Wang,Z. ;Xu,J. ;et al. A crown-like heterometallic unit as the building block for a 3D In-Ge-S framework. Dalton Trans. **2015**,44(46),19768-19771.

[27]Wu,J. ;Pu,Y. Y. ;Zhao,X. W. ;et al. Photo-electroactive ternary chalcogenido-indate-stannates with a unique 2D porous structure. Dalton Trans. **2015**,44(10),4520-4525.

[28]Zhang,Y. ;Wang,X. ;Hu,D. ;et al. Monodisperse ultrasmall manganese-doped multimetallic oxysulfide nanoparticles as highly efficient oxygen reduction electrocatalyst. ACS Appl. Mater. Inter. **2018**,10(16),13413-13424.

[29]Li,Y. -H. ;Liu,Y. ;Guo,Y. -K. ;et al. Cotemplating assembly and structural variation of three-dimensional open-framework sulfides. Inorg. Chem. **2019**,58(21),14289-14293.

[30]Wang,W. ;Wang,X. ;Zhang,J. ;et al. Three-dimensional superlattices based on unusual chal-cogenide supertetrahedral In-Sn-S nanoclusters. Inorg. Chem. **2019**,58(1),31-34.

[31]Wu,Z. ;Wang,X. -L. ;Hu,D. ;et al. A new cluster-based chalcogenide zeolite analogue with large inter-cluster bridging angle. Inorg. Chem. Front. **2019**,6,3063-3069.

第6章
金属锑基硫族团簇的合成、结构及电催化氧还原反应性能

6.1 概述

金属硫族簇基骨架材料在离子交换[1-5]、光催化[6-10] 和快离子传导[11-13] 领域显示出广阔的应用前景，这归因于它们结合了半导体和多孔材料的特性。与氧相比，Q(Q＝S，Se) 原子的较大尺寸可以很容易地将它们的配位数扩展到 4。这使得当与金属结合时，它们倾向于以类似于立方 ZnS 晶格的排列形成 {MQ$_4$}（M＝Mn、Cu、Zn、Ga、In、Ge、Sn）四面体，最终形成具有不同尺寸和组成的超四面体（Tn）簇[14-17]。众所周知，结构多样性是研究一类材料的结构-性能关系和提高其性能应用的重要基础。然而，由于金属硫族化物 Tn 团簇中金属和硫原子的特定四面体配位模式，它们很难在团簇结构中表现出令人耳目一新的变化。

第 15 族金属 M(Ⅲ)（M＝Sb，Bi）表现出高立体活性，这归因于其最外层电子层中的孤对电子。当与硫元素配位时，它们倾向于形成不对称的几何形状，如伪四面体 {MS$_3$} 和伪三角双锥 {MS$_4$}。这些组成单元为金属硫族化物团簇带来了更多新鲜的结构[18-21]。此外，第 15 族金属硫化物通常具有很强的光吸收系数和可控的带隙，在光催化和太阳能转换等光电化学领域受到越来越多的关注[22-24]。近年来，Huang 及其同事利用第 15 族金属（Ⅲ）开发了一系列结构新颖的金属硫簇材料，这些材料表现出优异的金属离子交换性能，而且因其表现出的光电性能而受到关注。例如，(CH$_3$NH$_3$)$_{20}$Ge$_{10}$Sb$_{28}$S$_{72}$ · 7H$_2$O 和 [(CH$_3$CH$_2$CH$_2$)$_2$NH$_2$]$_3$Ge$_3$Sb$_5$S$_{15}$ · 0.5(C$_2$H$_5$OH)[25]，(Me$_2$NH$_2$)$_2$(Ga$_2$Sb$_2$S$_7$) · H$_2$O 和（Et$_2$NH$_2$)$_2$(Ga$_2$Sb$_2$S$_7$) · H$_2$O[26]。然而，一个不可否认的问题是，与已经开发和应用的大量氧化物材料相比，金属硫族化物团簇的结构类型仍然非常匮乏。这将使这些材料难以通过足够的研究模型显著提高其性能和应用价值。丰富此类集束材料的结构已成为亟待解决的问题。

在这项工作中，通过溶剂热合成制备了两种金属硫族簇合物 (C$_5$H$_{11}$N)[Sb$_4$S$_5$(S$_3$)]（1）和 (C$_5$H$_{12}$N)$_2$[In$_2$Sb$_2$S$_7$]（2）。化合物 1 由 Sb 和 S 组成，是分子式为 [Sb$_4$S$_5$(S$_3$)] 的线性 1D 链中性骨架。化合物 2 是 In-Sb-S 三元金属硫化物的二维层状结构。一系列电催化氧还原（ORR）性能研究表明，化合物 2 比化合物 1 具有更优异的催化活性。

6.2 实验部分

6.2.1 化合物的制备

6.2.1.1 化合物 (C$_5$H$_{11}$N)[Sb$_4$S$_5$(S$_3$)](1) 的合成

将 S 粉（48.0 mg，1.50 mmol），Sb$_2$S$_3$（29 mg，0.085 mmol）和哌啶 2.0 mL

加入 15 mL 聚四氟乙烯内衬的不锈钢高压反应釜中，混合，搅拌 30 分钟。将容器密封并在 180 ℃下加热 8 天，然后将反应釜自然冷却至室温。得到了含有少量杂质的红色片状晶体。反应母液经甲醇洗涤三次，过滤，所得产品中含有少量黑色颗粒，进一步通过手工提纯，得产品 34.2 mg，基于元素 Sb 计算的收率为 48.6%。元素分析计算（测试）值为：C7.25(7.27)；H1.34(1.44)；N1.69(1.74)。

6.2.1.2 化合物 $(C_5H_{12}N)_2[In_2Sb_2S_7]$ (2) 的合成

将 In_2O_3（35 mg，0.126 mmol），Sb_2S_3（29 mg，0.085 mmol），S 粉（48.0 mg，1.50 mmol）和哌啶 2.0 mL 加入到 15 mL 聚四氟乙烯内衬的不锈钢高压反应釜中，混合，搅拌 30 分钟。将容器密封并在 180 ℃下加热 8 天，然后将反应釜自然冷却至室温。得到了大量浅黄绿色块状晶体。反应母液经甲醇洗涤三次，过滤，得产品 37.6 mg，基于元素 Sb 计算的收率为 50.9%。元素分析计算（测试）值为：C13.81(13.85)；H2.78(2.85)；N3.22(3.18)。

6.2.2 配合物晶体结构测定

化合物 1 和 2 晶体学数据和结构精修数据列于表 5-1。

表 6-1　化合物 1 和 2 的相关晶体学数据和精修数据

化合物	1	2
分子式	$C_5H_{11}NS_8Sb_4$	$C_{10}H_{24}In_2N_2S_7Sb_2$
分子量	828.62	869.87
温度/K	298	298
衍射波长/nm	0.071073	0.071073
晶系	斜方晶系	单斜晶系
空间群	*Pbcm*	*I2/a*
晶胞参数 *a*/Å	5.9705(2)	16.3824(5)
晶胞参数 *b*/Å	30.1681(11)	6.8989(2)
晶胞参数 *c*/Å	10.0244(3)	21.6603(8)
晶胞参数 *α*/(°)	90	90
晶胞参数 *β*/(°)	90	90
晶胞参数 *γ*/(°)	90	99.034(3)
晶胞体积 *V*/Å³	1805.58(10)	2417.69(14)
晶胞内分子数	4	4
晶体密度/(g/cm³)	3.045	2.390
吸收校正/mm⁻¹	6.828	4.698
单胞中的电子数目(000)	1516.0	1640.0
收集衍射点数	15417	7333

化合物	1	2
独立衍射点数(R_{int})	2105(0.0511)	3985(0.0223)
完整度	99.8%	99.7%
基于 F2 的 GOF 值	1.199	1.166
R_1[①]/wR_2[②]$[I>2\sigma(I)]$	0.0902/0.2428	0.03880.0703
R_1[①]/wR_2[②](全数据)	0.0943/0.2451	0.0538/0.0751

① $R_1=\sum||F_o|-|F_c||/\sum|F_o|$。

② $wR_2=\{\sum[w(F_o^2-F_c^2)^2]/\sum[w(F_o^2)^2]\}^{1/2}$。

6.3 结果与讨论

6.3.1 化合物1和2的晶体结构描述

X射线单晶衍射分析表明，化合物 **1** 在 *Pbcm* 空间群中结晶，由 1D 中性链 $[Sb_4S_5(S_3)]$ 和哌啶分子组成。如图 6-1(a) 所示，不对称单元包含三个 Sb 原子，其中两个的空间占有率为 0.5。在六个 S 原子中，有四个的空间占有率为 0.5，此外，结构单元中还有半个哌啶分子。其中，每个 Sb 原子与三个 S 原子配位，形成一个 $\{SbS_3\}^{3-}$，Sb—S 键长范围为 2.368~2.497 Å 的三角锥体几何形状。随后，相邻单位 $\{SbS_3\}^{3-}$ 通过角共享组装，形成由两个交替的环结构组成的 1D 链骨架，即四元 $[Sb(S_3)]$ 环和六元 $[Sb_3S_3]$ 环 [图 6-1(b)]。沿 *a* 轴方向观察，可以清楚地看到大量哌啶分子填充在 $\{Sb_4S_5(S_3)\}$ 的 1D 链结构之间，它们通过 N—H⋯S 和 C—H⋯S 氢键相互连接 [图 6-1(c)]。

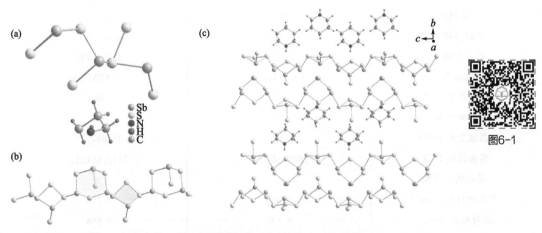

图 6-1 化合物 **1** 的不对称单元 (a)；$\{Sb_4S_5(S_3)\}$的一维链结构 (b)；一维链沿 *a* 轴方向的空间叠加 (c)

化合物 **2** 在单斜晶系的 I_2/a 空间群中结晶。如图 6-2(a) 所示，不对称单元包含一个 Sb 原子、一个 In 原子、四个 S 原子（一个 S 原子的空间占有率为 0.5）和一个质子化的哌啶锸阳离子。$\{InS_4\}$ 四面体和 $\{SbS_3\}$ 三角锥体分别是通过化合物 **2** 中 In 原子和 Sb 原子与 S 原子的四种或三种配位形式获得的。随后，$\{InS_4\}$ 和 $\{SbS_3\}$ 单元通过角共享交替连接，以组装具有两种类型孔的二维分层骨架 $[In_2Sb_2S_7]^{2-}$，即八元环 $\{In_2Sb_2S_4\}$ 和十二元环 $\{In_4Sb_2S_6\}$ [图 6-2(b)]。沿 b 轴方向对空间堆叠模式的观察表明，不同层状阴离子骨架之间存在一定的交错分布，大量质子化的哌啶锸阳离子分布在层间，这增强了化合物的稳定性 [图 6-2(c)]。

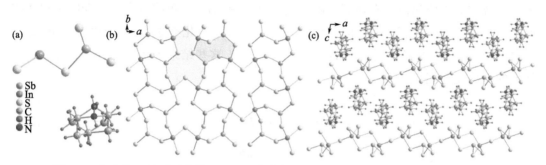

图 6-2 化合物 **2** 的不对称单元（a）；化合物 **2** 的二维层状骨架 $[In_2Sb_2S_7]^{2-}$（b）；沿 b 轴方向的二维层的空间堆叠（c）

图6-2

6.3.2 X 射线粉末衍射

化合物 **1** 和 **2** 的 PXRD 分析在室温下进行。实验粉末衍射图案与从晶体结构获得的计算粉末衍射图案非常一致，表明单晶结构代表了块状材料，获得的样品是均匀相（图 6-3）。

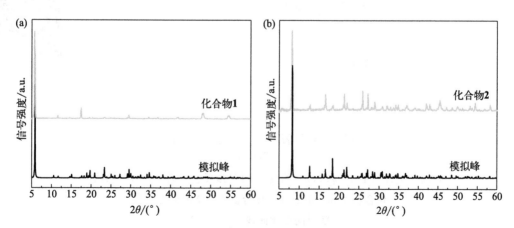

图 6-3 化合物 **1** 和 **2** 的 PXRD 图

6.3.3 化合物的光电性能

为了研究化合物 **1** 和 **2** 的光学带隙，分析了它们的紫外-可见漫反射光谱。如图 6-4(a) 所示，化合物 **1** 的光学带隙为 1.85 eV，表明它可以有效地吸收可见光，这与其晶体颜色相匹配。化合物 **2** 的光学带隙为 2.26 eV，表明与化合物 **1** 相比，其可见光吸收范围减小，这可能是由于其金属成分的变化［图 6-4(b)］。光生电子分离效率对化合物的光催化活性有显著影响。瞬态光电流（i-t）测试表明，化合物 **1** 和 **2** 随着光源的变化表现出强烈的信号响应［图 6-4(c)］。化合物 **1** 的光电流密度高达 0.84 μA/cm^2，明显高于化合物 **2**（0.45 μA/cm^2）。这些结果表明，化合物 **1** 可能具有优异的光催化性能。

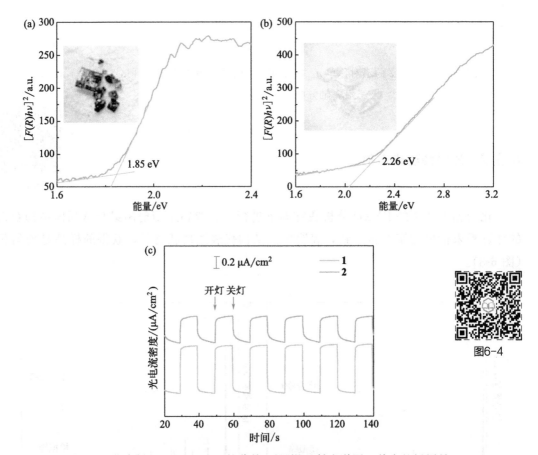

图6-4

图 6-4　化合物 **1**(a) 和 **2**(b) 的紫外-可见漫反射光谱图，其中的插图是

化合物 **1** 和 **2** 的照片；化合物 **1** 和 **2** 的光电响应

随时间变化曲线（i-t）(c)

6.3.4 化合物的电催化 ORR 性能

氧还原反应（ORR）是燃料电池和金属-空气电池等新型储能转换系统中必不可少的两种半反应之一。近年来，研究人员发现金属硫族化合物簇基材料可以表现出一定的 ORR 特性[27-29]。在化合物 **1** 和 **2** 的 ORR 性能研究中，用循环伏安（CV）法分析了两种化合物的催化活性（图 6-5）。

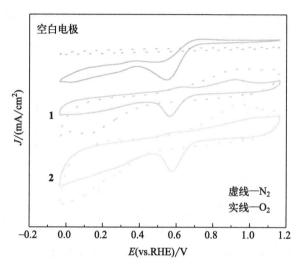

图 6-5　空白电极、化合物 **1** 和 **2** 的 N_2 和 O_2 饱和溶液的 CV 曲线

显然，在饱和 N_2 的 KOH 溶液中没有观察到空白电极、化合物 **1** 和 **2** 的特征电流信号（图 6-6）。然而，在将一系列工作电极置于 O_2 饱和的 KOH 溶液中后，化合物 **1** 和 **2** 表现出明显的还原信号，还原峰电位分别为 0.56 V 和 0.58 V。这比空白电极的 0.54 V 要好，表明化合物 **1** 和 **2** 具有一定的 ORR 催化活性。随后，为了研究化合物 **1** 和 **2** 的 ORR 动力学，进一步测试了化合物的 LSV 曲线。随着电极旋转速率的逐渐增加，由化合物 **1** 和 **2** 制成的旋转圆盘电极（RDE）的电流密度也逐渐增加［图 6-6(a) 和（b）］。在 2500 r/min 的电极转速下，化合物 **2** 的极限电流密度和半波电位高于化合物 **1**，表明 ORR 性能更好［图 6-6(c)］。此外，在相同的电极转速下，化合物 **1** 和 **2** 的极限电流密度和半波电位明显优于空白电极。值得注意的是，空白电极的 LSV 曲线中 0.33 V 处的峰值可能来自于电极本身的特性［图 6-6(c)］。

Koutecky-Levich（K-L）图显示，化合物 **1** 和 **2** 的催化过程在 0.35～0.50 V 范围内存在显著差异（图 6-7）。化合物 **1** 在催化过程中的电子转移数为 1.9，这似乎表明其催化过程主要由双电子途径主导［图 6-7(a)］。ORR 的双电子过程如下：

$$O_2 + H_2O + 2e \longrightarrow HO_2^- + OH^- \tag{6-1}$$

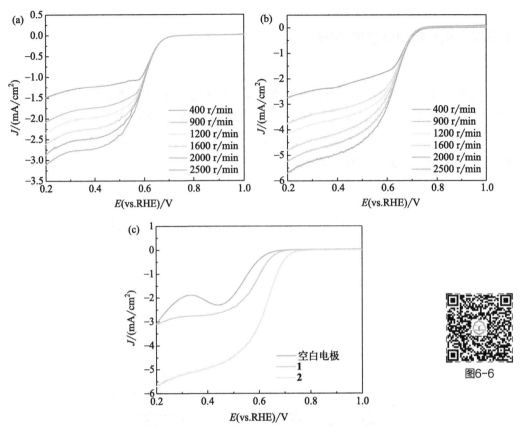

图 6-6　化合物 **1**(a) 和 **2**(b) 制备的 RDE 在不同旋转速率下的 LSV 曲线；
空白电极、化合物 **1** 和 **2** 在 2500 r/min 时的 LSV 曲线（c）

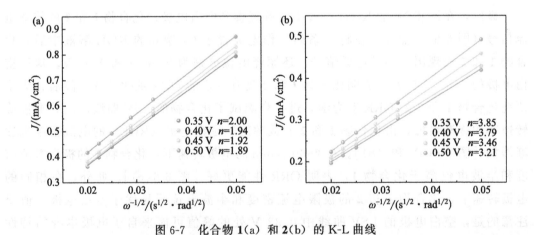

图 6-7　化合物 **1**(a) 和 **2**(b) 的 K-L 曲线

　　相反，化合物 **2** 的电子转移数高达 3.6，表明四电子途径在催化过程中起着重要作用 ［图 6-7(b)］。在燃料电池中，四电子过程可以提供更大的功率，其反应过程如下：

$$O_2 + 4e^- + 2H_2O \longrightarrow 4OH^- \qquad (6\text{-}2)$$

6.4 小结

在本章，该工作合成了两种金属硫族簇合物 $(C_5H_{11}N)[Sb_4S_5(S_3)]$（**1**）和 $(C_5H_{12}N)_2[In_2Sb_2S_7]$（**2**）。它们由不对称三角锥元素 $\{SbS_3\}$ 和高度对称四面体元素 $\{InS_4\}$ 通过顶点共享组成。一系列 ORR 性能研究表明，在混合金属的参与下构建的化合物 **2** 表现出更好的催化能力。此外，化合物 **2** 的多孔二维层状结构可能使其在离子交换、离子传导等领域具有应用价值。这项工作不仅发展了金属硫族簇基材料的结构多样性，而且为利用具有高度立体化学活性的第 15 族金属（Ⅲ）来扩展这种簇基材料提供了灵感。

参考文献

[1] Sun, H. -Y. ; Chen, Z. -H. ; Hu, B. ; et al. Boosting selective Cs^+ updates uptake through the modulation of stacking modes in layered niobate-based perovskites. Nat. Commun. **2024**, 15, 8681.

[2] Ding, D. ; Cheng, L. ; Wang, K. Y. ; et al. Efficient Cs^+-Sr^{2+} separation over a microporous silver selenidostannate synthesized in deep eutectic solvent. Inorg. Chem. **2020**, 59(14), 9638-9647.

[3] Wang, L. ; Pei, H. ; Sarma, D. ; et al. Highly selective radioactive $^{137}Cs^+$ capture in an open-framework oxysulfide based on supertetrahedral cluster. Chem. Mater. **2019**, 31(5), 1628-1634.

[4] Zhang, M. ; Gu, P. ; Zhang, Z. ; et al. Effective, rapid and selective adsorption of radioactive Sr^{2+} from aqueous solution by a novel metal sulfide adsorbent. Chem. Eng. J. **2018**, 351, 668-677.

[5] Manos, M. J. ; Kanatzidis, M. G. Metal sulfide ion exchangers: Superior sorbents for the capture of toxic and nuclear waste-related metal ions. Chem. Sci. **2016**, 7(8), 4804-4824.

[6] Zhang, J. -N. ; Liu, J. -X. ; Ma, H. ; et al. Semiconductor-cluster-loaded ionic covalent organic nanosheets with enhanced photocatalytic reduction reactivity of nitroarenes. J. Mater. Chem. A **2024**, 12(24), 14398-14407.

[7] Xue, C. ; Zhang, L. ; Wang, X. ; et al. Enhanced water dispersibility of discrete chalcogenide nanoclusters with a sodalite-net loose-packing pattern in a crystal lattice. Inorg. Chem. **2020**, 59, 15587-15594.

[8] Peng, Y. ; Hu, Q. ; Liu, Y. ; et al. Discrete supertetrahedral Tn chalcogenido clusters synthesized in ionic liquids: Crystal structures and photocatalytic activity. Chempluschem **2020**, 85(11), 2487-2498.

[9] Hao, M. ; Hu, Q. ; Zhang, Y. ; et al. Soluble supertetrahedral chalcogenido T4 clusters: High stability and enhanced hydrogen evolution activities. Inorg. Chem. **2019**, 58(8), 5126-5133.

[10] Nie, L. ; Zhang, Q. Recent progress in crystalline metal chalcogenides as efficient photocatalysts for organic pollutant degradation. Inorg. Chem. Front. **2017**, 4(12), 1953-1962.

[11] Tang, J. ; Wang, X. ; Zhang, J. ; et al. A chalcogenide-cluster-based semiconducting nanotube array with oriented photoconductive behavior. Nat. Commun. **2021**, 12(1), 4275.

[12] Nie, L. ; Xie, J. ; Liu, G. ; et al. Crystalline In-Sb-S framework for highly-performed lithium/so-

dium storage. J. Mater. Chem. A **2017**,5(27),14198-14205.

[13] Nie,L. ; Zhang,Y. ; Ye,K. ; et al. A crystalline Cu-Sn-S framework for high-performance lithium storage. J. Mater. Chem. A **2015**,3(38),19410-19416.

[14] Zhang,J. ; Feng,P. ; Bu,X. ; et al. Atomically precise metal chalcogenide supertetrahedral clusters: Frameworks to molecules, and structure to function. Natl. Sci. Rev. **2022**,9,nwab076.

[15] Feng,P. ; Bu,X. ; Zheng,N. The interface chemistry between chalcogenide clusters and open framework chalcogenides. Acc. Chem. Res. **2005**,38(4),293-303.

[16] Bu,X. ; Zheng,N. ; Feng, P. Tetrahedral chalcogenide clusters and open frameworks. Chem. Eur. J **2004**,10(14),3356-3362.

[17] Zhang,J. ; Bu,X. ; Feng,P. ; et al. Metal chalcogenide supertetrahedral clusters: Synthetic control over assembly, dispersibility, and their functional applications. Acc. Chem. Res. **2020**, 53 (10),2261-2272.

[18] Wang,K. -Y. ; Feng,M. -L. ; Huang,X. -Y. ; et al. Organically directed heterometallic chalcogenidometalates containing group 12 (Ⅱ)/13 (Ⅲ)/14 (Ⅳ) metal ions and antimony (Ⅲ). Coord. Chem. Rev. **2016**,322,41-68.

[19] Feng,M. L. ; Wang,K. Y. ; Huang,X. Y. Combination of metal coordination tetrahedra and asymmetric coordination geometries of Sb(Ⅲ) in the organically directed chalcogenidometalates: Structural diversity and ion-exchange properties. Chem. Rec. **2016**,16(2),582-600.

[20] Silva-Gaspar, B. ; Martinez-Franco, R. ; Pirngruber, G. ; et al. Open-framework chalcogenide materials-from isolated clusters to highly ordered structures -and their photocalytic applications. Coord. Chem. Rev. **2022**,453,214243.

[21] Mei-Ling, F. ; Xiao-Ying., H. Recent progress in organic hybrid main group heterometallic chalcogenides based on antimony. Chinese J. Inorg. Chem. **2013**,29,1599-1608.

[22] Zhou,Z. ; Xiong,H. ; Xu,B. ; et al. Coagulation morphology and performance analysis of antimony sulfide crystals during vacuum evaporation. Vacuum **2023**,212,112015.

[23] Dong,Z. ; Liu,H. ; Guo,X. ; et al. Volatilization kinetics and thermodynamic stability of antimony sulfide under vacuum conditions. Vacuum **2023**,213,112119.

[24] Yang,Y. ; Huang,H. ; Bai,S. ; et al. Optoelectronic modulation of silver antimony sulfide thin films for photodetection. J. Phys. Chem. Lett. **2022**,13(34),8086-8090.

[25] Zhang,B. ; Feng,M. -L. ; Cui,H. -H. ; et al. Syntheses, crystal structures, ion-exchange, and photocatalytic properties of two amine-directed Ge-Sb-S compounds. Inorg. Chem. **2015**, 54 (17),8474-8481.

[26] Zeng,X. ; Liu,Y. ; Zhang,T. ; et al. Ultrafast and selective uptake of Eu^{3+} from aqueous solutions by two layered sulfides. Chem. Eng. J. **2021**,420,127613.

[27] Wu,Z. ; Wang,X. -L. ; Hu,D. ; et al. A new cluster-based chalcogenide zeolite analogue with large inter-cluster bridging angle. Inorg. Chem. Front. **2019**,6,3063-3069.

[28] Wang,W. ; Wang,X. ; Zhang,J. ; et al. Three-dimensional superlattices based on unusual chalcogenide supertetrahedral In-Sn-S nanoclusters. Inorg. Chem. **2019**,58(1),31-34.

[29] Lin,J. ; Dong,Y. ; Zhang,Q. ; et al. Interrupted chalcogenide-based zeolite-analogue semiconductor: Atomically precise doping for tunable electro-/photoelectrochemical properties. Angew. Chem. Int. Ed. **2015**,54(17),5103-5107.